建筑工程计量与计价

陈 林 费 璇 主编

U0242417

东南大学出版社
SOUTHEAST UNIVERSITY PRESS

·南京·

内 容 简 介

本书系统地阐述了建筑工程工程量清单计价的原理和方法,依据目前执行的《建设工程工程量清单计价规范》(GB 50500—2013)、《房屋建筑与装饰工程工程量计算规范》(GB 50854—2013)、《建筑工程建筑面积计算规范》(GB/T 50353—2013)、《混凝土结构施工图平面整体表示方法制图规则和构造详图》(16G101系列图集)、《建筑安装工程工期定额》(TY01-89—2016),结合《江苏省房屋建筑与装饰工程计价定额》(2014年)、《江苏省建设工程费用定额》(2014版)、江苏省住房和城乡建设厅《关于建筑业实施营改增后江苏省建设工程计价依据调整的通知》(苏建价〔2016〕154号文)以及江苏省住房和城乡建设厅《关于建筑业增值税计价政策调整的通知》(苏建函价〔2018〕298号文)等最新文件,以实际工程项目为例,详细阐述如何对建筑工程中各分部分项工程以及措施项目进行计量与计价。

本书在阐述理论的同时注重联系实际,通过丰富的案例提高读者的学习效果,实用性强,可作为工程造价、工程管理、土木工程及其他相关专业的教材,也可以作为工程造价从业人员、工程项目管理人员学习工程造价知识的参考书。

图书在版编目(CIP)数据

建筑工程计量与计价 / 陈林,费璇主编. —南京:
东南大学出版社,2019.2 (2020.10重印)
ISBN 978-7-5641-8276-2

Ⅰ.①建… Ⅱ.①陈… ②费… Ⅲ.①建筑工程-计量②建筑造价 Ⅳ.①TU723.32

中国版本图书馆 CIP 数据核字(2019)第 032749 号

建筑工程计量与计价

主 编	陈 林 费 璇
出版发行	东南大学出版社
社 址	南京市四牌楼 2 号　邮编:210096
出 版 人	江建中
责任编辑	宋华莉(52145104@qq.com)
网 址	http://www.seupress.com
电子邮箱	press@seupress.com
经 销	全国各地新华书店
印 刷	广东虎彩云印刷有限公司
版 次	2019 年 2 月第 1 版
印 次	2020 年 10 月第 3 次印刷
开 本	170 mm×240 mm　1/16
印 张	16.25
字 数	330 千
书 号	ISBN 978-7-5641-8276-2
定 价	48.00 元

本社图书若有印装质量问题,请直接与营销部联系。电话(传真):025-83791830

前　　言

自 2003 年 7 月 1 日起,我国建筑业开始实施工程量清单计价模式。与传统的定额计价模式相比,工程量清单计价模式由投标人根据招标人提供的统一的招标工程量清单填报各工程量清单项目的综合单价,其投标报价具有市场价格性质,充分体现市场经济条件下建筑业企业间公平有序的竞争。《建设工程工程量清单计价规范》(以下简称"计价规范")历经 3 版,分别是 2003 版、2008 版和 2013 版。

本书根据现行的 2013 版计价规范,结合《江苏省建筑与装饰工程计价定额》(2014 年)、《江苏省建设工程费用定额》(2014 版)、江苏省住房和城乡建设厅《关于建筑业实施营改增后江苏省建设工程计价依据调整的通知》(苏建价〔2016〕154 号文)以及江苏省住房和城乡建设厅《关于建筑业增值税计价政策调整的通知》(苏建函价〔2018〕298 号文)等最新文件,较为系统地阐述了建筑工程计量与计价的过程。本书中配有大量的工程案例,案例题力争覆盖尽可能多的知识点,从而使读者能够掌握相关知识点的具体运用过程和方法。每道例题分别从三个方面进行建筑工程计量与计价:首先结合《房屋建筑与装饰工程工程量计算规范》(GB 50854—2013)计算清单工程量,从而编制相应的工程量清单;然后结合《江苏省建筑与装饰工程计价定额》(2014 年)计算定额工程量,套用相关定额子目,从而计算清单合价;最后运用清单合价除以清单工程量,得出清单综合单价。本书通俗易懂,通过本书的学习,读者可以掌握工程量清单计价的原理与方法,通过案例去理解和记忆各分部分项工程和单价措施项目的计量与计价方法,避免了单纯理论学习的枯燥以及学习效果不佳的问题。

本书在编写过程中参考了有关文献资料,得到了编者所在院校以及东南大学出版社的大力支持,在此一并表示感谢!

由于编者水平有限,本书在编写中难免会存在缺点和错误,望广大读者给予批评指正。

目　　录

1 建筑工程计价

1.1 建筑工程费用的组成

根据住房和城乡建设部《建设工程工程量清单计价规范》(GB 50500—2013)及其 9 本计算规范、《建筑安装工程费用项目组成》(建标〔2013〕44 号),江苏省住房和城乡建设厅组织编制了《江苏省建设工程费用定额》(2014 年)。建筑工程费用由分部分项工程费、措施项目费、其他项目费、规费和税金组成(详见图 1-1)。

根据财政部、国家税务总局《关于全面推行营业税改征增值税试点的通知》(财税〔2016〕36 号),江苏省建筑业自 2016 年 5 月 1 日起纳入营业税改征增值税(以下简称"营改增")试点。根据住房和城乡建设部办公厅《关于做好建筑业营改增建设工程计价依据调整准备工作的通知》(建办标〔2016〕4 号)规定的计价依据调整要求,江苏省住房和城乡建设厅发布《关于建筑业实施营改增后江苏省建设工程计价依据调整的通知》(苏建价〔2016〕154 号),详细阐述了营改增后《江苏省建设工程费用定额》(2014 年)的调整方法。

根据增值税的计税方法不同,建筑安装工程费的组成也有所不同。

1) 一般计税方法

(1) 建筑安装工程费组成中的分部分项工程费、措施项目费、其他项目费、规费均不包含增值税可抵扣进项税额。

(2) 企业管理费组成内容中增加第 19 条"附加税",即国家税法规定的应计入建筑安装工程造价内的城市建设维护税、教育费附加及地方教育附加。原因在于营改增方案实施后,城市维护建设税、教育费附加、地方教育附加的计算基数均为应纳增值税额,当增值税采用一般计税方法时,应纳增值税额=销项税额-进项税额,但由于在工程造价的前期预测时,无法明确可抵扣的进项税额的具体数额,造成这三项附加税无法计算,因此,当增值税采用一般计税方法时,根据《增值税会计处理规定》的通知(财会〔2016〕22 号),这三项附加税在企业管理费中核算。

(3) 甲供材料和甲供设备费用应在计取现场保管费后,在税前扣除。

(4) 税金定义及包含内容调整为税金是指根据建筑服务销售价格,按规定税率计算的增值税销项税额。

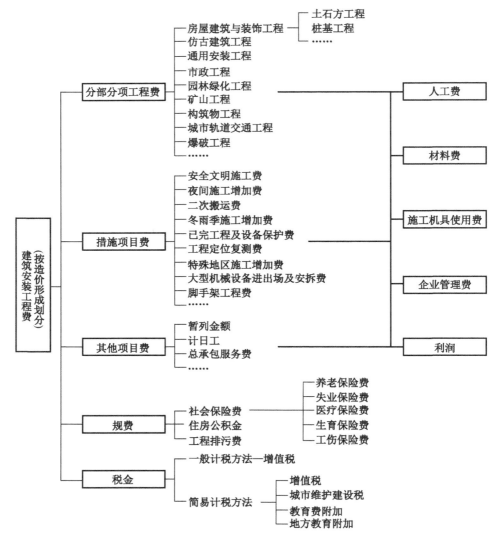

图 1-1　按造价形成划分的建筑安装费用项目组成

2）简易计税方法

（1）营改增后,采用简易计税方式的建设工程费用组成中,分部分项工程费、措施项目费、其他项目费的组成均与《江苏省建设工程费用定额》（2014 年）原规定一致,包含增值税可抵扣进项税额。

（2）甲供材料和甲供设备费用应在计取现场保管费后,在税前扣除。

（3）税金定义及包含内容调整为税金包含增值税应纳税额、城市建设维护税、教育费附加及地方教育附加。

1.1.1　分部分项工程费

分部分项工程费是指各专业工程的分部分项工程应予列支的各项费用,由人工费、材料费、施工机具使用费、企业管理费和利润构成。

1)人工费

人工费是指按工资总额构成规定,支付给从事建筑安装工程施工的生产工人和附属生产单位工人的各项费用。

这里的人工费特指的一线生产工人的各项费用,不包括材料采购及保管员、机械操作人员以及管理人员的工资,上述人员的工资应分别列入材料费、施工机具使用费、企业管理费等各相应的费用项目中。

2)材料费

材料费是指施工过程中耗费的原材料、辅助材料、构配件、零件、半成品或成品、工程设备的费用。

工程设备是指房屋建筑及其配套的构成或计划构成永久工程一部分的机电设备、金属结构设备、仪器装置等建筑设备,包括附属工程中电气、采暖、通风空调、给排水、通信及建筑智能等为房屋功能服务的设备,不包括工艺设备。具体划分标准见《建设工程计价设备材料划分标准》(GB/T 50531—2009)。明确由建设单位提供的建筑设备,其设备费用不作为计取税金的基数。甲供设备费用应在计取现场保管费后,在税前扣除。

3)施工机具使用费

施工机具使用费是指施工作业所发生的施工机械、仪器仪表使用费或其租赁费,包含以下内容:

(1)施工机械使用费:以施工机械台班耗用量乘以施工机械台班单价表示。

(2)仪器仪表使用费:指工程施工所需使用的仪器仪表的摊销及维修费用。

4)企业管理费

企业管理费是指施工企业组织施工生产和经营管理所需的费用,内容包括:

(1)管理人员工资:是指按规定支付给管理人员的计时工资、奖金、津贴补贴、加班加点工资及特殊情况下支付的工资等。

(2)办公费:是指企业管理办公用的文具、纸张、账表、印刷、邮电、书报、办公软件、监控、会议、水电、燃气、采暖、降温等费用。

(3)差旅交通费:是指职工因公出差、调动工作的差旅费、住勤补助费、市内交通费和误餐补助费,职工探亲路费,劳动力招募费,职工退休、退职一次性路费,工伤人员就医路费,工地转移费以及管理部门使用的交通工具的油料、燃料等费用。

(4)固定资产使用费:指企业及其附属单位使用的属于固定资产的房屋、设备、仪器等的折旧、大修、维修或租赁费。

（5）工具用具使用费：是指企业施工生产和管理使用的不属于固定资产的工具、器具、家具、交通工具和检验、试验、测绘、消防用具等的购置、维修和摊销费，以及支付给工人自备工具的补贴费。

（6）劳动保险和职工福利费：是指由企业支付的职工退职金、按规定支付给离休干部的经费，集体福利费、夏季防暑降温、冬季取暖补贴、上下班交通补贴等。

（7）劳动保护费：是企业按规定发放的劳动保护用品的支出。如工作服、手套、防暑降温饮料、高危险工作工种施工作业防护补贴以及在有碍身体健康的环境中施工的保健费用等。

（8）工会经费：是指企业按《工会法》规定的全部职工工资总额比例计提的工会经费。

（9）职工教育经费：是指按职工工资总额的规定比例计提，企业为职工进行专业技术和职业技能培训，专业技术人员继续教育、职工职业技能鉴定、职业资格认定以及根据需要对职工进行各类文化教育所发生的费用。

（10）财产保险费：指企业管理用财产、车辆的保险费用。

（11）财务费：是指企业为施工生产筹集资金或提供预付款担保、履约担保、职工工资支付担保等所发生的各种费用。

（12）税金：指企业按规定交纳的房产税、车船使用税、土地使用税、印花税等。

（13）意外伤害保险费：企业为从事危险作业的建筑安装施工人员支付的意外伤害保险费。

（14）工程定位复测费：是指工程施工过程中进行全部施工测量放线和复测工作的费用。建筑物沉降观测由建设单位直接委托有资质的检测机构完成，费用由建设单位承担，不包含在工程定位复测费中。

（15）检验试验费：是施工企业按规定进行建筑材料、构配件等试样的制作、封样、送达和其他为保证工程质量进行的材料检验试验工作所发生的费用。

不包括新结构、新材料的试验费，对构件（如幕墙、预制桩、门窗）做破坏性试验所发生的试样费用和根据国家标准和施工验收规范要求对材料、构配件和建筑物工程质量检测检验发生的第三方检测费用，对此类检测发生的费用，由建设单位承担，在工程建设其他费用中列支。但对施工企业提供的具有合格证明的材料进行检测不合格的，该检测费用由施工企业支付。

（16）非建设单位所为 4 h 以内的临时停水停电费用。

（17）企业技术研发费：建筑企业为转型升级、提高管理水平所进行的技术转让、科技研发、信息化建设等费用。

（18）其他：业务招待费、远地施工增加费、劳务培训费、绿化费、广告费、公证费、法律顾问费、审计费、咨询费、投标费、保险费、联防费、施工现场生活用水电费等。

5）利润

利润是指施工企业完成所承包工程获得的盈利。

根据《江苏省建设工程费用定额》(2014年)，企业管理费和利润标准见表1-1（江苏省2014计价定额是按三类工程的管理费率和利润率计取的），2016年5月1日营改增后调整内容，建筑工程企业管理费和利润取费标准见表1-2所示。其中工程类别参照《江苏省建设工程费用定额》(2014年)有关规定，具体见表1-3。

表1-1 建筑工程企业管理费和利润取费标准表

序号	项目名称	计算基础	企业管理费率（%）			利润率（%）
			一类工程	二类工程	三类工程	
一	建筑工程	人工费＋施工机具使用费	31	28	25	12
二	单独预制构件制作		15	13	11	6
三	打预制桩、单独构件吊装		11	9	7	5
四	制作兼打桩		15	13	11	7
五	大型土石方工程		6			4

表1-2 建筑工程企业管理费和利润取费标准表

序号	项目名称	计算基础	企业管理费率（%）			利润率（%）
			一类工程	二类工程	三类工程	
一	建筑工程	人工费＋除税施工机具使用费	32	29	26	12
二	单独预制构件制作		15	13	11	6
三	打预制桩、单独构件吊装		11	9	7	5
四	制作兼打桩		17	15	12	7
五	大型土石方工程		7			4

表1-3 建筑工程类别划分表

工程类别			单位	工程类别划分标准		
				一类	二类	三类
工业建筑	单层	檐口高度	m	≥20	≥16	<16
		跨度	m	≥24	≥18	<18
	多层	檐口高度	m	≥30	≥18	<18

（续表）

工程类别			单位	工程类别划分标准		
				一类	二类	三类
民用建筑	住宅	檐口高度	m	≥62	≥34	<34
		层数	层	≥22	≥12	<12
	公共建筑	檐口高度	m	≥56	≥30	<30
		层数	层	≥18	≥10	<10
桩基础工程	预制砼（钢板）桩长		m	≥30	≥20	<20
	灌注砼桩长		m	≥50	≥30	<30

在确定建筑工程类别时，凡由两个指标控制的，只要满足其中一个指标即可按该指标确定工程类别。表1-3中建筑物的高度系指设计室外地面至檐口顶标高（不包括女儿墙、高出屋面电梯间、水箱间等的高度）。

1.1.2 措施项目费

措施项目费是指为完成建设工程施工，发生于该工程施工前和施工过程中的技术、生活、安全、环境保护等方面的费用。

根据现行工程量清单计算规范，措施项目费分为单价措施项目与总价措施项目。

1）单价措施项目

单价措施项目是指在现行工程量清单计算规范中有对应工程量计算规则，按人工费、材料费、施工机具使用费、管理费和利润形式组成综合单价的措施项目。专业不同，单价措施项目也不同。建筑与装饰工程的单价措施项目有脚手架工程、混凝土模板及支架（撑）、垂直运输、超高施工增加、大型机械设备进出场及安拆、施工排降水。单价措施项目中各措施项目的工程量清单项目设置、项目特征、计量单位、工程量计算规则及工作内容均按现行工程量清单计算规范执行。

2）总价措施项目

总价措施项目是指在现行工程量清单计算规范中无工程量计算规则，以总价（或计算基础乘费率）计算的措施项目。其中各专业都可能发生的通用的总价措施项目如下：

（1）安全文明施工：为满足施工安全、文明、绿色施工以及环境保护、职工健康生活所需要的各项费用。本项为不可竞争费用。江苏省2014费用定额中安全文明施工费具体包括环境保护费、安全施工费、文明施工费和绿色施工费。

需要特别说明的是，《建设工程工程量清单计价规范》（GB 50500—2013）和《建筑安装工程费用项目组成》（建标〔2013〕44号）中，安全文明施工费包括环境保护费、安全施工费、文明施工费和临时设施费。

（2）夜间施工：规范、规程要求正常作业而发生的夜班补助、夜间施工降效、夜间照明设施的安拆、摊销、照明用电以及夜间施工现场交通标志、安全标牌、警示灯安拆等费用。

（3）二次搬运：由于施工场地限制而发生的材料、成品、半成品等一次运输不能到达堆放地点，必须进行的二次或多次搬运费用。

（4）冬雨季施工：在冬雨季施工期间所增加的费用。包括冬季作业、临时取暖、建筑物门窗洞口封闭及防雨措施、排水、工效降低、防冻等费用。不包括设计要求混凝土内添加防冻剂的费用。

（5）地上、地下设施、建筑物的临时保护设施：在工程施工过程中，对已建成的地上、地下设施和建筑物进行的遮盖、封闭、隔离等必要保护措施。在园林绿化工程中，还包括对已有植物的保护。

（6）已完工程及设备保护费：对已完工程及设备采取的覆盖、包裹、封闭、隔离等必要保护措施所发生的费用。

（7）临时设施费：施工企业为进行工程施工所必需的生活和生产用的临时建筑物、构筑物和其他临时设施的搭设、使用、拆除等费用。

（8）赶工措施费：施工合同工期比江苏省现行工期定额提前，施工企业为缩短工期所发生的费用。如施工过程中，发包人要求实际工期比合同工期提前时，由发承包双方另行约定。

（9）工程按质论价：施工合同约定质量标准超过国家规定，施工企业完成工程质量达到经有权部门鉴定或评定为优质工程所必须增加的施工成本费。

（10）特殊条件下施工增加费：地下不明障碍物、铁路、航空、航运等交通干扰而发生的施工降效费用。

总价措施项目中，除通用措施项目外，还包括专业措施项目。如建筑工程专业的非夜间施工照明费。非夜间施工照明费是指为保证工程施工正常进行，在如地下室、地宫等特殊施工部位施工时所采用的照明设备的安拆、维护、摊销及照明用电等费用。

1.1.3　其他项目费

根据《建设工程工程量清单计价规范》（GB 50500—2013），其他项目清单包括暂列金额、计日工、总承包服务费和暂估价四项。根据《建筑安装工程费用项目组成》（建标〔2013〕44号），其他项目费包括三项：暂列金额、计日工和总承包服务费。原因在于材料暂估价和设备暂估价计入分部分项工程费中，在其他项目清单中只列项，不汇总费用。

1）暂列金额

暂列金额是指建设单位在工程量清单中暂定并包括在工程合同价款中的一笔款项。用于施工合同签订时尚未确定或者不可预见的所需材料、工程设备、服务的采购,施工中可能发生的工程变更、合同约定调整因素出现时的工程价款调整以及发生的索赔、现场签证确认等的费用。暂列金额由建设单位根据工程特点,按有关计价规定估算,施工过程中由建设单位掌握使用,扣除合同价款调整后如有余额,归建设单位。

2）计日工

计日工是指在施工过程中,施工企业完成建设单位提出的施工图纸以外的零星项目或工作所需的费用。

计日工由建设单位和施工企业按施工过程中的签证计价。

3）总承包服务费

总承包服务费是指总承包人为配合、协调建设单位进行的专业工程发包,对建设单位自行采购的材料、工程设备等进行保管以及施工现场管理、竣工资料汇总整理等服务所需的费用。

总承包服务费由建设单位在招标控制价中根据总包服务范围和有关计价规定编制,施工企业投标时自主报价,施工过程中按签约合同价执行。

4）暂估价

暂估价是指招标人在工程量清单中提供的用于支付必然发生但暂时不能确定价格的材料、工程设备的单价以及专业工程的金额,包括材料暂估单价、工程设备暂估单价和专业工程暂估价。暂估价在招标阶段预见肯定要发生,只是因为标准不明确或者需要由专业承包人完成,暂时无法确定价格。暂估价数量和拟用项目应当结合工程量清单中的"暂估价表"予以补充说明。为方便合同管理,需要纳入分部分项工程量清单项目综合单价中的暂估价应只是材料、工程设备暂估单价,以方便投标人组价。材料暂估价在清单综合单价中考虑,不计入暂估价汇总。专业工程的暂估价一般应是综合暂估价,同样包括人工费、材料费、施工机具使用费、企业管理费和利润,不包括规费和税金。

1.1.4 规费

规费是指按国家法律、法规规定,由省级政府和省级有关权力部门规定必须缴纳或计取的费用。主要包括社会保险费、住房公积金和工程排污费。

（1）社会保险费:包括企业按规定标准为职工缴纳的基本养老保险费、失业保险费、基本医疗保险费、生育保险费、工伤保险费。

（2）住房公积金:企业按规定标准为职工缴纳的住房公积金。

（3）工程排污费:企业按规定缴纳的施工现场工程排污费。工程排污费应按工程所在地环境保护等部门规定的标准缴纳,按实计取列入。

1.1.5　税金

自 2016 年 5 月 1 日起,建筑业营业税纳税人纳入营改增试点范围,由缴纳营业税改为缴纳增值税。在中华人民共和国境内提供建筑服务的单位和个人,为增值税纳税人。在境内销售建筑服务是指建筑服务的销售方或者购买方在境内。增值税有两种计算方法:一般计税方法和简易计税方法。当增值税采用一般计税方法时,税金是指根据建筑服务销售价格,按规定税率计算的增值税销项税额;当增值税采用简易计税方法时,税金包含增值税应纳税额、城市建设维护税、教育费附加及地方教育附加。

增值税纳税人分为一般纳税人和小规模纳税人。其确定标准有两个:一是销售额是否符合标准,二是会计制度是否健全,二者具备其一就可登记为一般纳税人。营改增纳税人年应征增值税销售额超过 500 万元(含本数)的为一般纳税人,未超过 500 万元的纳税人为小规模纳税人。如果年应税销售额未超过 500 万元的纳税人,但会计核算健全,能够提供准确税务资料的,也可以向主管税务机关办理一般纳税人资格登记,成为一般纳税人。即使年应税销售额超过规定标准但不经常发生应税行为的单位和个体工商户也可选择按照小规模纳税人纳税。但要注意一点,小规模纳税人可以申请办理一般纳税人登记,成为一般纳税人,但是一经登记为一般纳税人将无法转为小规模纳税人,这个过程是不可逆的。

建筑服务中适用于简易计税方法的工程有:

(1)清包工:纳税人以清包工方式提供的建筑服务可以适用于简易计税方法。具体是指业主自己购买所有建筑工程所需要的材料,而施工方并不负责,只收取相关的人工、管理及其他费用。

(2)甲供工程:是指全部或部分设备、材料、动力由工程发包方自行采购的建筑工程。纳税人给甲供工程提供建筑服务,也可以采取简易计税方法。

(3)小规模纳税人:这类人群发生的应税行为同样适用于简易计税方法。

(4)老项目:为建筑工程“老项目”提供的一些建筑服务,同样适用简易计税方法。凡是合同注明开工日期在 2016 年 4 月 30 日之前的建筑工程项目,无论是否已经取得“建筑工程施工许可证”,都属于“老项目”。全面营改增后,由老项目而产生的增值税的进项税,不能够在新的项目中进行抵扣。

① 一般计税方法

$$应纳增值税额 = 销项税额 - 进项税额$$

进项税额是与销项税额相对应的一个概念,指纳税人购进货物、劳务、服务、不动产和无形资产所支付或者负担的增值税额。纳税人抵扣进项税额应取得符合规定的增值税扣税凭证。

注意必须是增值税一般纳税人,才涉及进项税额的抵扣问题。

根据财政部、国家税务总局《关于调整增值税税率的通知》(财税〔2018〕32 号)和《住房和城乡建设部办公厅关于调整建设工程计价依据增值税税率的通知》(建办标〔2018〕20 号)的规定,江苏省住房和城乡建设厅于 2018 年 4 月 20 日发布《关于建筑业增值税计价政策调整的通知》(苏建函价〔2018〕298 号),江苏省从 2018 年 5 月 1 日起建筑业增值税计价政策按苏建函价〔2018〕298 号文执行。在江苏省建设工程计价时,采用一般计税方法的建设工程,税金税率从 11% 调整为 10%,工程造价计算公式调整为:工程造价＝税前工程造价×(1＋10%)。原适用增值税税率 17%、11% 的材料分别调整为增值税税率 16%、10%。材料和机械台班价格调整表中含税价调整,除税价不变(材料和机械台班价格调整表具体可以在江苏省工程造价信息网查询)。

② 简易计税方法

a. 增值税

$$应纳增值税额 ＝ 销售额 × 征收率$$

一般纳税人提供建筑服务适用简易计税方法的,征收率为 3%;小规模纳税人提供建筑服务,征收率为 3%。

注意此处的销售额不包括其应纳税额。具体为分部分项工程费、措施项目费、其他项目费、规费,其均包括增值税可抵扣的进项税额。采用简易计税方法,其进项税额不得抵扣。

b. 城市维护建设税

城市维护建设税是为筹集城市维护和建设资金,稳定和扩大城市、乡镇维护建设的资金来源,而对有经营收入的单位和个人征收的一种税。城市维护建设税是按应纳增值税额乘以适用税率确定,计算公式为:

$$(城市维护建设税)应纳税额 ＝ 应纳增值税额 × 适用税率$$

城市维护建设税的纳税地点在市区的,其适用税率为增值税的 7%;所在地为县镇的,其适用税率为增值税的 5%;所在地为农村的,其适用税率为增值税的 1%。城建税的纳税地点与增值税纳税地点相同。

c. 教育费附加

教育费附加是按应纳增值税额乘以 3% 确定,计算公式为:

$$(教育费附加)应纳税额 ＝ 应纳增值税额 × 3%$$

建筑安装企业的教育费附加要与其增值税同时缴纳。即使办有职工子弟学校的建筑安装企业,也应当先缴纳教育费附加,教育部门可根据企业的办学情况,酌情返还给办学单位,作为对办学经费的补助。

d. 地方教育附加

地方教育附加是按应纳增值税额乘以 2％确定,各地方有不同规定的,应遵循其规定,计算公式为:

$$（地方教育费附加）应纳税额 ＝ 应纳增值税额 \times 2\%$$

地方教育附加应专项用于发展教育事业,不得从地方教育附加中提取或列支征收或代征手续费。

规费和税金必须按国家或省级、行业建设主管部门的规定计算,不得作为竞争性费用。

1.2　建筑工程费用计价程序

建筑工程费的计算公式为:

(1) 分部分项工程费 ＝ $\sum$（分部分项工程量 $\times$ 分部分项工程综合单价）

(2) 措施项目费 ＝ $\sum$ 单价措施项目费 ＋ $\sum$ 总价措施项目费

其中,单价措施项目费 ＝ $\sum$（单价措施项目工程量 $\times$ 措施项目综合单价）

综合单价 ＝ 人工费＋材料费＋施工机具使用费＋企业管理费＋利润

(3) 单位工程报价＝分部分项工程费＋措施项目费＋其他项目费＋规费＋税金

建筑工程费用的具体计价程序根据增值税所采用的计税方法不同而不同。

1.2.1　一般计税方法

采用一般计税方法的建设工程费用组成中的分部分项工程费、措施项目费、其他项目费、规费中均不包含增值税可抵扣进项税额。措施项目费取费标准、安全文明施工措施费取费标准、社会保险费及公积金取费标准分别见表 1-4、表 1-5 和表 1-6。

表 1-4　措施项目费取费标准表

项目	计算基础	各专业工程费率(%)		
		建筑工程	单独装饰	安装工程
临时设施	分部分项工程费＋单价措施项目费－除税工程设备费	1～2.3	0.3～1.3	0.6～1.6
赶工措施		0.5～2.1	0.5～2.2	0.5～2.1
按质论价		1～3.1	1.1～3.2	1.1～3.2

注:本表中除临时设施、赶工措施、按质论价费率有调整外,其他费率不变。

表 1-5　安全文明施工措施费取费标准表

序号	工程名称		计算基础	基本费率（%）	省级标化增加费（%）
一	建筑工程	建筑工程	分部分项工程费＋单价措施项目费－除税工程设备费	3.1	0.7
		单独构件吊装		1.6	—
		打预制桩/制作兼打桩		1.5/1.8	0.3/0.4
二	单独装饰工程			1.7	0.4
三	安装工程			1.5	0.3

表 1-6　社会保险费及公积金取费标准表

序号	工程类别		计算基础	社会保险费率（%）	公积金费率（%）
一	建筑工程	建筑工程	分部分项工程费＋措施项目费＋其他项目费－除税工程设备费	3.2	0.53
		单独预制构件制作、单独构件吊装、打预制桩、制作兼打桩		1.3	0.24
		人工挖孔桩		3	0.53
二	单独装饰工程			2.4	0.42
三	安装工程			2.4	0.42

　　一般计税方法下，甲供材料和甲供设备费用应在计取现场保管费后，在税前扣除。税金以除税工程造价（不包含增值税可抵扣的进项税额，简称为"除税"）为计取基础，费率为 10%。根据《江苏省建筑与装饰工程计价定额》（2014 版），建设单位供应的材料，建设单位完成了采购和运输并将材料运至施工工地仓库交施工单位保管的，施工单位退价时应按实际发生的预算价格除以 1.01 退给建设单位（1%作为施工单位的现场保管费）。具体计价程序见表 1-7 所示。

表 1-7　工程量清单法计算程序（包工包料）

序号	费用名称		计算公式
一	分部分项工程费		清单工程量×除税综合单价
	其中	1. 人工费	人工消耗量×人工单价
		2. 材料费	材料消耗量×除税材料单价
		3. 施工机具使用费	机械消耗量×除税机械单价
		4. 管理费	(1+3)×费率或(1)×费率
		5. 利润	(1+3)×费率或(1)×费率

(续表)

序号	费用名称		计算公式
二	措施项目费		
	其中	单价措施项目费	清单工程量×除税综合单价
		总价措施项目费	(分部分项工程费＋单价措施项目费－除税工程设备费)×费率或以项计费
三	其他项目费		
四	规费		
	其中	1. 工程排污费	(一＋二＋三－除税工程设备费)×费率
		2. 社会保险费	
		3. 住房公积金	
五	税　金		[一＋二＋三＋四－(除税甲供材料费＋除税甲供设备费)/1.01]×费率
六	工程造价		一＋二＋三＋四－(除税甲供材料费＋除税甲供设备费)/1.01＋五

1.2.2 简易计税方法

包工不包料工程(清包工工程)可按简易计税法计税。简易计税方法中税金包括增值税应缴纳税额、城市建设维护税、教育费附加及地方教育附加。简易计税方法下,税前工程造价不得抵扣增值税进项税额。

(1)增值税应纳税额＝包含增值税可抵扣进项税额的税前工程造价×适用税率,税率:3%。

(2)城市建设维护税＝增值税应纳税额×适用税率,税率:市区 7%、县镇 5%、乡村 1%。

(3)教育费附加＝增值税应纳税额×适用税率,税率:3%。

(4)地方教育附加＝增值税应纳税额×适用税率,税率:2%。

以上四项合计,以包含增值税可抵扣进项税额的税前工程造价为计费基础,税金费率为:市区 3.36%、县镇 3.30%、乡村 3.18%。如各市另有规定的,按各市规定计取。

简易计税方法下,建筑安装工程费的具体计价程序见表 1-8 所示。

表 1-8　工程量清单法计算程序(包工不包料)

序号	费用名称		计算公式
一	分部分项工程费中人工费		清单人工消耗量×人工单价
二	措施项目费中人工费		
	其中	单价措施项目中人工费	清单人工消耗量×人工单价
三	其他项目费		
四	规费		
	其中	工程排污费	(一+二+三)×费率
五	税　金		(一+二+三+四)×费率
六	工程造价		(一+二+三+四+五)×费率

1.3　工程量清单计价

使用国有资金投资的建设工程发承包,必须采用工程量清单计价;非国有资金投资的建设工程,宜采用工程量清单计价;不采用工程量清单计价的建设工程,应执行计价规范中除工程量清单等专门性规定外的其他规定。

工程量清单是载明建设工程分部分项工程项目、措施项目和其他项目的名称和相应数量以及规费和税金项目等内容的明细清单。采用工程量清单方式招标,招标工程量清单必须作为招标文件的组成部分,其准确性和完整性由招标人负责。

1.3.1　分部分项工程量清单

分部分项工程项目清单必须载明项目编码、项目名称、项目特征、计量单位和工程量。分部分项工程项目清单必须根据各专业工程计量规范规定的项目编码、项目名称、项目特征、计量单位和工程量计算规则进行编制。

1)项目编码

项目编码用十二位阿拉伯数字表示,其中一至九位项目编码全国统一,应按计价规范附录的规定设置;第十至十二位应根据拟建工程的工程量清单项目名称和项目特征设置,不得有重码,这三位清单项目编码由招标人针对招标工程项目具体编制,并应自 001 起顺序编制。同一招标工程的项目编码不得有重码。

编制工程量清单出现附录中未包括的项目,编制人应做补充,并报省级或行业工程造价管理机构备案,省级或行业工程造价管理机构应汇总报住房和城乡建设部标准定额研究所。建筑工程的补充项目编码应由本专业规范代码 01 与 B 和三位阿拉伯数字组成,并应从 01B001 起顺序编起。补充的工程量清单需附有补充项目的名称、项目特征、计量单位、工程量计算规则和工作内容。

2）项目名称

分部分项工程量清单的项目名称应按各专业工程计量规范附录的项目名称结合拟建工程的实际确定。

3）项目特征

项目特征应按各专业工程计量规范附录中规定的项目特征,结合拟建工程项目的实际予以描述。项目特征是构成分部分项工程项目、措施项目自身价值的本质特征。项目特征是对项目的准确描述,是确定一个清单项目综合单价不可缺少的重要依据,是区分清单项目的依据,是履行合同义务的基础。

4）计量单位

当各专业工程计量规范附录中某分部分项工程项目的计量单位有两个或两个以上时,应结合拟建工程项目的实际情况,确定其中一个计量单位,同一工程项目的计量单位应一致。

计量单位的有效位数应遵守下列规定：

（1）以“t”为单位,应保留小数点后三位数字,第四位小数四舍五入。

（2）以“m”“m²”“m³”“kg”为单位,应保留小数点后两位数字,第三位小数四舍五入。

（3）以“个”“件”“根”“组”“系统”等为单位,应取整数。

5）工程数量的计算

工程数量按照各专业工程计量规范附录中的工程量计算规则进行计算。该工程量计算规则是对清单工程量的计算规则。除另有说明外,所有清单项目的工程量应以实体工程量为准,并以完成后的净值计算;投标人投标报价时,应在单价中考虑施工中的各种损耗和需要增加的工程量。

1.3.2 措施项目清单

措施项目包括单价措施项目（应予计量的措施项目）和总价措施项目（不予计量的措施项目）。单价措施项目宜采用分部分项工程量清单的方式编制,列出项目编码、项目名称、项目特征、计量单位和工程量计算规则;总价措施项目宜以“项”为计量单位进行编制。措施项目清单应根据拟建工程的实际情况列项。若出现清单计价规范中未列的项目,可根据工程实际情况补充。

1.3.3 其他项目清单

其他项目清单包括暂列金额、暂估价（包括材料暂估单价、工程设备暂估单价、专业工程暂估价）、计日工和总承包服务费。其他项目清单中若出现未包含在表格中内容的项目,可根据工程实际情况补充。

1.3.4 规费和税金项目清单

规费项目清单应按照下列内容列项:社会保险费(包括养老保险费、失业保险费、医疗保险费、工伤保险费、生育保险费),住房公积金,工程排污费。出现计价规范中未列的项目,应根据省级政府或省级有关权力部门的规定列项。

税金项目清单:当增值税采用一般计税方法时,税金指的是增值税;当增值税采用简易计税方法时,税金是指增值税、城市维护建设税、教育费附加和地方教育附加。出现计价规范未列的项目,应根据税务部门的规定列项。

1.4 建筑工程计价定额总说明

1)计价定额的组成、作用及适用范围

《江苏省建筑与装饰工程计价定额》(2014 年)由江苏省住房和城乡建设厅编制,共由 24 章及 9 个附录组成,包括一般工业与民用建筑的工程实体项目和部分措施项目。不能列出定额项目的措施费用,应按照《江苏省建设工程费用定额》(2014 年)的规定进行计算。

本定额适用于江苏省行政区域范围内一般工业与民用建筑的新建、扩建、改建工程及其单独装饰工程。国有资金投资的建筑与装饰工程应执行本定额;非国有资金投资的建筑与装饰工程可参照使用本定额;当工程施工合同约定按本定额规定计价时,应遵守本定额的相关规定。

本计价定额的作用:

(1)编制工程招标控制价(最高投标限价)的依据。

(2)编制工程标底、结算审核的指导。

(3)工程投标报价、企业内部核算、制定企业定额的参考。

(4)编制建筑工程概算定额的依据。

(5)建设行政主管部门调解工程价款争议、合理确定工程造价的依据。

2)综合单价的组成内容

本定额中的综合单价由人工费、材料费、机械费、管理费、利润等五项费用组成。一般建筑工程、打桩工程的管理费与利润,已按照三类工程标准计入综合单价内,其中一般建筑工程的管理费率和利润率分别为 25% 和 12%,制作兼打桩的管理费率和利润率分别为 11% 和 7%(见表 1-1)。一、二类工程和单独发包的专业工程应根据表 1-1 对管理费和利润进行调整后计入综合单价内。

定额项目中带括号的材料价格供选用,不包含在综合单价内。部分定额项目在引用了其他项目综合单价时,引用的项目综合单价列入"材料费"一栏,但其五项费用数据在项目汇总时已做拆解分析,使用中应予注意。

3)计价定额子目工作内容

本定额中规定的工作内容均包括完成该项目过程的全部工序以及施工过程中所需的人工、材料、半成品和机械台班数量。除定额中有规定允许调整外,其余不得因具体工程的施工组织设计、施工方法和工、料、机等耗用与定额有出入而调整定额用量。但对于投标报价,投标人可参照定额,自行组价,调整定额人、材、机含量和单价。

4)计价定额人工日工资单价和材料预算单价标准

江苏省建设工程人工工资单价实行动态调整,每年3月1日、9月1日发布,具体可以在江苏省工程造价信息网上查询。

本定额人工工资分别按一类工85.00元/工日、二类工82.00元/工日、三类工77.00元/工日计算。每工日按8 h工作制计算。工日中包括基本用工、材料场内运输用工、部分项目的材料加工及人工幅度差。

本定额中材料预算单价采用南京市2013年下半年建筑工程材料指导价格。

本教材中的案例为了方便使用,除特别说明外,仍然采用定额中的人工工资单价、材料预算单价以及管理费率和利润费率进行计算,除特别说明,案例均采用简易计税方法,其费用均包含增值税可抵扣的进项税额。实际工作中,只需按实调整即可,其中材料预算单价可以通过市场询价或者查询当时当地信息指导价的方法获取。

5)其他

本定额中凡注有"×××以内"均包括"×××"本身,"×××以上"均不包括"×××"本身。

2 建筑工程建筑面积计算

目前建筑面积的计算规则采用的是最新的国家标准《建筑工程建筑面积计算规范》(GB/T 50353—2013)。规范包括总则、术语、计算建筑面积的规定和条文说明四部分,规定了计算全部建筑面积、计算部分建筑面积和不计算建筑面积的情形。

2.1 建筑面积概述

1) 建筑面积的概念

建筑面积是指建筑物的水平平面面积,即外墙勒脚以上各层水平投影面积的总和,既包括在建筑物主体结构内形成的建筑空间,满足计算面积结构层高要求部分的面积,又包括主体结构外的室外阳台、雨篷、檐廊、室外走廊、室外楼梯等。建筑面积包括使用面积、辅助面积和结构面积。

$$建筑面积 = 使用面积 + 辅助面积 + 结构面积$$

使用面积是指建筑物各层平面布置中可直接为人们生活、工作和生产使用的净面积的总和。居室净面积在民用建筑中亦称"居住面积"。例如,住宅建筑中的居室、客厅、书房等。

辅助面积是指建筑物各层平面布置中为辅助生产、生活和工作所占的净面积。例如,住宅建筑中的卫生间、厨房、楼梯、走道等。使用面积和辅助面积的总和称为"有效面积"。

结构面积是指建筑物各层平面布置中的墙体、柱等结构所占面积的总和(不含抹灰厚度所占面积)。

2) 建筑面积的作用

建筑面积的计算是工程计量的最基础工作,在工程建设中具有重要意义。

(1) 建筑面积是一项重要的技术经济指标。根据建筑面积可以计算出建设项目的单方造价、单方工料用量等重要的技术经济指标。

(2) 建筑面积是计算有关分项工程量的依据。如计算出建筑面积之后,利用这个基数,就可以计算地面抹灰、室内填土、地面垫层、平整场地、脚手架工程等分项工程量。

(3) 建筑面积在确定建设项目投资估算、设计概算、施工图预算、招投标标底、投标报价、合同价、结算价等一系列的工程估价计算工作中发挥着重要的作用。

2.2 建筑面积的计算

由于建筑面积是一项重要的技术经济指标,在工程造价计算中起着重要作用,因此必须保证其计算结果的准确性及统一性。

建筑面积的计算总体分为三种情况:计算全部建筑面积、计算 1/2 建筑面积和不计算建筑面积。工业与民用建筑的建筑面积计算的一般规则是:凡在结构上、使用上形成具有一定使用功能的建筑物和构筑物,并能单独计算出其水平面积及其相应消耗的人工、材料和机械用量的,应计算建筑面积;反之不应计算建筑面积。计算建筑面积的顺序为:有围护结构的,按围护结构计算面积;无围护结构、有围护设施,有底板的,按底板计算面积(架空走廊、室外走廊、主体结构外的附属设施);底板也不利于计算的,则取顶盖(车棚、货棚等)。主体结构外的附属设施按结构底板计算面积,即在确定建筑面积时,围护结构优于底板,底板优于顶盖。所以,有盖无盖不作为计算建筑面积的必备条件,如阳台、架空走廊、楼梯是利用其底板,顶盖只是起遮风挡雨的辅助功能。因此,计算建筑面积时,应尽可能准确地反映建筑物各组成部分的价值量,例如:有永久性顶盖、无围护结构的走廊,按其结构底板水平面积的 1/2 计算建筑面积;有围护结构的走廊(增加了围护结构的工料消耗)则计算全部建筑面积。此处的围护结构是指围合建筑空间的墙体、门、窗;围护设施是指为保障安全而设置的栏杆、栏板等围挡。

2.2.1 建筑物计算建筑面积部分

(1) 建筑物的建筑面积应按自然层外墙结构外围水平面积之和计算。结构层高在 2.20 m 及以上的,应计算全面积;结构层高在 2.20 m 以下的,应计算 1/2 面积。自然层是按楼地面结构分层的楼层。

计算规则中的结构层高系指楼面或地面结构层上表面至上部结构层上表面之间的垂直距离。与之相对应的另一重要概念为结构净高,结构净高是指楼面或地面结构层上表面至上部结构层下表面之间的垂直距离。

在主体结构内形成的建筑空间,满足计算面积结构层高要求的均应按本条规定计算建筑面积;主体结构外的室外阳台、雨篷、檐廊、室外走廊、室外楼梯等按相应条款计算建筑面积。当外墙结构本身在一个层高范围内不等厚时,以楼地面结构标高处的外围水平面积计算。

需要注意的是,建筑面积的计算是以勒脚以上外墙结构外边线(即建设平面图所标注的外墙外轮廓线)计算。勒脚是建筑物外墙的墙脚,即建筑物的外墙与室外地面或散水部分的接触墙体部位的加厚部分。也可这样定义:为了防止雨水反溅到墙面,对墙面造成腐蚀破坏,结构设计中对窗台以下一定高度范围内进行外墙加厚,这段加厚部分称为勒脚,建筑物勒脚示意如图 2-1 所示。由于勒脚不能代表整个外墙结构,因此勒脚不计算建筑面积。此外,建筑物外墙上的外装饰面层,突出墙外的构配件,如飘窗以及附墙柱垛等也均不计算建筑面积。这里的附墙柱是指非结构性的装饰柱。凸出墙体的结构柱,外凸部分按水平投影面积计入建筑面积。国家为了鼓励保温节能,保温隔热层也应计算建筑面积。具体规则为:建筑物外墙外侧有保温隔热层的,应按其保温材料的水平截面积计算,并计入自然层建筑面积。

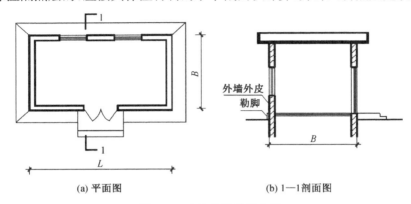

(a) 平面图　　　　　　(b) 1—1剖面图

图 2-1　建筑物勒脚示意图

对于单层建筑物应按不同的高度确定其建筑面积的计算。其高度指室内地面标高至屋面板板面结构标高之间的垂直距离。遇有以屋面板找坡的平屋顶单层建筑物,其高度指室内地面标高至屋面板最低处板面结构标高之间的垂直距离。因此,图 2-2 中单层建筑物的计算层高大于 2.2 m。若平面图上的尺寸为轴线尺寸,内外墙厚度均为 240 mm,则该单层建筑物的建筑面积为:

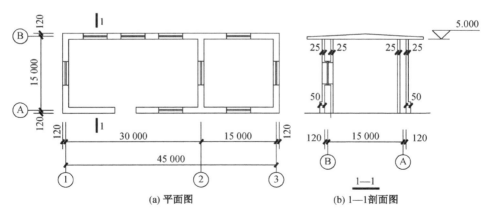

(a) 平面图　　　　　　(b) 1—1剖面图

图 2-2　某单层建筑物建筑面积的计算

$$(45+0.24) \times (15+0.24) = 689.46 (\text{m}^2)$$

【**例 2-1**】　某单层建筑如图 2-3 所示,墙厚 240 mm,轴线为墙体中心线,请计算其建筑面积。

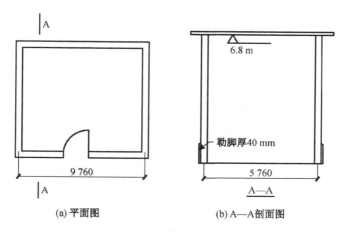

(a) 平面图   (b) A—A剖面图

图 2-3 某单层建筑

【解析】

建筑物的建筑面积应按自然层外墙结构外围水平面积之和计算。结构层高大于 2.20 m 应计算全面积。凸出墙体的勒脚不计算建筑面积。因此该单层建筑物的建筑面积为 $S=(9.76+0.24)\times(5.76+0.24)=60(\text{m}^2)$。

【例 2-2】 某多层建筑如图 2-4 所示,试计算其建筑面积。

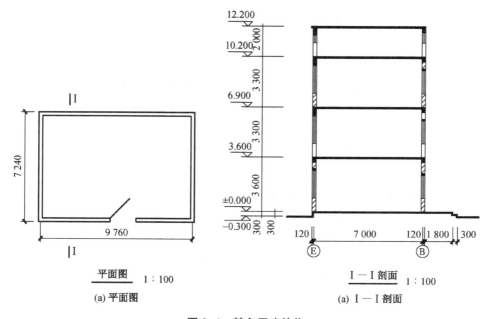

平面图   1:100

(a) 平面图

I—I 剖面   1:100

(a) I—I 剖面

图 2-4 某多层建筑物

【解析】

第1～3层层高均高于2.2 m,应计算全面积,顶层层高不足2.2 m,按外墙结构外围水平面积计算1/2面积。

$$S = 7.24 \times (9.76 + 0.24) \times 3 + 7.24 \times (9.76 + 0.24) \div 2 = 253.40(\text{m}^2)$$

(2)建筑物内设有局部楼层(如图2-5所示)时,对于局部楼层的二层及以上楼层,有围护结构的应按其围护结构外围水平面积计算,无围护结构的应按其结构底板水平面积计算,且结构层高在2.20 m及以上的,应计算全面积,结构层高在2.20 m以下的,应计算1/2面积。

图2-5中若局部二层层高在2.20 m及以上,则单层建筑物的建筑面积为:

$$S = 底层建筑面积 + 局部二层建筑面积 = A \times B + a \times b$$

若局部二层层高在2.20 m以下,单层建筑物总层高在2.20以上,则该单层建筑物的建筑面积为:

$$S = 底层建筑面积 + 局部二层建筑面积 = A \times B + a \times b \times 1/2$$

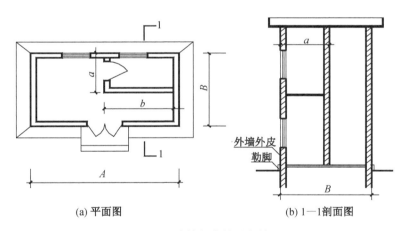

(a)平面图　　　　　　　(b)1—1剖面图

图2-5　建筑物内的局部楼层

【例2-3】 有局部楼层的某单层建筑物如图2-6所示,平面图中所标注的为轴线中心线尺寸,试计算其建筑面积。

【解析】

局部二层,其结构层高为3 m,大于2.2 m,局部三层层高小于2.2 m。因此该单层建筑物的建筑面积为$(27+0.12 \times 2) \times (15+0.12 \times 2) + (12+0.12 \times 2) \times (15+0.12 \times 2) + (12+0.12 \times 2) \times (15+0.12 \times 2) \div 2 = 694.94(\text{m}^2)$。

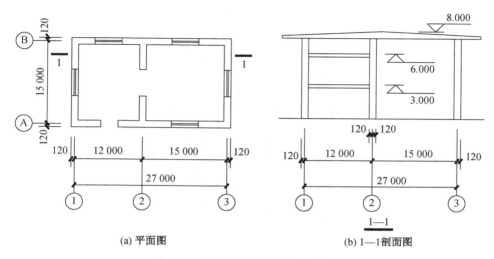

(a) 平面图　　　　　　　　　　(b) 1—1剖面图

图 2-6　有局部楼层的某单层建筑物

（3）对于形成建筑空间的坡屋顶（如图 2-7 所示），结构净高在 2.10 m 及以上的部位应计算全面积；结构净高在 1.20 m 及以上至 2.10 m 以下的部位应计算1/2面积；结构净高在 1.20 m 以下的部位不应计算建筑面积。

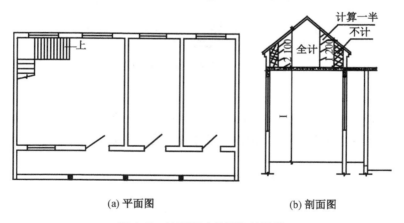

(a) 平面图　　　　　　　　　　(b) 剖面图

图 2-7　坡屋顶建筑面积的计算

建筑空间是以建筑界面限定的、供人们生活和活动的场所。具备可出入、可利用条件（设计中可能标明了使用用途，也可能没有标明使用用途或使用用途不明确）的围合空间，均属于建筑空间。

【**例 2-4**】 已知某房屋平面和剖面图如图 2-8 所示，请计算该房屋阁楼的建筑面积。

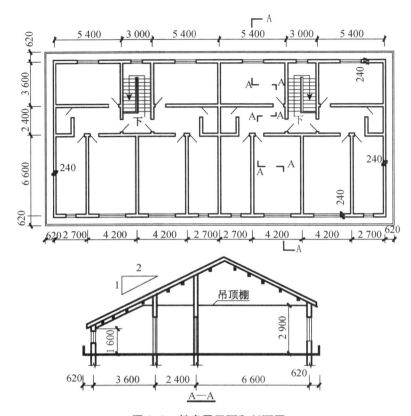

图 2-8 某房屋平面和剖面图

【解析】

该建筑物阁楼（坡屋顶）净高超过 2.10 m 的部位计算全面积；净高在 1.20 m 至 2.10 m 的部位应计算 1/2 面积，计算时关键是找出室内净高 1.20 m 与 2.10 m 的分界线。

① 净高 2.10 m 以下部分建筑面积：

$$S_1 = [(2.1-1.6) \times 2 + 0.24] \times [(2.7 \times 4 + 4.2 \times 4) + 0.24] \times 1/2 = 17.26 (m^2)$$

② 净高 2.10 m 以上部分建筑面积：

$$S_2 = (3.6 + 2.4 + 6.6 - 1) \times [(2.7 \times 4 + 4.2 \times 4) + 0.24] = 322.94 (m^2)$$
$$S = S_1 + S_2 = 17.26 + 322.94 = 340.20 (m^2)$$

（4）对于场馆看台下的建筑空间，结构净高在 2.10 m 及以上的部位应计算全面积；结构净高在 1.20 m 及以上至 2.10 m 以下的部位应计算 1/2 面积；结构净高在 1.20 m 以下的部位不应计算建筑面积。室内单独设置的有围护设施的悬挑看台,应按看台结构底板水平投影面积计算建筑面积。有顶盖无围护结构的场馆看台应按其顶盖水平投影面积的1/2计算面积。

【例2-5】 某长方形露天操场看台,看台下空间如图2-9所示,看台长度为100 m,请计算该看台的建筑面积。

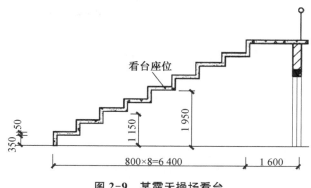

图2-9 某露天操场看台

【解析】

操场看台建筑面积为$(0.8 \times 2) \times 100 \div 2 + (0.8 \times 3 + 1.6) \times 100 = 480$ m²

（5）地下室、半地下室应按其结构外围水平面积计算。结构层高在2.20 m及以上的,应计算全面积;结构层高在2.20 m以下的,应计算1/2面积。

此处地下室是指室内地平面低于室外地平面的高度超过室内净高的1/2的房间。半地下室是指室内地平面低于室外地平面的高度超过室内净高的1/3,且不超过1/2的房间。

【例2-6】 某地下室的平面图和剖面图如图2-10所示,请计算图示建筑物的建筑面积。

【解析】

$$S = S_{地下室} + S_{出入口}$$
$$S_{地下室} = (12.30 + 0.24) \times (10.00 + 0.24) = 128.41(m^2)$$
$$S_{出入口} = 2.10 \times 0.80 + 6.00 \times 2.00 = 13.68(m^2)$$
$$S = 128.41 + 13.68 = 142.09(m^2)$$

（6）出入口外墙外侧坡道有顶盖的部位,应按其外墙结构外围水平面积的1/2计算面积。

出入口坡道分有顶盖出入口坡道和无顶盖出入口坡道,出入口坡道顶盖的挑出长度,为顶盖结构外边线至外墙结构外边线的长度;顶盖以设计图纸为准,对后增加及建设单位自行增加的顶盖等,不计算建筑面积。顶盖不分材料种类(如钢筋混凝土顶盖、彩钢板顶盖、阳光板顶盖等)。

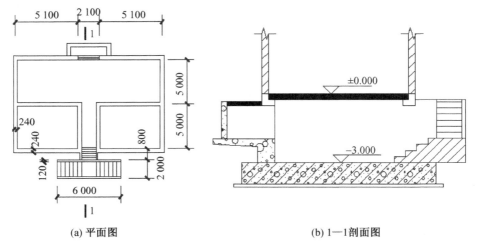

(a) 平面图   (b) 1—1剖面图

图 2-10　某地下室的平面图和剖面图

（7）建筑物架空层及坡地建筑物吊脚架空层，应按其顶板水平投影计算建筑面积。结构层高在 2.20 m 及以上的，应计算全面积；结构层高在 2.20 m 以下的，应计算 1/2 面积。

此处的架空层是指仅有结构支撑而无外围护结构的开敞空间层。该条建筑面积计算规则既适用于建筑物吊脚架空层、深基础架空层建筑面积的计算，也适用于目前部分住宅、学校教学楼等工程在底层架空或在二楼及以上某个甚至多个楼层架空，作为公共活动、停车、绿化等空间的建筑面积的计算。架空层中有围护结构的建筑空间按相关规定计算。

【例 2-7】　某坡地建筑物的平面图和剖面图如图 2-11 所示，请计算图示建筑物的建筑面积。

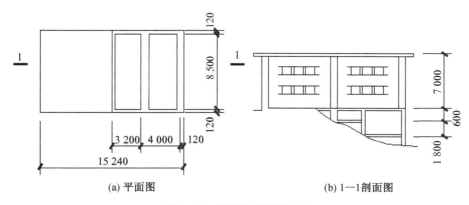

(a) 平面图   (b) 1—1剖面图

图 2-11　建筑物吊脚架空层

【解析】

$$S = S_{吊脚架空层} + S_{首层}$$

$$S_{吊脚架空层} = (3.2 + 4 + 0.12) \times (8.5 + 0.24) \div 2 = 31.99(m^2)$$

$$S_{首层} = 15.24 \times (8.5 + 0.24) = 133.20(m^2)$$

$$S = 31.99 + 133.20 = 165.19(m^2)$$

（8）建筑物的门厅、大厅（如图 2-12 所示）应按一层计算建筑面积，门厅、大厅内设置的走廊应按走廊结构底板水平投影面积计算建筑面积。结构层高在 2.20 m 及以上的，应计算全面积；结构层高在 2.20 m 以下的，应计算 1/2 面积。

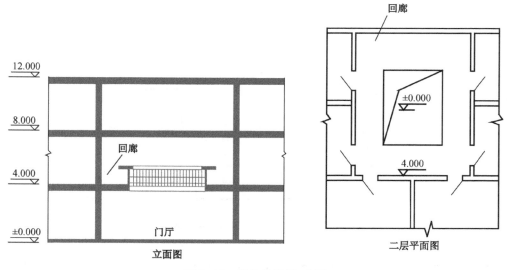

图 2-12　建筑物门厅、大厅

【例 2-8】　某建筑物的平面图和剖面图如图 2-13 所示，请计算图示建筑物的建筑面积。

【解析】

27.24×15.24（首层）$+ [(15 - 0.24) \times (27 - 0.24) - (27.24 - 1 \times 2) \times (15 - 0.24 - 3 \times 2)]$（回廊）$+ 27.24 \times 15.24/2$（三层）$= 796.58(m^2)$

（9）对于建筑物间的架空走廊，有顶盖和围护结构的（图 2-14），应按其围护结构外围水平面积计算全面积；无围护结构、有围护设施的（图 2-15），应按其结构底板水平投影面积计算 1/2 面积。

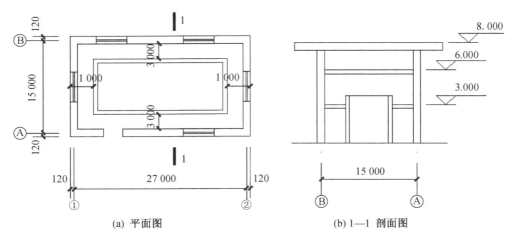

(a) 平面图　　　　(b) 1—1 剖面图

图 2-13　某建筑物的平面图和剖面图

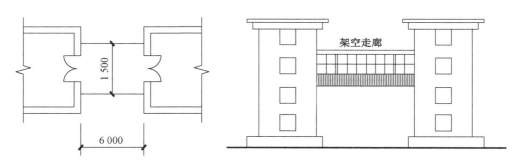

图 2-14　有围护结构的架空走廊

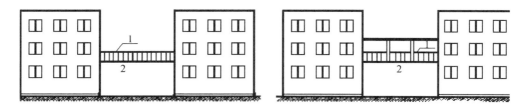

图 2-15　无围护结构有围护设施的架空走廊

1—栏杆；2—架空走廊

【例 2-9】　计算图 2-16 中架空走廊的建筑面积。

【解析】

① 一层:不计算建筑面积。

② 二层:第二层架空走廊的高度为 2.8 m>2.2 m,计算全面积。

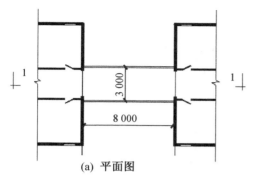 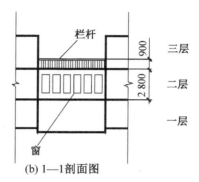

(a) 平面图　　　　　　　　(b) 1—1剖面图

图 2-16　架空走廊

$$S_2 = 8.00 \times 3.00 = 24.00(\text{m}^2)$$

③ 三层：第三层架空走廊的高度为 0.9 m<2.2 m,计算 1/2 建筑面积。

$$S_3 = 8.00 \times 3.00 \times 0.50 = 12.00(\text{m}^2)$$

则该架空走廊建筑面积为 $S=24.00+12.00=36.00(\text{m}^2)$。

(10) 对于立体书库、立体仓库、立体车库,有围护结构的,应按其围护结构外围水平面积计算建筑面积;无围护结构、有围护设施的,应按其结构底板水平投影面积计算建筑面积。无结构层的应按一层计算,有结构层的应按其结构层面积分别计算。结构层高在 2.20 m 及以上的,应计算全面积;结构层高在 2.20 m 以下的,应计算1/2面积。

图书馆中的立体书库、仓储中心的立体仓库、大型停车场的立体车库等建筑的建筑面积计算,应注意是否有结构层。结构层是指整体结构体系中承重的楼板层。起局部分隔、存储等作用的书架层、货架层或可升降的立体钢结构停车层均不属于结构层,故该部分分层不计算建筑面积。

(11) 有围护结构的舞台灯光控制室(图 2-17),应按其围护结构外围水平面积计算。结构层高在 2.20 m 及以上的,应计算全面积;结构层高在 2.20 m 以下的,应计算 1/2 面积。

(12) 附属在建筑物外墙的落地橱窗,应按其围护结构外围水平面积计算。结构层高在 2.20 m 及以上的,应计算全面积;结构层高在 2.20 m 以下的,应计算1/2 面积。

(13) 窗台与室内楼地面高差在 0.45 m 以下且结构净高在 2.10 m 及以上的凸(飘)窗,应按其围护结构外围水平面积计算 1/2 面积。

【例 2-10】 计算如图 2-18 所示的飘窗的建筑面积。该飘窗窗台高出室内楼地面 0.3 m,结构层高为 2.8 m。

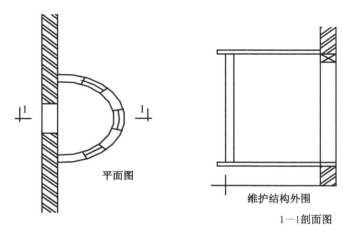

平面图

维护结构外围

1—1剖面图

图 2-17　有围护结构的舞台灯光控制室

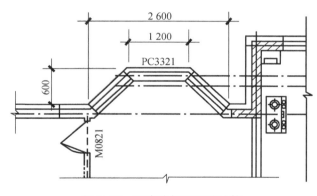

图 2-18　飘窗建筑面积的计算

【解析】

根据《建筑工程建筑面积计算规范》(GB/T 50353—2013)，此处飘窗应按其围护结构外围水平面积计算 1/2 面积。故飘窗的建筑面积为：

$$[(1.2+2.6)\times0.6\times1/2]\times1/2=0.57(\text{m}^2)$$

(14) 有围护设施的室外走廊(挑廊)，应按其结构底板水平投影面积计算 1/2 面积；有围护设施(或柱)的檐廊，应按其围护设施(或柱)外围水平面积计算 1/2 面积。室外走廊、挑廊和檐廊如图 2-19 所示。图 2-20 中区域 3 为没有围护设施也没有柱的檐廊，不计算建筑面积；区域 4 为有围护设施(栏杆)的檐廊，按其围护设施的外围水平面积计算 1/2 面积。

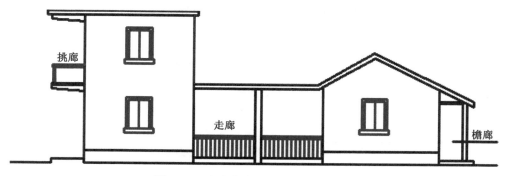

图 2-19 室外走廊、挑廊和檐廊示意图

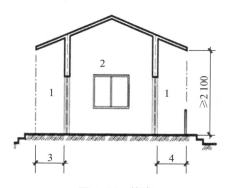

图 2-20 檐廊

1—檐廊；2—室内；3—不计算建筑面积部位；4—计算 1/2 建筑面积部位

（15）门斗应按其围护结构外围水平面积计算建筑面积，且结构层高在 2.20 m 及以上的，应计算全面积；结构层高在 2.20 m 以下的，应计算 1/2 面积。门斗是建筑物入口处两道门之间的空间，起分隔、挡风、御寒等作用的建筑过渡空间，如图 2-21 所示。

（16）门廊应按其顶板的水平投影面积的 1/2 计算建筑面积；有柱雨篷应按其结构板水平投影面积的 1/2 计算建筑面积；无柱雨篷的结构外边线至外墙结构外边线的宽度在 2.10 m 及以上的，应按雨篷结构板的水平投影面积的 1/2 计算建筑面积。

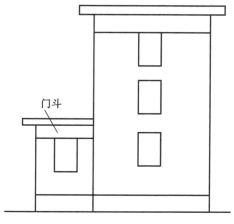

图 2-21 门斗

无柱雨篷的立面图和剖面图如图 2-22 所示,当 $A \geqslant 2.10$ m 时,雨篷面积为 $A \times L \times 1/2$;当 $A < 2.10$ m 时,雨篷不计算建筑面积。

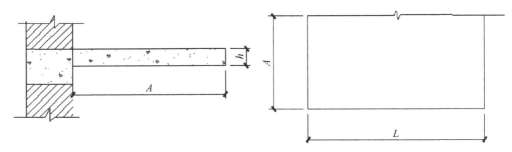

图 2-22 无柱雨篷示意图

门廊不同于门斗,是在建筑物出入口前有顶棚的半围合空间,无门、三面或两面有墙,一般设置廊柱。

雨篷分为有柱雨篷和无柱雨篷。有柱雨篷,没有出挑宽度的限制,也不受跨越层数的限制,均计算建筑面积。无柱雨篷,其结构板不能跨层,并受出挑宽度的限制,设计出挑宽度大于或等于 2.10 m 时才计算建筑面积。出挑宽度,系指雨篷结构外边线至外墙结构外边线的宽度,弧形或异形时,取最大宽度。

(17) 设在建筑物顶部的、有围护结构的楼梯间、水箱间、电梯机房等,结构层高在 2.20 m 及以上的应计算全面积;结构层高在 2.20 m 以下的,应计算 1/2 面积。

【例 2-11】 计算图 2-23 中门斗和水箱间的建筑面积。

【解析】

水箱间结构层高小于 2.2 m,因此按外墙外围水平面积的 1/2 计算。门斗结构层高大于 2.2 m,因此按外墙外围水平面积计算。

$$水箱间的建筑面积 = 2.5 \times 2.5 \times 1/2 = 3.13(m^2)$$
$$门斗的建筑面积 = 3.5 \times 2.5 = 8.75(m^2)$$

(18) 围护结构不垂直于水平面的楼层,应按其底板面的外墙外围水平面积计算。结构净高在 2.10 m 及以上的部位,应计算全面积;结构净高在 1.20 m 及以上至 2.10 m 以下的部位,应计算 1/2 面积;结构净高在 1.20 m 以下的部位,不应计算建筑面积。

对斜围护结构与斜屋顶采用相同的计算规则,即只要外壳倾斜,就按结构净高划段,分部计算建筑面积。如图 2-24 所示,区域 2 结构净高在 1.2 m 以内,不计算建筑面积;区域 1 结构净高在 1.2 m 及以上至 2.1 m 以下,按水平投影面积的 1/2 计算;区域 1 左侧的建筑内空间,结构净高在 2.1 m 及以上,以底板面的外墙外围

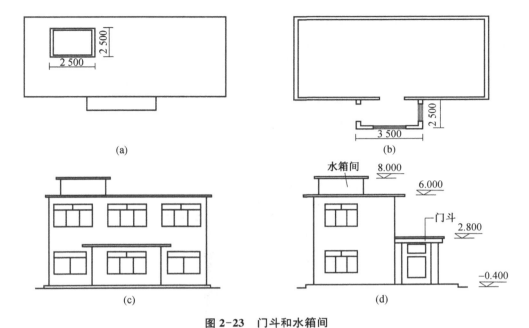

图 2-23 门斗和水箱间

（a）顶层平面图；（b）底层平面图；（c）正立面图；（d）侧立面图

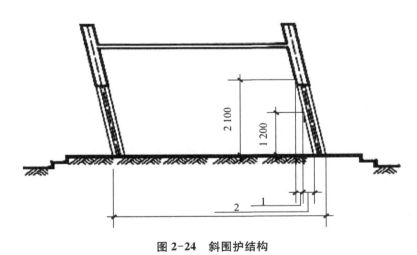

图 2-24 斜围护结构

1—计算 1/2 建筑面积部位；2—不计算建筑面积部位

为界，计算全面积。

（19）建筑物的室内楼梯、电梯井、提物井、管道井、通风排气竖井、烟道，应并入建筑物的自然层计算建筑面积。有顶盖的采光井应按一层计算面积，且结构净高在 2.10 m 及以上的，应计算全面积；结构净高在 2.10 m 以下的，应计算 1/2 面积。

有顶盖的采光井按一层计算建筑面积。此处的顶盖以设计图纸为准,对后增加的顶盖等,不计算建筑面积。如图2-25所示,地下室采光井,设计有顶盖,虽然高度达到两层结构层高,但仍按一层计算建筑面积。

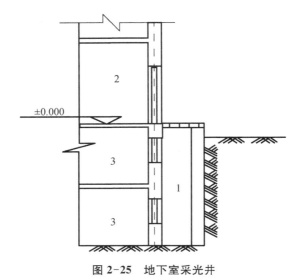

图2-25 地下室采光井

1—采光井;2—室内;3—地下室

(20)室外楼梯应并入所依附建筑物自然层,并应按其水平投影面积的1/2计算建筑面积。

室外楼梯作为连接该建筑物层与层之间交通不可缺少的基本部件,无论从其功能还是工程计价的要求来说,均需计算建筑面积。层数为室外楼梯所依附的楼层数,即梯段部分投影到建筑物范围的层数。利用室外楼梯下部的建筑空间不得重复计算建筑面积;利用地势砌筑的为室外踏步,不计算建筑面积。

(21)在主体结构内的阳台,应按其结构外围水平面积计算全面积;在主体结构外的阳台,应按其结构底板水平投影面积计算1/2面积。

建筑物的阳台,不论其形式如何,均以建筑物主体结构为界分别计算建筑面积。图2-26中建筑物的阳台建筑面积为:

$$S = (3.3 - 0.24) \times 1.5 + 1.2 \times (3.6 + 0.24) \times 1/2 = 6.89(\text{m}^2)$$

(22)有顶盖无围护结构的车棚、货棚、站台、加油站、收费站等,应按其顶盖水平投影面积的1/2计算建筑面积。

(23)以幕墙作为围护结构的建筑物,应按幕墙外边线计算建筑面积。

幕墙以其在建筑物中所起的作用和功能来区分,直接作为外墙起围护作用的幕墙,按其外边线计算建筑面积;设置在建筑物墙体外起装饰作用的幕墙,不计算

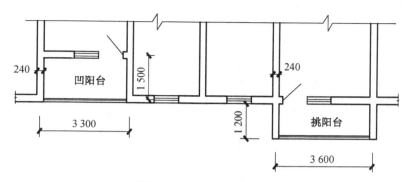

图 2-26 凹阳台和凸阳台

建筑面积。建筑幕墙示意图如图 2-27 所示。

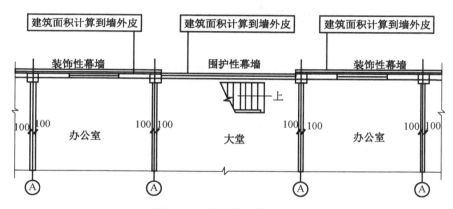

图 2-27 建筑物幕墙示意图

资料来源:苗艳丽.建筑工程工程量清单计价细节解析与实例详解[M].武汉:华中科技大学出版社,2014:74.

(24) 建筑物的外墙外保温层,应按其保温材料的水平截面积计算,并计入自然层建筑面积。

建筑物外墙外侧有保温隔热层的,保温隔热层以保温材料的净厚度乘以外墙结构外边线长度按建筑物的自然层计算建筑面积,其外墙外边线长度不扣除门窗和建筑物外已计算建筑面积构件(如阳台、室外走廊、门斗、落地橱窗等部件)所占长度。当建筑物外已计算建筑面积的构件(如阳台、室外走廊、门斗、落地橱窗等部件)有保温隔热层时,其保温隔热层也不再计算建筑面积。外墙是斜面者按楼面楼板处的外墙外边线长度乘以保温材料的净厚度计算。外墙外保温以沿高度方向满铺为准,某层外墙外保温铺设高度未达到全部高度时(不包括阳台、室外走廊、门斗、落地橱窗、雨篷、飘窗等),不计算建筑面积。保温隔热层的建筑面积是以保温隔热材料的厚度来计算的,不包含抹灰层、防潮层、保护层(墙)的厚度。建筑外墙外保温见图 2-28,建筑外墙结构外侧以外仅计算区域 7 保温材料部分的建筑面积。

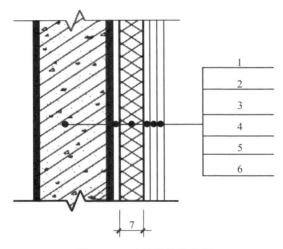

图 2-28 建筑外墙外保温

1—墙体;2—黏结胶浆;3—保温材料;4—标准网;
5—加强网;6—抹面胶浆;7—计算建筑面积部位

(25)与室内相通的变形缝,应按其自然层合并在建筑物建筑面积内计算。对于高低联跨的建筑物,以高跨结构外边线为分界线,如图 2-29 所示,当高低跨内部连通时,其变形缝应计算在低跨面积内;当高低跨内部不连通时,其变形缝不计算建筑面积。

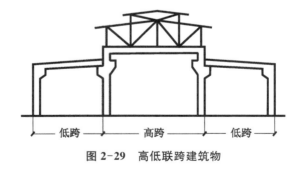

图 2-29 高低联跨建筑物

【例 2-12】 试分别计算图 2-30 中高低跨连通建筑物的建筑面积。

【解析】

$$S = S_{高跨} + S_{低跨}$$

$$S_{高跨} = (63 + 0.24) \times (15 + 0.24) \times 13 = 12\ 529.11(\text{m}^2)$$

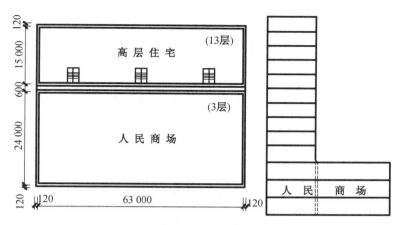

图 2-30 某高低跨连通的建筑物

$$S_{低跨} = (24 + 0.6 - 0.12 + 0.12) \times (63 + 0.24) \times 3 = 4\ 667.11(\text{m}^2)$$
$$S = 12\ 529.11 + 4\ 667.11 = 17\ 196.22(\text{m}^2)$$

（26）对于建筑物内的设备层、管道层、避难层等有结构层的楼层，结构层高在 2.20 m 及以上的，应计算全面积；结构层高在 2.20 m 以下的，应计算 1/2 面积。

设备层、管道层虽然其具体功能与普通楼层不同，但在结构上及施工消耗上并无本质区别，且本规范定义自然层为"按楼地面结构分层的楼层"，因此设备、管道楼层归为自然层，其计算规则与普通楼层相同。在吊顶空间内设置管道的，则吊顶空间部分不能被视为设备层、管道层。

2.2.2 建筑物不计算建筑面积部分

（1）与建筑物内不相连通的建筑部件。建筑部件指的是依附于建筑物外墙外不与户室开门连通，起装饰作用的敞开式挑台（廊）、平台，以及不与阳台相通的空调室外机搁板（箱）等设备平台部件。"与建筑物内不相连通"是指没有正常的出入口，即通过门进出的，视为"连通"，通过窗或栏杆等翻出去的，视为"不连通"。

（2）骑楼、过街楼底层的开放公共空间和建筑物通道。骑楼是指建筑底层沿街面后退且留出公共人行空间的建筑物，如图 2-31 所示。过街楼是指跨越道路上空并与两边建筑相连接的建筑物，如图 2-32 所示。

（3）舞台及后台悬挂幕布和布景的天桥、挑台等（如图 2-33 所示）。这里指的是影剧院的舞台及为舞台服务的可供上人维修、悬挂幕布、布置灯光及布景等搭设的天桥和挑台等构件设施。

（4）露台、露天游泳池、花架、屋顶的水箱及装饰性结构构件。某建筑物屋顶水箱、凉棚、露台示意图见图 2-34 所示。

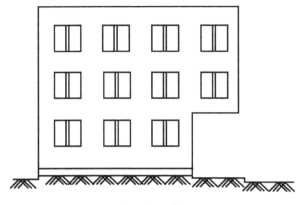

图 2-31 骑楼

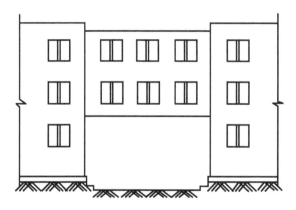

图 2-32 过街楼

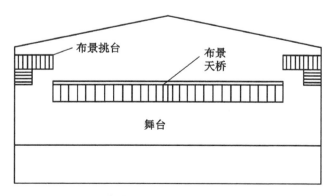

图 2-33 舞台、布景挑台和布景天桥示意图

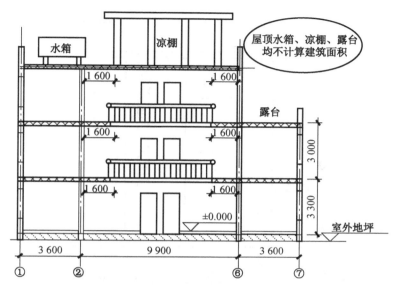

图 2-34 某建筑物屋顶水箱、凉棚、露台示意图

（5）建筑物内的操作平台、上料平台、安装箱和罐体的平台。建筑物内不构成结构层的操作平台、上料平台（包括工业厂房、搅拌站和料仓等建筑中的设备操作控制平台、上料平台等），其主要作用为室内构筑物或设备服务的独立上人设施，因此不计算建筑面积。某车间操作平台见图 2-35 所示。

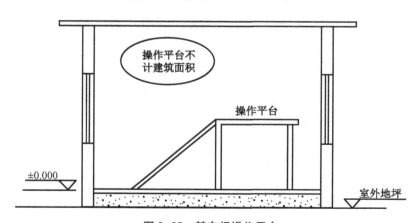

图 2-35 某车间操作平台

（6）勒脚、附墙柱（附墙柱是指非结构性装饰柱）、垛、台阶、墙面抹灰、装饰面、镶贴块料面层、装饰性幕墙，主体结构外的空调室外机搁板（箱）、构件、配件，挑出宽度在 2.10 m 以下的无柱雨篷和顶盖高度达到或超过两个楼层的无柱雨篷（图 2-36）。

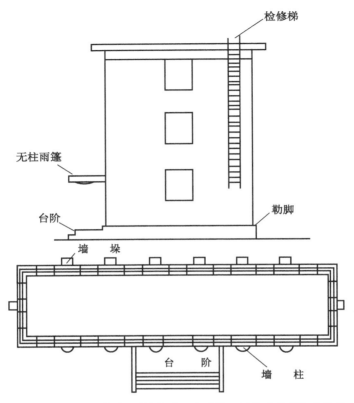

图 2-36　检修梯、勒脚、附墙柱、垛、台阶等不计算建筑面积的构件

（7）窗台与室内地面高差在 0.45 m 以下且结构净高在 2.10 m 以下的凸（飘）窗，窗台与室内地面高差在 0.45 m 及以上的凸（飘）窗。

（8）室外爬梯、室外专用消防钢楼梯。室外钢楼梯需要区分具体用途，如专用于消防楼梯，则不计算建筑面积，如果是建筑物唯一通道，兼用于消防，则需要按相关建筑面积计算规则计算建筑面积。

（9）无围护结构的观光电梯。

（10）建筑物以外的地下人防通道，独立的烟囱、烟道、地沟、油（水）罐、气柜、水塔、贮油（水）池、贮仓、栈桥等构筑物。

本 章 习 题

一、单项选择题（每题的备选项中，只有 1 个最符合题意）

1. 根据《建筑工程建筑面积计算规范》（GB/T 50353—2013），多层建筑物二层及以上的楼层应以层高判断如何计算建筑面积，关于层高的说法，正确的是(   )。

    A. 最上层按楼面结构标高至屋面板板面结构标高之间的垂直距离

    B. 以屋面板找坡的,按楼面结构标高至屋面板最高处标高之间的垂直距离

    C. 有基础底板的按底板下表面至上层楼面结构标高之间的垂直距离

    D. 没有基础底板的按基础底面至上层楼面结构标高之间的垂直距离

    2. 根据《建筑工程建筑面积计算规范》(GB/T 50353—2013),关于大型体育场看台下部设计利用部位建筑面积计算,说法正确的是(   )。

    A. 层高<2.10 m,不计算建筑面积

    B. 层高>2.10 m,设计加以利用计算1/2面积

    C. 1.20 m≤净高≤2.10 m时,计算1/2面积

    D. 层高≥1.2 m计算全面积

    3. 地下室的建筑面积计算正确的是(   )。

    A. 外墙保护墙上口外边线所围水平面积

    B. 层高2.10 m及以上者计算全面积

    C. 层高不足2.2 m者应计算1/2面积

    D. 层高在1.90 m以下者不计算面积

    4. 有永久性顶盖且顶高4.2 m无围护结构的场馆看台,其建筑面积计算正确的是(   )。

    A. 按看台底板结构外围水平面积计算

    B. 按顶盖水平投影面积计算

    C. 按看台底板结构外围水平面积的1/2计算

    D. 按顶盖水平投影面积的1/2计算

    5. 根据《建筑工程建筑面积计算规范》(GB/T 50353—2013)规定,建筑物的建筑面积应按自然层外墙结构外围水平面积之和计算。以下说法正确的是(   )。

    A. 建筑物高度为2.00 m部分应计算全面积

    B. 建筑物高度为1.80 m部分不计算面积

    C. 建筑物高度为1.20 m部分不计算面积

    D. 建筑物高度为2.10 m部分应计算1/2面积

    6. 根据《建筑工程建筑面积计算规范》(GB/T 50353—2013)规定,建筑物内设有局部楼层,局部二层层高2.15 m,其建筑面积计算正确的是(   )。

    A. 无围护结构的不计算面积

    B. 无围护结构的按其结构底板水平面积计算

    C. 有围护结构的按其结构底板水平面积计算

    D. 有围护结构的按其结构底板水平面积的1/2计算

    7. 根据《建筑工程建筑面积计算规范》(GB/T 50353—2013)规定,地下室、半

地下室建筑面积计算正确的是( )。

    A. 层高不足 1.80 m 者不计算面积

    B. 层高为 2.10 m 的部位计算 1/2 面积

    C. 层高为 2.10 m 的部位应计算全面积

    D. 层高为 2.10 m 以上的部位应计算全面积

    8. 根据《建筑工程建筑面积计算规范》(GB/T 50353—2013)规定,建筑物大厅内的层高在 2.20 m 及以上的回(走)廊,建筑面积计算正确的是( )。

    A. 按回(走)廊水平投影面积并入大厅建筑面积

    B. 不单独计算建筑面积

    C. 按结构底板水平投影面积计算

    D. 按结构底板水平面积的 1/2 计算

    9. 根据《建筑工程建筑面积计算规范》(GB/T 50353—2013)规定,层高在 2.20 m 及以上有围护结构的舞台灯光控制室建筑面积计算正确的是( )。

    A. 按围护结构外围水平面积计算

    B. 按围护结构外围水平面积的 1/2 计算

    C. 按控制室底板水平面积计算

    D. 按控制室底板水平面积的 1/2 计算

    10. 根据《建筑工程建筑面积规范》(GB/T 50353—2013),形成建筑空间,结构净高 2.18 m 部位的坡屋顶,其建筑面积( )。

    A. 不予计算   B. 按 1/2 面积计算

    C. 按全面积计算   D. 视使用性质确定

    11. 根据《建筑工程建筑面积计算规范》(GB/T 50353—2013),建筑物间有两侧护栏的架空走廊,其建筑面积( )。

    A. 按护栏外围水平面积的 1/2 计算

    B. 按结构底板水平投影面积的 1/2 计算

    C. 按护栏外围水平面积计算全面积

    D. 按结构底板水平投影面积计算全面积

    12. 根据《建筑工程建筑面积计算规范》(GB/T 50353—2013),下列情况可以计算建筑面积的是( )。

    A. 设计加以利用的坡屋顶内净高在 1.20 m 至 2.10 m

    B. 地下室采光井所占面积

    C. 建筑物出入口外挑宽度在 1.20 m 以上的雨篷

    D. 不与建筑物内连通的装饰性阳台

    13. 根据《建筑工程建筑面积计算规范》(GB/T 50353—2013),关于室外楼梯的建筑面积计算的说法,正确的是( )。

A. 有永久性顶盖的按自然层水平投影面积计算

B. 无永久性顶盖的按自然层水平投影面积的 1/2 计算

C. 顶层无永久性顶盖的室外楼梯各层均不计算建筑面积

D. 无永久性顶盖的上层不计算建筑面积

14. 建筑物内的管道井,其建筑面积计算说法正确的是( )。

A. 不计算建筑面积

B. 按管道井图示结构内边线面积计算

C. 按管道井净空面积的 1/2 乘以层数计算

D. 按自然层计算建筑面积

15. 根据《建筑工程建筑面积计算规范》(GB/T 50353—2013),关于建筑面积计算,说法正确的是( )。

A. 以幕墙作为围护结构的建筑物按幕墙外边线计算建筑面积

B. 高低跨内部连通时变形缝计入高跨面积内

C. 多层建筑首层按勒脚外围水平面积计算

D. 建筑物变形缝所占面积按自然层扣除

16. 根据《建筑工程建筑面积计算规范》(GB/T 50353—2013),关于建筑物外有永久顶盖无围护结构的走廊,其建筑面积计算说法正确的是( )。

A. 按结构底板水平面积的 1/2 计算

B. 按顶盖水平投影面积计算

C. 层高超过 2.10 m 的计算全面积

D. 层高不足 2.10 m 的不计算建筑面积

17. 根据《建筑工程建筑面积计算规范》(GB/T 50353—2013),围护结构不垂直于水平面结构净高 2.15 m 楼层部位,其建筑面积应( )。

A. 按顶板水平投影面积的 1/2 计算

B. 按顶板水平投影面积计算全面积

C. 按底板外墙外围水平面积的 1/2 计算

D. 按底板外墙外围水平面积计算全面积

18. 根据《建筑工程建筑面积计算规范》(GB/T 50353—2013),建筑物室外楼梯,其建筑面积( )。

A. 按水平投影面积计算全面积

B. 按结构外围面积计算全面积

C. 依附于自然层按水平投影面积的 1/2 计算

D. 依附于自然层按结构外层面积的 1/2 计算

19. 在计算建筑面积时,当无围护结构,有围护设施,并且结构层高在 2.2 m 以上时,( )按其结构底板水平投影计算 1/2 建筑面积。

A. 立体车库   B. 室外挑廊   C. 悬挑看台   D. 阳台

20. 某单层宿舍,平面为长方形,外墙的结构外边线平面尺寸为 33.8 m×7.4 m.已知外墙外侧面做法为:20 mm 厚 1:3 水泥砂浆找平层,3 mm 厚胶黏剂,20 mm 厚硬泡聚氨酯复合板,5 mm 厚抹面胶浆。则该单层宿舍的建筑面积为(   )。

A. 251.77 m²   B. 252.43 m²   C. 253.67 m²   D. 254.08 m²

二、多项选择题(每题的备选项中,有 2 个或 2 个以上正确选项,且至少有 1 项不符合题意。)

1. 根据《建筑工程建筑面积计算规范》(GB/T 50353—2013),下列建筑中不应计算建筑面积的有(   )。

A. 单层建筑利用坡屋顶净高不足 2.10 m 的部分

B. 单层建筑物内部楼层的二层部分

C. 多层建筑设计利用坡屋顶内净高不足 1.2 m 的部分

D. 外挑宽度大于 1.2 m 但不足 2.10 m 的雨篷

E. 建筑物室外台阶所占面积

2. 根据《建筑工程建筑面积计算规范》(GB/T 50353—2013),应计算 1/2 建筑面积的有(   )。

A. 高度不足 2.20 m 的单层建筑物   B. 净高不足 1.20 m 的坡屋顶部分

C. 层高不足 2.20 m 的地下室   D. 有永久顶盖无围护结构建筑物

E. 外挑宽度不足 2.10 m 的雨篷

3. 关于建筑面积计算,说法正确的有(   )。

A. 露天游泳池按设计图示外围水平投影面积的 1/2 计算

B. 建筑物内的储水罐平台按平台投影面积计算

C. 有永久顶盖的室外楼梯,按楼梯水平投影面积计算

D. 建筑物主体结构内的阳台按其结构外围水平面积计算

E. 宽度超过 2.10 m 的雨篷按结构板的水平投影面积 1/2 计算

4. 根据《建筑工程建筑面积计算规范》(GB/T 50353—2013)规定,关于建筑面积计算正确的是(   )。

A. 建筑物顶部有围护结构的电梯机房不单独计算

B. 建筑物顶部层高为 2.10 m 的有围护结构的水箱间不计算

C. 围护结构不垂直于水平面的楼层,应按其底板面外墙外围水平面积计算

D. 建筑物室内提物井不计算

E. 建筑物室内楼梯按自然层计算

5. 根据《房屋建筑与装饰工程工程量计算规范》(GB 50854—2013)规定,关于建筑面积计算正确的是(   )。

A. 过街楼底层的建筑物通道按通道底板水平面积计算

B. 建筑物露台按围护结构外围水平面积计算

C. 挑出宽度 1.80 m 的无柱雨篷不计算

D. 建筑物室外台阶不计算

E. 挑出宽度超过 1.00 m 的空调室外机搁板不计算

6. 根据《建筑工程建筑面积计算规范》(GB/T 50353—2013),不计算建筑面积的有(   )。

A. 建筑物首层地面有围护设施的露台

B. 兼顾消防与建筑物相连的室外钢楼梯

C. 与建筑物相连的室外台阶

D. 与室内相连的变形缝

E. 形成建筑空间,结构净高 1.50 m 的坡屋顶

7. 根据《建筑工程建筑面积计算规范》(GB/T 50353—2013),不计算建筑面积的是(   )。

A. 建筑物室外台阶

B. 空调室外机搁板

C. 屋顶可上人露台

D. 与建筑物不相连的有顶盖车棚

E. 建筑物内的变形缝

三、计算题

1. 某单层砖混结构平面图如图 2-37 所示。请按《建筑工程建筑面积计算规范》(GB/T 50353—2013)计算其建筑面积。

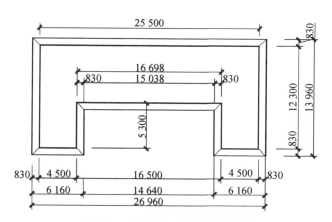

图 2-37　某单层砖混结构平面图

2. 某多层建筑物如图 2-38 所示,试计算:

(1) 当 $H=3.0$ m 时,建筑物的建筑面积;

(2) 当 $H=2.0$ m 时,建筑物的建筑面积。

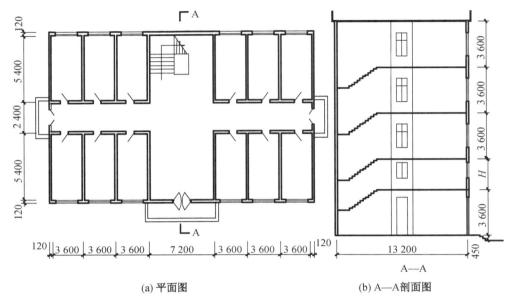

(a) 平面图   (b) A—A剖面图

图 2-38　某多层建筑物

3 土石方工程计量与计价

3.1 土石方工程量清单编制

《房屋建筑与装饰工程工程量计算规范》(GB 50854—2013)将土石方工程这一分部工程分为土方工程、石方工程和回填三个子分部工程。本章重点讲解常用的土方工程和回填土,本章以"m³"为主要计量单位,计算结果保留两位小数。

土壤的分类应按表 3-1 确定,如土壤类别不能准确划分时,招标人可注明为综合,由投标人根据地质勘察报告决定报价。

表 3-1　土壤分类表

土壤分类	土壤名称	开挖方法
一、二类土	粉土、砂土(粉砂、细砂、中砂、粗砂、砾砂)、粉质黏土、弱中盐渍土、软土(淤泥质土、泥炭、泥炭质土)、软塑红黏土、冲填土	用锹、少许用镐、条锄开挖。机械能全部直接铲挖满载者
三类土	黏土、碎石土(圆砾、角砾)、混合土、可塑红黏土、硬塑红黏土、强盐渍土、素填土、压实填土	主要用镐、条锄,少许用锹开挖。机械需部分刨松方能铲挖满载者或可直接铲挖但不能满载者
四类土	碎石土(卵石、碎石、漂石、块石)、坚硬红黏土、超盐渍土、杂填土	全部用镐、条锄挖掘、少许用撬棍挖掘。机械须普遍刨松方能铲挖满载者

(一)土方工程

1)平整场地(010101001)

(1)建筑物场地厚度≤±300 mm 的挖、填、运、找平,应按平整场地项目编码列项。

(2)项目特征:①土壤类别;②弃土运距;③取土运距。

(3)工作内容:①土方挖填;②场地找平;③运输。

(4)清单工程量计算(计量单位:m²)

按设计图示尺寸以建筑物首层建筑面积计算。

2)挖一般土方(010101002)、挖沟槽土方(010101003)、挖基坑土方(010101004)

(1)厚度>±300 mm 的竖向布置挖土或山坡切土应按挖一般土方项目编码列项。沟槽、基坑、一般土方的划分为:底宽≤7 m 且底长>3 倍底宽为沟槽;底长≤3倍底宽且底面积≤150 m² 为基坑;超出上述范围则为一般土方。

（2）项目特征:①土壤类别;②挖土深度;③弃土运距。若桩间挖土则不扣除桩的体积,并在项目特征中加以描述。弃、取土运距可不描述,但应注明由投标人根据施工现场实际情况自行考虑,决定报价。

（3）工作内容:①排地表水;②土方开挖;③围护（挡土板）及拆除;④基底钎探;⑤运输。

（4）清单工程量计算（计量单位:m³）

挖一般土方按设计图示尺寸以体积计算;挖沟槽土方和挖基坑土方按设计图示尺寸以基础垫层底面积乘以挖土深度计算。非天然密实土方体积应按挖掘前的天然密实体积计算,土方体积按表 3-2 折算。当挖方出现流砂、淤泥时,如设计未明确,在编制工程量清单时,其工程数量可为暂估量,结算时应根据实际情况由发包人与承包人双方现场签证确认工程量。

表 3-2　土方体积折算系数表

天然密实度体积	虚方体积	夯实后体积	松填体积
0.77	1.00	0.67	0.83
1.00	1.30	0.87	1.08
1.15	1.50	1.00	1.25
0.92	1.20	0.80	1.00

注:1. 虚方指未经碾压、堆积时间≤1 年的土壤。

　　2. 本表按《全国统一建筑工程预算工程量计算规则》(GJDGZ-101—95)整理。

　　3. 设计密实度超过规定的,填方体积按工程设计要求执行;无设计要求按各省、自治区、直辖市或行业建设行政主管部门规定的系数执行。

需要特别注意的是,根据《房屋建筑与装饰工程工程量计算规范》(GB 50854—2013)以及《江苏省建筑与装饰工程计价定额》(2014 年)的相关规定,挖沟槽、基坑、一般土方因工作面和放坡增加的工程量并入各土方工程量中,办理工程结算时,按经发包人认可的施工组织设计规定计算,编制工程量清单时,可按表 3-3 和表 3-4 的规定计算。

表 3-3　放坡系数表

土壤类别	放坡起点（m）	人工挖土	机械挖土		
			在坑内作业	在坑上作业	顺沟槽在坑上作业
一、二类土	1.20	1:0.5	1:0.33	1:0.75	1:0.5
三类土	1.50	1:0.33	1:0.25	1:0.67	1:0.33
四类土	2.00	1:0.25	1:0.10	1:0.33	1:0.25

注:1. 沟槽、基坑中土类别不同时,分别按其放坡起点、放坡系数,依不同土类别厚度加权平均计算。

　　2. 计算放坡时,在交接处的重复工程量不予扣除。

表 3-4　基础施工所需工作面宽度计算表

基础材料	每边各增加工作面宽度(mm)
砖基础	200
浆砌毛石、条石基础	150
混凝土基础垫层支模板	300
混凝土基础支模板	300
基础垂直面做防水层	1 000(防水层面)

沟槽土方开挖断面如图 3-1 所示,其中,a 表示垫层底宽,c 表示工作面宽度,K 表示放坡系数,H 表示挖土深度(挖土方平均厚度应按自然地面测量标高至设计地坪标高间的平均厚度确定。基础土方开挖深度应按基础垫层底表面标高至交付施工场地标高确定,无交付施工场地标高时,应按自然地面标高确定)。土方开挖时,若未达到表 3-3 土方开挖放坡起点深度,可不放坡,采用直立挖土的方式,如图 3-1(a)所示。若达到了表 3-3 的放坡起点开挖深度,但由于场地等原因不能放坡时,可采用支挡土板的方式保护土方边坡,挡土板的厚度一般为 100 mm,具体如图 3-1(b)所示。若施工场地条件允许,当达到放坡起点深度时,可按表 3-3 中的放坡系数进行放坡,图 3-1(c)为自混凝土垫层下表面开始放坡,若原槽、坑作基础

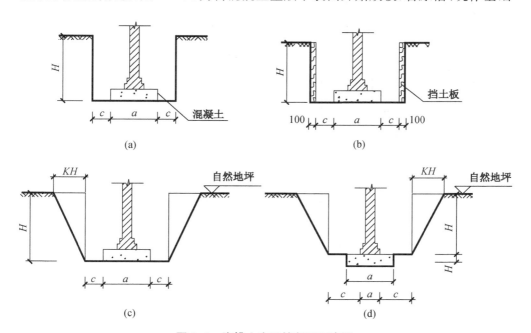

图 3-1　沟槽土方开挖断面示意图

资料来源:武建华,彭雁英.建筑工程计量与计价[M].北京:北京理工大学出版社,2014:62-63.

垫层时,放坡自垫层上表面开始计算,如图 3-1(d)所示。挖沟槽土方可按以下公式计算:

$$V_{挖沟槽土方} = S_{截} \times (L_{外墙下中心线长} + L_{内墙下净线长})$$

达到土方开挖放坡起点时,基坑土方开挖如图 3-2 所示,其中,a 表示垫层底长,b 表示垫层底宽。

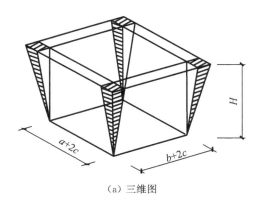

(a) 三维图

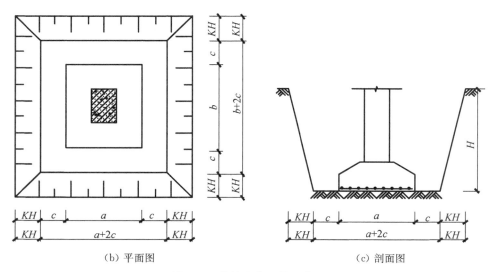

(b) 平面图   (c) 剖面图

图 3-2　基坑土方开挖示意图

挖基坑土方可按以下公式计算:

$$V_{挖基坑土方} = \frac{1}{6} \times H \times [A \times B + A_1 B_1 + (A + A_1) \times (B + B_1)]$$

其中,A 表示基坑下底长;B 表示基坑下底宽;A_1 表示基坑上底长;B_1 表示基坑下底宽。

由图 3-2 可看出：$A = a + 2c$；$B = b + 2c$；$A_1 = A + 2KH = a + 2c + 2KH$；$B_1 = B + 2KH = b + 2c + 2KH$。

（二）回填

1）回填方（010103001）

（1）在实际工程中，一般用挖出来的土方进行回填，挖出来的土方属于非天然密实方，在计算回填土体积的时候按照天然密实方体积计算。

（2）项目特征：①密实度要求（在无特殊要求情况下，项目特征可描述为满足设计和规范的要求）；②填方材料品种（可以不描述，但应注明由投标人根据设计要求验方后方可填入，并符合相关工程的质量规范要求）；③填方粒径要求（在无特殊要求情况下，项目特征可以不描述。）；④填方来源、运距。如需买土回填应在项目特征填方来源中描述，并注明买土方数量。

（3）工作内容：①运输；②回填；③压实。

（4）清单工程量计算（计量单位：m³）

按设计图示尺寸以体积计算。

① 场地回填：回填面积乘平均回填厚度。

② 室内回填：主墙间面积乘回填厚度，不扣除间隔墙。

③ 基础回填：按挖方清单项目工程量减去自然地坪以下埋设的基础体积（包括基础垫层及其他构筑物）。

2）余方弃置（010103002）

（1）项目特征：①废弃料品种；②运距。

（2）工作内容：余方点装料运输至弃置点。

（3）清单工程量计算（计量单位：m³）

按挖方清单项目工程量减去利用回填方体积（正数）计算。

3.2　土石方工程量清单计价

《江苏省建筑与装饰工程计价定额》（2014 版）将土石方工程分为人工土石方和机械土石方两部分。

3.2.1　土石方工程套定额需要注意的主要问题

1）人工土、石方

（1）运余松土或挖堆积期在一年以内的堆积土，除按运土方定额执行外，另增加挖一类土的定额项目（工程量按实方计算，若为虚方按工程量计算规则的折算方法折算成实方）。取自然土回填时，按土壤类别执行挖土定额。

（2）支挡土板不分密撑、疏撑，均按定额执行，实际施工中材料不同均不调整。

（3）桩间挖土按打桩后坑内挖土相应定额执行。桩间挖土,指桩(不分材质和成桩方式)顶设计标高以下及桩顶设计标高以上0.50 m范围内的挖土。

2）机械土、石方

（1）定额中机械土方按三类土取定。如实际土壤类别不同,定额中机械台班量乘以表3-5中的系数。

表3-5 土壤系数表

项目	三类土	一、二类土	四类土
推土机推土方	1.00	0.84	1.18
铲运机铲运土方	1.00	0.84	1.26
自行式铲运机铲运土方	1.00	0.86	1.09
挖掘机挖土方	1.00	0.84	1.14

（2）土、石方体积均按天然实体积(自然方)计算;推土机、铲运机推、铲未经压实的堆积土,按三类土定额项目乘以系数0.73。

（3）机械挖土方工程量,按机械实际完成工程量计算。机械确实挖不到的地方,用人工修边坡、整平的土方工程量(最多不得超过挖方量的10%)按人工挖一般土方(1-1至1-4子目)套价,人工乘以系数2。机械挖土、石方单位工程量小于2 000 m³或在桩间挖土、石方,按相应定额乘以系数1.10。

（4）机械挖土均以天然湿度土壤为准,含水率达到或超过25%时,定额人工、机械乘以系数1.15;含水率超过40%时另行计算。

（5）本定额自卸汽车运土,对道路的类别及自卸汽车吨位已分别进行综合计算。

（6）自卸汽车运土,按正铲挖掘机挖土考虑,如系反铲挖掘机装车,则自卸汽车运土台班量乘以系数1.10;拉铲挖掘机装车,自卸汽车运土台班量乘以系数1.20。

3.2.2 土石方工程定额工程量计算规则

1）土石方工程定额工程量计算的一般规则

（1）土方体积,以挖凿前的天然密实体积(m³)为准,若虚方计算,按本书表3-2进行折算。虚方指未经碾压、堆积时间不长于1年的土壤。

（2）挖土以设计室外地坪标高为起点,深度按图示尺寸计算。如实际自然地面标高与设计地面标高不同,工程量在竣工结算时调整。

（3）按不同的土壤类别、挖土深度、干湿土分别计算工程量。干土与湿土的划分应以地质勘察资料为准,无资料时以地下常水位为准:常水位以上为干土,常水位以下为湿土。采用人工降低地下水位时,干、湿土的划分仍以常水位为准。

（4）在同一槽、坑内或沟内有干、湿土时，应分别计算，但使用定额时，按槽、坑或沟的全深计算。

（5）桩间挖土不扣除桩的体积。

2）平整场地工程量计算

平整场地工程量按建筑物外墙外边线每边各加 2 m，以面积计算。平整场地定额工程量计算示意图如图 3-3 所示。

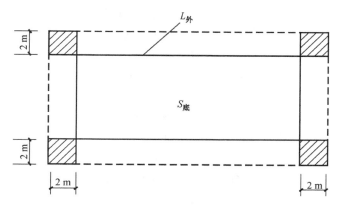

图 3-3 平整场地定额工程量计算公式示意图

$$场地平整定额工程量（m^2）= S_{底层建筑面积} + L_{外墙外边线长度} \times 2 + 16$$

上述公式的适用范围是：平面为全直角形，如图 3-4 所示。平面为非完全直角形均不能使用该公式，如图 3-5 所示。

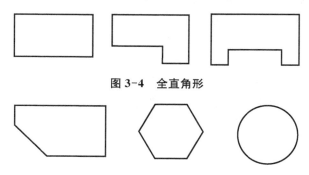

图 3-4 全直角形

图 3-5 非完全直角形

资料来源：黄伟典，尚文勇. 建筑工程计量与计价[M]. 2 版. 大连：大连理工大学出版社，2014：94-95.

3）沟槽、基坑土石方工程量计算

（1）沟槽、基坑划分：

底宽≤7 m 且底长>3 倍底宽的为沟槽。套用定额计价时，应根据底宽的不同,分别按底宽 3～7 m 间、3 m 以内,套用对应的定额子目。

底长≤3 倍底宽且底面积≤150 m² 的为基坑。套用定额计价时,应根据底面积的不同,分别按底面积 20～150 m² 间、20 m² 以内,套用对应的定额子目。

凡沟槽底宽 7 m 以上,基坑底面积 150 m² 以上,按挖一般土方或挖一般石方计算。

(2)沟槽工程量按沟槽长度乘以沟槽截面积计算。

沟槽长度:外墙按图示基础中心线长度计算,内墙按图示基础底宽加工作面宽度之间净长度计算。沟槽宽按设计宽度加基础施工所需工作面宽度计算。突出墙面的附墙烟囱、垛等体积并入沟槽土方工程量内。

(3)挖沟槽、基坑、一般土方需放坡时,以施工组织设计规定计算。施工组织设计无明确规定时,放坡高度、比例按表 3-3 计算。沟槽、基坑中土类别不同时,分别按其土壤类别、放坡比例以不同土类别厚度分别计算。计算放坡时,在交接处的重复工程量不扣除。原槽、坑作基础垫层时,放坡自垫层上表面开始计算。

(4)基础施工所需工作面宽度按表 3-4 规定计算。

(5)沟槽、基坑需支挡土板时,挡土板面积按槽、坑边实际支挡板面积(即:每块挡板的最长边×挡板的最宽边之积)计算。

3.3　土石方工程计量与计价综合案例分析

【例 3-1】　某建筑物的首层外墙中心线长 45 m,宽 15 m,外墙墙厚 240 mm。土壤为三类土,无地下水。局部位置高出自然地面 250 mm,范围 15 m×15 m,该部分土需人力车外运 150 m。请:

(1)根据《房屋建筑与装饰工程工程量计算规范》(GB 50854—2013)编制平整场地的工程量清单。

(2)结合相应的工程量清单,根据《江苏省建筑与装饰工程计价定额》(2014)(按三类工程,人工、机械、材料单价、管理费率和利润率均按 2014 计价定额不调整,本书所有案例均这样计取,后续案例不再赘述),套用计价定额相应定额子目进行平整场地工程量清单计价。

【解析】

(1)按照《房屋建筑与装饰工程工程量计算规范》(GB 50854—2013),编制平整场地的工程量清单。

第一步:计算平整场地的清单工程。

根据《房屋建筑与装饰工程工程量计算规范》(GB 50854—2013),平整场地的工程量计算规则为按设计图示尺寸以建筑物首层建筑面积计算,注意是首层建筑面积,而非首层面积。根据《建筑工程建筑面积计算规范》(GB/T 50353—2013)计算首层建筑面积,本工程按照建筑物首层外墙结构外围水平面积计算。由此可见,该题的计算要点回归到了建筑面积的计算规则上。

平整场地的清单工程量为$(45+0.12\times2)\times(15+0.12\times2)=689.46(m^2)$。

第二步:编制平整场地分部分项工程量清单(见表3-6)。

表3-6 分部分项工程量清单

序号	项目编码	项目名称	项目特征描述	计量单位	工程量
1	010101001001	平整场地	1. 土壤类别:三类干土 2. 弃土运距:150 m	m²	689.46

(2) 按照江苏省2014年计价定额规定计算平整场地的工程量,并套用计价表相应定额子目进行工程量清单计价。

第一步:计算平整场地的定额工程量。

根据江苏省2014年计价定额,平整场地的计算规则为建筑外墙外边线每边各加2 m,以平方米计算。

平整场地的定额工程量为$(45+0.12\times2+2\times2)\times(15+0.12\times2+2\times2)=947.38(m^2)$。

第二步:进行平整场地的工程量清单计价。

① 平整场地套用1-98定额子目,计量单位为10 m²,单价为60.13元/10 m²。

② 局部高出自然地面250 mm,范围15 m×15 m,该部分土需人力车外运150 m。

需运土方$15\times15\times0.25=56.25(m^3)$;

套用1-92+1-95×2定额子目,人力车运土150 m的单价为$20.05+4.22\times2=28.49(元/m^3)$。

由此可计算出平整场地清单项目的合价,用清单项目的合价除以其清单工程量即可计算出清单综合单价,最终计算出平整场地清单综合单价10.59 元/m²(见表3-7)。

表3-7 分部分项工程量清单综合单价分析表

项目编码		项目名称	计量单位	工程数量	综合单价	合价
010101001001		平整场地	m²	689.46	10.59	7 299.28
清单综合单价组成	定额号	子目名称	单位	数量	单价	合价
	1-98	平整场地	10 m²	94.74	60.13	5 696.72
	1-92+1-95×2	人力车运土 150 m	m³	56.25	28.49	1 602.56

注:表中单价、合价金额的单位为元,下同。

【例 3-2】 某单位传达室基础平面图和剖面图如图 3-6 所示,三类工程。根据地质勘探报告,土壤类别为三类,无地下水。该工程设计室外地坪标高为 —0.30 m,室内地坪标高为±0.00 m,防潮层标高—0.06 m,防潮层以下用 M7.5 水泥砂浆砌标准砖基础,防潮层以上为多孔砖墙身,C20 钢筋砼条形基础,砼构造柱截面尺寸 240 mm×240 mm,从钢筋砼条形基础中伸出。该工程拟采用的施工方案为:人工挖土,槽内双轮车运土,运距在 10 m 内,人工回填土夯填至设计室外地坪。人工挖土从垫层下表面起放坡,放坡系数为 1∶0.33,工作面以垫层边至沟槽边为 300 mm。已知:C20 钢筋砼条形基础体积为 12.38 m³,砼基础顶至设计室外地坪之间的实体体积为 24.73 m³。请:

(1) 根据《房屋建筑与装饰工程工程量计算规范》(GB 50854—2013)并结合江苏省的相关规定,编制挖土方的工程量清单。

(2) 结合相应的工程量清单,根据《江苏省建筑与装饰工程计价定额》(2014年),套用计价定额相应定额子目进行挖土方工程量清单计价。

(3) 根据《房屋建筑与装饰工程工程量计算规范》(GB 50854—2013)编制回填土的工程量清单。

(4) 结合相应的工程量清单,根据《江苏省建筑与装饰工程计价定额》(2014年),套用计价定额相应定额子目进行回填土工程量清单计价。

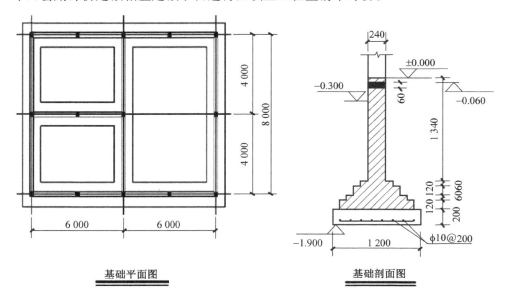

图 3-6 某单位传达室基础平面图和剖面图

题目来源:根据 2007 年江苏省建设工程造价员资格考试土建试卷试题四改编。

【相关知识及其注意点】

1. 土石方工程量计算不管是清单还是定额均按照天然密实体积(自然方)计

算。如果不是天然密实土,则需要按相关规则进行换算(2014 计价定额 P±4)。

2. 在计算土石方工程量时,外墙下的基础长度按中心线计算,内墙下的基础长度按净线长计算。

3. 挖土深度以自基础垫层底表面标高至设计室外地坪标高确定。

4. 清单工程量一般计算的是不考虑具体施工方案的施工净量,让所有的施工单位有一个统一竞争的平台;定额工程量计算的则是考虑具体施工方案的实际施工工程量,体现出不同施工企业的技术水平。但在土石方工程中,根据《房屋建筑与装饰工程工程量计算规范》(GB 50854—2013),调整挖沟槽、基坑、一般土方的清单工程量计算规则,具体调整为:挖沟槽、基坑、一般土方因工作面和放坡增加的工程量是否并入各土方工程量中,按各省、自治区、直辖市或行业建设主管部门的规定实施。对此,江苏省计价定额文件规定并入各土方工程量中,办理工程结算时,按经发包人认可的施工组织设计规定计算,编制工程量清单时,可按本书中的表 3-3、表 3-4 规定计算。在使用表 3-3 放坡系数时应注意放坡起点的计算,在垫层需要支模板等非原槽、坑的情况,放坡自坑底下表面算起;如为原槽、坑作垫层,则放坡自垫层上表面算起。

5. 计算放坡工程量时交接处的重复工程量不扣除。

【解析】

(1) 按照《房屋建筑与装饰工程工程量计算规范》(GB 50854—2013)并结合江苏省的相关规定,编制挖土方的工程量清单。

第一步:区分清单项目为挖一般土方、挖沟槽土方还是挖基坑土方。

根据《房屋建筑与装饰工程工程量计算规范》(GB 50854—2013),沟槽、基坑、一般土方的划分为:底宽≤7 m 且底长>3 倍底宽为沟槽;底长≤3 倍底宽且底面积≤150 m² 为基坑;超出上述范围则为一般土方。

砼基础底宽为 1.2 m。

外墙下砼基础底长为(12+8)×2=40(m)。

内墙下砼基础底长为(6-1.2)+(8-1.2)=11.6(m)。

砼基础底长为 40+11.6=51.6(m),底长>3 倍底宽,由此可见应套用挖沟槽土方的清单项目。

第二步:计算挖沟槽土方的清单工程量。

挖沟槽土方的清单工程量需结合江苏省文件的相关规定,要考虑工作面以及放坡系数。

沟槽下底宽为 1.2+0.3×2=1.8(m)

沟槽上底宽为 1.8+0.33×1.6×2=2.856(m)。

挖土深度为 1.9-0.3=1.6(m)。

由此计算出沟槽的截面积 $S_{截}$=(1.8+2.856)×1.6÷2=3.724 8(m²)。

外墙下的沟槽底长为$(12+8)×2=40(m)$。

内墙下的沟槽底长为$(6-1.8)+(8-1.8)=10.4(m)$。

由此计算出沟槽总长为$40+10.4=50.4(m)$。

故挖沟槽土方的体积为$3.724\ 8×50.4=187.73(m^3)$。

第三步：编制挖沟槽土方的工程量清单。

《房屋建筑与装饰工程工程量计算规范》(GB 50854—2013)中给出了挖沟槽土方的项目编码010101003,计量单位为m^3,项目特征需要描述土壤类别和挖土深度,由此编制出分部分项工程量清单(见表3-8)。

表3-8　分部分项工程量清单

序号	项目编码	项目名称	项目特征描述	计量单位	工程量
1	010101003001	挖沟槽土方	1. 土壤类别:三类干土 2. 挖土深度:1.6 m 3. 弃土运距:50 m内	m^3	187.73

（2）按照江苏省2014年计价定额规定,计算土方人工开挖的工程量,并套用计价定额中相应定额子目进行工程量清单计价。

第一步：计算人工挖沟槽的定额工程量。

$$人工挖沟槽的定额工程量 = 清单工程量 = 187.73\ m^3$$

第二步：进行人工挖沟槽的工程量清单计价。

该工程拟采用的施工方案为人工挖土,槽内双轮车运土,运距在10 m内。故套用1-28定额子目,人工挖沟槽,三类干土,深度在3 m以内,计量单位为m^3,单价为53.80 元/m^3;槽内运土套用1-92定额子目,双轮车运土,运距在50 m以内,计量单位为m^3,单价为20.05 元/m^3。由此编制出人工挖沟槽的工程量清单计价表(见表3-9),计算出挖沟槽土方的清单综合单价为73.85 元/m^3。

表3-9　分部分项工程量清单计价表

项目编码		项目名称	计量单位	工程数量	综合单价	合价
010101003001		挖沟槽土方	m^3	187.73	73.85	13 863.86
清单综合单价组成	定额号	子目名称	单位	数量	单价	合价
	1-28	人工挖地沟槽,三类干土,深度在3 m内	m^3	187.73	53.80	10 099.87
	1-92	双轮车运土,运距在50 m以内	m^3	187.73	20.05	3 763.99

（3）按照《房屋建筑与装饰工程工程量计算规范》(GB 50854—2013),编制回

填土的工程量清单。

根据《房屋建筑与装饰工程工程量计算规范》(GB 50854—2013),回填土包括场地回填土、室内回填土和基础回填土。而本题只给出了基础平面图,所以只能计算基础回填土的清单工程量。基础回填土的清单工程量计算规则为挖方体积减去自然地坪以下埋设的基础体积(包括基础垫层及其他构筑物)。基础回填土的清单工程量为 $187.73-12.38-24.73=150.62(\text{m}^3)$,见表 3-10。

表 3-10　分部分项工程量清单

序号	项目编码	项目名称	项目特征描述	计量单位	工程量
1	010103001001	基础回填土	1. 密实度要求:按规范 2. 填方材料品种:土方回填 3. 填方来源、运距:50 m 内	m³	150.62

(4) 按江苏省 2014 年计价定额,规定计算回填土的工程量,并套用计价定额相应子目进行工程量清单计价。

第一步:计算基础回填土的定额工程量。

基础回填土的定额工程量为 $187.73-12.38-24.73=150.62(\text{m}^3)$。

第二步:进行回填土的工程量清单计价。

基础回填土拟采用的施工方案为人工夯填,基础回填土需要先进行挖土,再进行运土,最后回填夯实,故套用定额子目 1-1、1-92 和 1-104 三个定额子目。

1-1 人工挖一般土方,一类土 10.55 元/m³;

1-92 双轮车运土,运距 50 m 以内 20.05 元/m³;

1-104 基槽人工夯填,计量单位为 m³,综合单价为 31.17 元/m³。

由此可编制出基础回填土的工程量清单计价表(表 3-11)。

表 3-11　分部分项工程量清单计价表

项目编码		项目名称	计量单位	工程数量	综合单价	合价
010103001001		基础回填土	m³	150.62	61.77	9 303.80
清单综合单价组成	定额号	子目名称	单位	数量	单价	合价
	1-1	人工挖一般土方,一类土	m³	150.62	10.55	1 589.04
	1-92	双轮车运土,运距 50 m 以内	m³	150.62	20.05	3 019.93
	1-104	基础回填土,人工夯填	m³	150.62	31.17	4 694.83

【例 3-3】　某办公楼为三类工程,其地下室基础平面图如图 3-7 所示。设计

室外地坪标高为－0.30 m,地下室的室内地坪标高为－1.50 m。现某土建单位投标该办公楼土建工程。已知该工程采用满堂基础,C30 钢筋砼,垫层为 C10 素砼,垫层底标高为－1.90 m。垫层施工前原土打夯,所有砼均采用商品砼。地下室墙外壁做防水层。施工组织设计确定用人工平整场地,反铲挖掘机(斗容量 1 m³)挖土,深度超过 1.5 m 起放坡,放坡系数为 1∶0.33,土壤为四类干土,机械挖土坑上作业,装车,土方外运,自卸汽车运土 1 km,回填土已堆放在距场地 150 m 处,人工修边坡按总挖方量的 10％计算。人工修边坡的土方部分,在坑内集中堆放,人工双轮车运土 20 m,再由挖掘机挖出外运。回填土已经堆放在距离场地 150 m 处。请:

(1)根据《房屋建筑与装饰工程工程量计算规范》(GB 50854—2013)并结合江苏省的相关规定,编制挖土方的工程量清单。

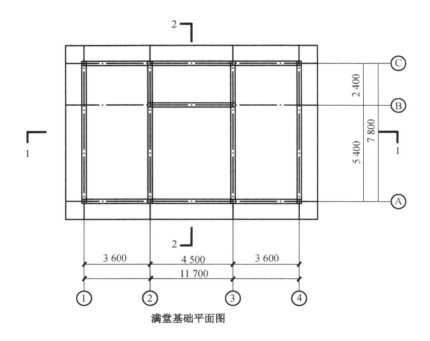

满堂基础平面图

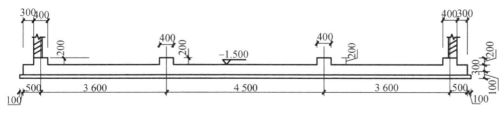

1—1剖面图

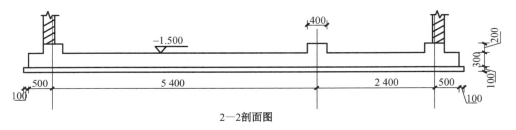

2—2剖面图

图 3-7 地下室基础平面图

(2) 结合相应的工程量清单,根据《江苏省建筑与装饰工程计价定额》(2014年),套用计价定额相应定额子目进行挖土方工程量清单计价。

(3) 根据《房屋建筑与装饰工程工程量计算规范》(GB 50854—2013)编制回填土的工程量清单。

(4) 结合相应的工程量清单,根据《江苏省建筑与装饰工程计价定额》(2014年),套用计价定额相应定额子目进行回填土工程量清单计价。

题目:根据 2009 年江苏省建设工程造价员资格考试土建试卷试题三改编。

【相关知识及其注意点】

(1) 计算挖土方清单工程量的时候,需结合江苏省的相关规定,考虑放坡系数以及工作面。

(2) 机械确实挖不到的地方,用人工修边坡、整平的土方工程量按人工挖一般土方定额(最多不得超过挖方量的 10%),人工乘系数 2。

(3) 在计算回填土时,用挖出土总量减室外设计地坪以下部分的实体体积。

(4) 机械挖土均以天然湿度为准,含水率达到或超过 25% 时,定额人工、机械需乘系数 1.15,含水率超过 40% 时另行计算。

(5) 挖出土场内堆放或转运距离或全部外运距离均按施工组织设计要求计算,本题中挖出土全部外运 1 km,其中人工挖土部分在坑内集中堆放,人工运土20 m,再由挖掘机挖出外运(松散土,按虚方体积计算)。

(6) 自卸汽车运土定额是按照正铲挖掘机挖土考虑的,如系反铲挖掘机挖土装车,则自卸汽车运土台班量要乘以 1.10 系数。

(7) 挖堆积期在一年以内的堆积土,另增加挖一类土的定额项目(工程量按实方计算,若为虚方按工程量计算规则的折算方法折成实方)。机械挖一类土,其定额机械台班量乘以 0.84 的系数。

(8) 挖土机械进退场费在措施项目中计算。

(9) 单独编制概预算或在一个单位工程内挖方或填方在 5 000 m³ 以上,按大型土石方工程调整管理费和利润(江苏省 2014 年计价定额第 27 页和 34 页),本题不在此范围,仍按一般建筑工程的三类工程计算。根据江苏省 2014 年费用定额,建筑工程三类工程的管理费率和利润率分别为 25% 和 12%,其取费基数为人工费＋机械费。

【解析】

(1) 按照《房屋建筑与装饰工程工程量计算规范》(GB 50854—2013)并结合江苏省的相关规定,编制挖土方的工程量清单。

第一步:区分清单项目为挖一般土方、挖沟槽土方还是挖基坑土方。

$$垫层底宽:5.4+2.4+(0.5+0.1)\times 2 = 9(m)$$
$$垫层底长:3.6\times 2+4.5+(0.5+0.1)\times 2 = 12.9(m)$$

根据《房屋建筑与装饰工程工程量计算规范》(GB 50854—2013),沟槽、基坑、一般土方的划分为:底宽≤7 m且底长>3倍底宽为沟槽;底长≤3倍底宽且底面积≤150 m² 为基坑;超出上述范围则为一般土方。由此可见,本工程套用挖一般土方清单项目。

第二步:按照江苏省的有关规定,计算挖一般土方的清单工程量。

地下室外墙做防水层,根据江苏省2014年计价定额的相关规定,基础垂直面做防水层每边增加的工作面宽度以防水层面的外表面至地槽(坑)边 1 000 mm。

$$地坑下底宽:(5.4+2.4+0.2\times 2)+1\times 2 = 10.2(m)$$
$$地坑下底长:(3.6\times 2+4.5+0.2\times 2)+1\times 2 = 14.1(m)$$

本工程挖土深度为1.6 m,超过1.5 m,机械挖土(四类土)坑上作业,故放坡系数为1∶0.33。

$$地坑上底宽:10.2+0.33\times 1.6\times 2 = 11.256(m)$$
$$地坑上底长:14.1+0.33\times 1.6\times 2 = 15.156(m)$$

故挖一般土方体积为

$$V_{挖} = \frac{1}{6}h[A\times B+(A+a)\times(B+b)+a\times b]$$
$$= \frac{1}{6}\times 1.6\times[15.156\times 11.256+(15.156+14.1)\times$$
$$(11.256+10.2)+14.1\times 10.2]$$
$$= 251.24(m^3)$$

第三步:编制挖一般土方的工程量清单(见表3-12)。

表 3-12　分部分项工程量清单

序号	项目编码	项目名称	项目特征描述	计量单位	工程量
1	010101002001	挖一般土方	1. 土壤类别:四类干土 2. 挖土深度:1.6 m	m³	251.24

（2）按照江苏省 2014 年计价定额，规定计算土方开挖的工程量，并套用计价定额相应定额子目进行工程量清单计价。

第一步：计算挖一般土方的定额工程量。

挖一般土方的定额工程量与清单工程量相同，为 251.24 m³。

第二步：进行挖一般土方的工程量清单计价。

施工组织设计确定用反铲挖掘机（斗容量 1 m³）挖土，机械挖土坑上作业，装车，人工修边坡按总挖方量的 10% 计算。

$$机械挖土的工程量为 251.24 \times 90\% = 226.12(\text{m}^3)$$
$$人工挖土的工程量为 251.24 \times 10\% = 25.12(\text{m}^3)$$

① 对于 226.12 m³ 的机械挖土工作：

采用反铲挖掘机（斗容量 1 m³）挖四类干土，装车，套用 1-204 定额子目，计量单位为 1 000 m³。根据江苏省 2014 年计价定额 $P_{\pm2}$：定额中机械土方按三类土确定，本工程系四类土，需将定额中的机械台班量乘以系数 1.14。1-204 换：$(231 + 3\ 457.97 \times 1.14) \times (1 + 25\% + 12\%) = 5\ 717.13(\text{元}/1\ 000\ \text{m}^3)$。

② 对于 226.12 m³ 的机械挖土后自卸汽车运土工作：

江苏省 2014 年计价定额 $P_{\pm2}$：自卸汽车运土，系按正铲挖掘机挖土考虑，如系反铲挖掘机装车，则自卸汽车台班量乘系数 1.10。因此本工程自卸汽车运土 1 km 套用 1-262 定额子目，并需要对其综合单价进行换算。1-262 换：$(7\ 432.96 + 7\ 189.06 \times 0.10) \times (1 + 25\% + 12\%) + 40.42 = 11\ 208.48(\text{元}/1\ 000\ \text{m}^3)$。

③ 对于 25.12 m³ 的人工修边坡工作：

根据江苏省 2014 年计价定额 $P_{\pm2}$：机械挖土方工程量，按机械实际完成工程量计算。机械确实挖不到的地方，用人工修边坡、整平的土方工程量套用人工挖一般土方定额（最多不超过挖方量的 10%），人工乘以系数 2。机械挖土、石方单位工程量体积小于 2 000 m³ 或在桩间挖土、石方，按相应定额乘以系数 1.10。由此可知本工程中人工修边坡套用 1-4 定额子目，并需要进行单价的换算。1-4 换：$30.03 \times 2 = 60.06(\text{元}/\text{m}^3)$。

④ 对于 25.12 m³ 的人工修边坡部分，在坑内集中堆放，人工双轮车运土 20 m，坑内运土工作：

人工双轮车运土 20 m 套用 1-92 定额子目，其单价为 20.05 元/m³。

⑤ 人工挖出的 25.12 m³ 的土体用挖掘机挖出装车、自卸汽车运土两项工作：

人工挖土 25.12 m³ 后，挖掘机再将该部分土体挖出装车，该部分土体就不是天然密实体积，此时挖掘机挖人工土方的虚方体积为 $25.12 \times 1.3 = 32.66(\text{m}^3)$。

江苏省 2014 年计价定额 $P_{\pm2}$：挖堆积期在一年以内的堆积土，另增加挖一类土的定额项目（工程量按实方计算，若为虚方按工程量计算规则的折算方法折算成实方）。江苏省 2014 计价定额 $P_{\pm2}$：机械土方定额是按三类土计算的，反铲挖掘机挖一类土的定额项目,其定额机械台班量乘以系数 0.84。因此对于挖掘机挖人工土方部分的 32.66 m³,用反铲挖掘机挖出装车套用 1-204 定额子目,并进行综合单价的换算。1-204 换:$(231+3\ 457.97×0.84)×(1+25\%+12\%)=4\ 295.90$(元/1 000 m³)。

该部分的土体再用自卸汽车运土 1 km,套用 1-262 换,其单价额仍为 11 208.48 元/1 000 m³。

由此可见 1-262 换这一定额子目的工程量为 226.12+32.66=258.78(m³)。

最终计算出该挖一般土方的清单项目综合单价为 25.27 元/m³(见表 3-13)。

表 3-13 分部分项工程量清单计价表

项目编码		项目名称	计量单位	工程数量	综合单价	合价
010101002001		挖一般土方	m³	251.24	25.27	6 349.20
清单综合单价组成	定额号	子目名称	单位	数量	单价	合价
	1-204 换	反铲挖掘机(斗容量1 m³)挖土,装车(四类土)	1 000 m³	0.226	5 717.13	1 292.07
	1-262 换	反铲挖掘机挖土,自卸汽车运土 1 km 内	1 000 m³	0.259	11 208.48	2 903.00
	1-4 换	人工修边坡,深 2 m 以内	m³	25.12	60.06	1 508.71
	1-92	双轮车运土,运距在 50 m 以内	m³	25.12	20.05	503.66
	1-204 换	人工挖土的土用反铲挖掘机挖出装车(一类土)	1 000 m³	0.033	4 295.90	141.76

(3) 按照《房屋建筑与装饰工程工程量计算规范》(GB 50854—2013),编制回填土的工程量清单。

基础回填土的清单工程量计算规则为挖方体积减去自然地坪以下埋设的基础体积(包括基础垫层及其他构筑物)。

自然地坪以下埋设的实体体积:

① 垫层:$(4.5+3.6×2+0.5×2+0.1×2)×(5.4+2.4+0.5×2+0.1×2)×0.1=11.61$(m³)。

② 满堂基础底板:$(4.5+3.6×2+0.5×2)×(5.4+2.4+0.5×2)×0.3=33.53$(m³)。

③ $-1.50～-0.30$ 地下室所占体积:$(1.5-0.3)×(4.5+3.6×2+0.4)×(5.4+2.4+0.4)=119.06$(m³)。

故回填土体积为 251.24-11.61-33.53-119.06=87.04(m³)

基础回填土工程量清单见表 3-14。

表 3-14　分部分项工程量清单

序号	项目编码	项目名称	项目特征描述	计量单位	工程量
1	010103001001	基础回填土	夯填,运距150 m	m³	87.04

（4）按江苏省 2014 年计价定额规定计算回填土的工程量,并套用计价表相应定额子目进行工程量清单计价。

第一步:计算基础回填土的定额工程量。

基础回填土的定额工程量与清单工程量相同,为 87.04 m³。

第二步:进行回填土的工程量清单计价。

① 根据施工组织设计,回填土已经堆放在距离场地 150 m 处。因此需要先场内运土 150 m,套用 1-92+1-95×2,该项单价为 20.05+4.22×2=28.49(元/m³)。

② 江苏省 2014 年计价定额 $P_{\pm 2}$:运余松土,除按运土方定额执行外,另增加挖一类土的定额项目(工程量按实方计算,若为虚方按工程量计算规则的折算方法折算成实方)。因此另需套用 1-1 定额子目,计量单位为 m³,单价为 10.55 元/m³。

③ 回填土套用 1-104 基坑回填土夯填,计量单位为 m³,综合单价为 31.17 元/m³。最终计算出该挖回填土的清单项目综合单价为 70.21 元/m³(见表 3-15)。

表 3-15　分部分项工程量清单计价表

项目编码		项目名称	计量单位	工程数量	综合单价	合价
010103001001		基础回填土	m³	87.04	70.21	6 111.08
清单综合单价组成	定额号	子目名称	单位	数量	单价	合价
	1-92+1-95×2	人力车场内运土150 m内	m³	87.04	28.49	2 479.77
	1-1	人工一类土	m³	87.04	10.55	918.27
	1-104	基坑回填土,夯填	m³	87.04	31.17	2 713.04

【本章点睛】

1. 在编制工程量清单时,首先需要正确套用工程量清单项目,其次需要按照工程量清单计算规则计算出清单工程量,最后在编制工程量清单时,正确进行项目编码,列出项目名称,准确描述项目特征。

2. 在进行工程量清单计价时,首先需要按照江苏省 2014 年计价定额的计算规则,正确计算出定额工程量;其次结合施工组织设计拟定的方案以及江苏省 2014 年计价定额,套用正确的定额子目;最后计算出正确的清单综合单价。

本 章 习 题

【综合习题 1】　某工业厂房建筑,为三类工程,其基础平面图、剖面图如图 3-8 所示。基础为 C20 钢筋砼独立柱基础,C10 素砼垫层,设计室外地坪为

—0.30 m。基础底标高为—2.0 m,柱截面尺寸为 400 mm×400 mm。根据地质勘探报告,土壤类别为三类土,无地下水。该工程采用人工挖土,运距 80 m,人工回填土夯填至设计室外地坪。人工挖土从垫层下表面起放坡,放坡系数为 1∶0.33,工作面以垫层边至基坑边为 300 mm,本工程砼均采用泵送商品砼。

请:

(1) 根据《房屋建筑与装饰工程工程量计算规范》(GB 50854—2013)编制土方开挖、土方回填、余方弃置以及混凝土垫层和混凝土基础的工程量清单。

(2) 按照上述施工方案,结合相应的工程量清单,根据《江苏省建筑与装饰工程计价定额》(2014 年),套用计价定额相应定额子目进行工程量清单计价。

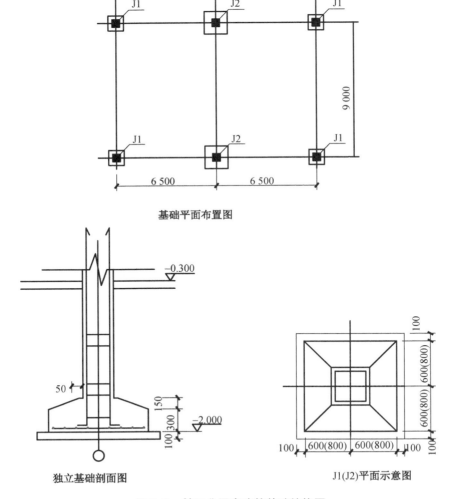

基础平面布置图

独立基础剖面图　　　　　　　　　J1(J2)平面示意图

图 3-8　某工业厂房建筑基础结构图

题目:根据 2013 年江苏省建设工程造价员资格考试土建试卷试题一改编。

【综合习题2】 某三类工程项目,基础平面图、剖面图如图3-9所示,根据地质勘探报告,土壤类别为三类,无地下水。该工程设计室外地坪标高为−0.30 m,室内地面标高±0.00 m,地面面层厚度为150 mm,−0.060 m处做20厚1∶2水泥砂浆防潮层,防潮层以下用M5水泥砂浆砌混凝土实心砖基础,防潮层以上为多孔砖墙;框架柱为500 mm×500 mm。施工组织设计拟采用反铲挖掘机(斗容量1 m³)挖土,机械挖土坑上作业,装车,土方外运,自卸汽车运土1.5 km,回填土已堆放在距场地150 m处,人工修边坡按总挖方量的10%计算。人工修边坡的土方部分,在坑内集中堆放,人工双轮车运土30 m,再由挖掘机挖出外运。回填土已经堆放在距离场地150 m处。

请:

(1) 根据《房屋建筑与装饰工程工程量计算规范》(GB 50854—2013)编制土方开挖的工程量清单。

(2) 按照上述施工方案,结合相应的工程量清单,根据《江苏省建筑与装饰工程计价定额》(2014年),套用计价定额相应定额子目进行工程量清单计价。

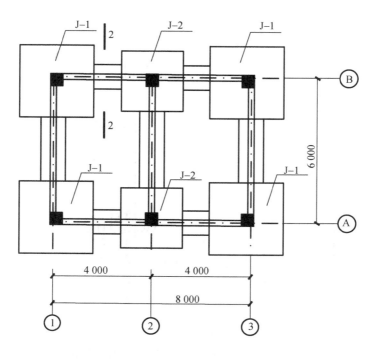

基础平面图

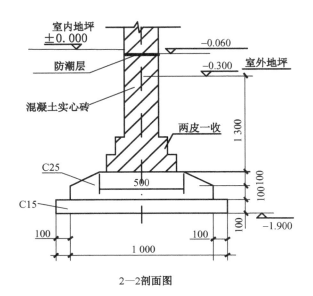

2—2剖面图

基础详图一览表

基础名称	$a \times b$(mm×mm)	AS1	B(mm)	H(mm)	h(mm)	备注
J-1	3 000×3 000	Φ12@125	500	500	300	
J-2	2 500×2 500	Φ12@125	500	500	300	

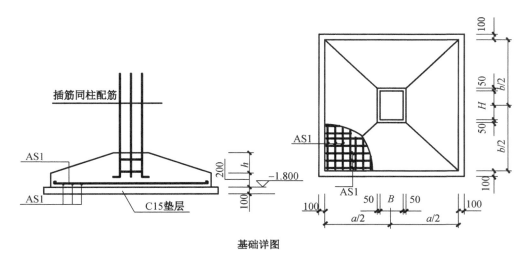

基础详图

图 3-9 某三类工程项目基础平面图、剖面图

题目:网络上2011年江苏省建设工程造价员资格考试模拟试题。

4 桩基工程计量与计价

4.1 桩基工程量清单编制

《房屋建筑与装饰工程工程量计算规范》(GB 50854—2013)将桩基工程这一分部工程分为两个子分部工程共 11 个清单项目,包括打桩和灌注桩。打桩包括预制钢筋混凝土方桩、预制钢筋混凝土管桩、钢管桩和截(凿)桩头。灌注桩包括泥浆护壁成孔灌注桩、沉管灌注桩、干作业成孔灌注桩、挖孔桩土(石)方、人工挖孔灌注桩、钻孔压浆桩和灌注桩后压浆。桩基工程的计量单位往往不止一个,此时需要结合具体工程的实际情况进行选择,但需要注意的是,同一份清单只能确定一种计量单位和工程量计算规则进行编制。

4.1.1 打桩和灌注桩的共性问题

(1)涉及地层情况的项目特征,应根据岩土工程勘察报告按单位工程各地层所占比例(包括范围值)进行描述。对无法准确描述的地层情况,可注明由投标人根据岩土工程勘察报告自行决定报价。

(2)预制钢筋混凝土管桩桩顶与承台的连接构造和灌注桩钢筋笼制作应按《房屋建筑与装饰工程工程量计算规范》(GB 50854—2013)混凝土与钢筋混凝土中相关项目列项。

4.1.2 打桩

预制桩的施工包括制桩(或购成品桩)、运桩、沉桩三个过程;当单节桩不能满足设计要求时,应接桩;当桩顶标高要求在自然地坪以下时,应送桩。压桩的施工顺序见图 4-1 所示。

所谓接桩是指按设计要求,按桩的总长分节预制,运至现场先将第一根桩打入,将第二根桩垂直吊起和第一根桩相连接后继续打桩,这一过程称为接桩。接桩已列入预制桩的工作内容,编制清单时,应在项目特征中明确接桩方式。接桩常用的两种方式为电焊接桩和硫黄胶泥接桩,其示意图如图 4-2 所示。

送桩是指采用送桩筒将预制桩送入自然地坪以下打至设计标高。因为桩架操作平台一般高于自然地面(设计室外地面)0.5 m 左右,所以沉桩时桩顶的极限位置是平台高度。为了将预制桩沉入平台以下直至埋入自然地面以下一定深度的标

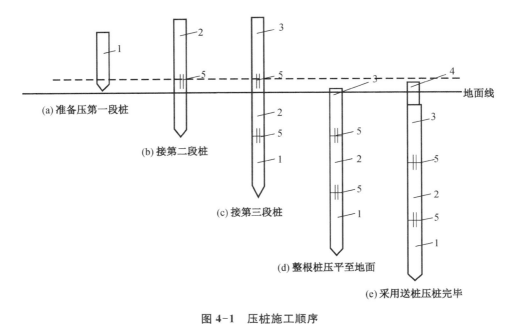

图 4-1 压桩施工顺序

1—第一段；2—第二段；3—第三段；4—送桩；5—接桩处

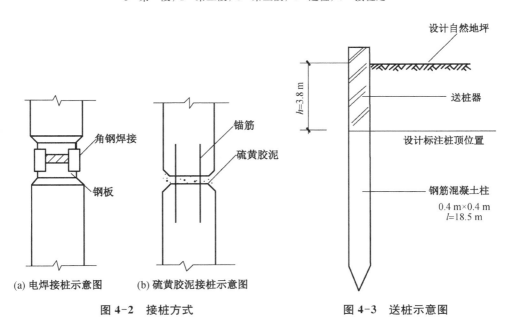

图 4-2 接桩方式　　图 4-3 送桩示意图

高,必须用一节短桩压在桩顶上将其送入所需深度后,再将短桩拔出来。这一过程称为送桩。送桩示意图如图 4-3 所示。短桩叫送桩器或冲桩,用木头或钢板制成。送桩长度可以按自桩顶面至自然地坪另加 0.5 m 计算。

1) 预制钢筋混凝土方桩(010301001)

(1) 预制钢筋混凝土方桩项目以成品桩编制,应包括成品桩购置费,如果用现场预制,应包括现场预制桩的所有费用。打试验桩和打斜桩应按相应项目单独列项,并应在项目特征中注明试验桩或斜桩(斜率)。

(2) 项目特征描述:①地层情况;②送桩深度、桩长;③桩截面;④桩倾斜度;⑤沉桩方法;⑥接桩方式;⑦混凝土强度等级。

(3) 工作内容包括:①工作平台搭拆;②桩机竖拆、移位;③沉桩;④接桩;⑤送桩。

(4) 清单工程量计算(计量单位:m、m³、根)

① 以米计量,按设计图示尺寸以桩长(包括桩尖)计算。

② 以立方米计量,按设计图示截面积乘以桩长(包括桩尖)以实体积计算。

③ 以根计量,按设计图示数量计算。

2) 预制钢筋混凝土管桩(010301002)

(1) 预制钢筋混凝土管桩项目以成品桩编制,应包括成品桩购置费,如果用现场预制,应包括现场预制桩的所有费用。打试验桩和打斜桩应按相应项目单独列项,并应在项目特征中注明试验桩或斜桩(斜率)。

(2) 项目特征:①地层情况;②送桩深度、桩长;③桩外径、壁厚;④桩倾斜度;⑤沉桩方法;⑥桩尖类型;⑦混凝土强度等级;⑧填充材料种类;⑨防护材料种类。

(3) 工作内容包括:①工作平台搭拆;②桩机竖拆、移位;③沉桩;④接桩;⑤送桩;⑥桩尖制作安装;⑦填充材料、刷防护材料。

(4) 清单工程量计算(计量单位:m、m³、根)

① 以米计量,按设计图示尺寸以桩长(包括桩尖)计算。

② 以立方米计量,按设计图示截面积乘以桩长(包括桩尖)以实体积计算。

③ 以根计量,按设计图示数量计算。

3) 钢管桩(010301003)

(1) 打试验桩和打斜桩应按相应项目单独列项,并应在项目特征中注明试验桩或斜桩(斜率)。

(2) 项目特征:①地层情况;②送桩深度、桩长;③材质;④管径、壁厚;⑤桩倾斜度;⑥沉桩方法;⑦填充材料种类;⑧防护材料种类。

(3) 工作内容包括:①工作平台搭拆;②桩机竖拆、移位;③沉桩;④接桩;⑤送桩;⑥切割钢管、精割盖帽;⑦管内取土;⑧填充材料、刷防护材料。

(4) 清单工程量计算(计量单位:t、根)

① 以吨计量,按设计图示尺寸以质量计算。

② 以根计量,按设计图示数量计算。

4) 截(凿)桩头(010301004)

(1)凿桩头的原理是在桩身混凝土浇筑过程中,由于在振捣过程中随着混凝土内部的气泡或孔隙的上升至桩顶部分,桩顶一定范围内为浮浆,或是水下砼浇筑时的泥浆、灰浆混合物,为了保证桩身砼强度需将上部的虚桩凿除。截(凿)桩头项目适用于本分部和地基处理与边坡支护工程分部所列的桩头截(凿)。

（2）项目特征:①桩类型;②桩头截面、高度;③混凝土强度等级;④有无钢筋。

（3）工作内容包括:①截(切割)桩头;②凿平;③废料外运。

（4）清单工程量计算(计量单位:m³、根)

① 以立方米计量,按设计桩截面乘以桩头长度以体积计算。

② 以根计量,按设计图示数量计算。

【例 4-1】 某单位工程桩基础如图 4-4 所示,三类工程,自然地坪标高-0.3 m,桩顶标高-2.8 m,设计桩长 18 m(10 m+8 m),包括桩尖,已知房屋基础共有 30 根桩,C30 预制钢筋混凝土方桩,采用电焊接桩,包角钢每根桩用量为 12 kg。请根据《房屋建筑与装饰工程工程量计算规范》(GB 50854—2013)编制该桩基础的工程量清单。

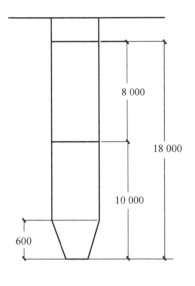

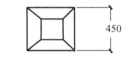

图 4-4 预制钢筋混凝土方桩

【解析】

本题设计两条清单项目:预制钢筋混凝土方桩和凿桩头。

预制钢筋混凝土方桩有三种计量单位:m、m³、根,凿桩头有两种计量单位:m³、根,本题均采用以根为计量单位编制工程量清单(见表 4-1)。对于有多个计量单位的清单项目,在同一个单位工程中,其计量单位必须保持一致。

表 4-1 分部分项工程量清单

序号	项目编码	项目名称	项目特征描述	计量单位	工程量
1	010301001001	预制钢筋混凝土方桩	1. 送桩深度、桩长:送桩深度-2.8 m,桩长 18 m 2. 桩截面:450 mm×450 mm 3. 接桩方式:电焊包角钢 4. 混凝土强度等级:C30	根	30
2	010301004001	凿桩头	1. 桩类型:预制钢筋混凝土方桩 2. 桩截面:450 mm×450 mm 3. 混凝土强度等级:C30	根	30

4.1.3 灌注桩

项目特征中的桩长应包括桩尖,其中空桩长度为孔深减去桩长,孔深为自然地面至设计桩底的深度。

1)泥浆护壁成孔灌注桩(010302001)

(1)泥浆护壁钻孔灌注桩是通过桩机在泥浆护壁条件下慢速钻进,将钻渣利用泥浆带出,并保护孔壁不致坍塌,成孔后再使用水下混凝土浇筑的方法将泥浆置换出来而成的桩。

(2)项目特征:①地层情况;②空桩长度、桩长;③桩径;④成孔方法;⑤护筒类型、长度;⑥混凝土种类、强度等级。

(3)工作内容包括:①护筒埋设;②成孔、固壁;③混凝土制作、运输、灌注、养护;④土方、废泥浆外运;⑤打桩场地硬化及泥浆池、泥浆沟。

(4)清单工程量计算(计量单位:m、m³、根)

① 以米计量,按设计图示尺寸以桩长(包括桩尖)计算。

② 以立方米计量,按不同截面在桩上范围内以体积计算。

③ 以根计量,按设计图示数量计算。

2)沉管灌注桩(010302002)

(1)项目特征:①地层情况;②空桩长度、桩长;③复打长度;④桩径;⑤沉管方法;⑥桩尖类型;⑦混凝土种类、强度等级。

(2)工作内容包括:①打(沉)拔钢管;②桩尖制作、安装;③混凝土制作、运输、灌注、养护。

(3)清单工程量计算(计量单位:m、m³、根)

① 以米计量,按设计图示尺寸以桩长(包括桩尖)计算。

② 以立方米计量,按不同截面在桩上范围内以体积计算。

③ 以根计量,按设计图示数量计算。

3)干作业成孔灌注桩(010302003)

(1)项目特征:①地层情况;②空桩长度、桩长;③桩径;④扩孔直径、高度;⑤成孔方法;⑥混凝土种类、强度等级。

(2)工作内容包括:①成孔、扩孔;②混凝土制作、运输、灌注、振捣、养护。

(3)清单工程量计算(计量单位:m、m³、根)

① 以米计量,按设计图示尺寸以桩长(包括桩尖)计算。

② 以立方米计量,按不同截面在桩上范围内以体积计算。

③ 以根计量,按设计图示数量计算。

4)挖孔桩土(石)方(010302004)

(1)"挖孔桩土(石)方"主要适用于人工挖孔桩的成孔。应注意,项目特征应明确设计要求的入岩深度。

(2) 项目特征:①地层情况;②挖孔深度;③弃土(石)运距。

(3) 工作内容包括:①排地表水;②挖土、凿石;③基底钎探;④运输。

(4) 清单工程量计算(计量单位:m³)

按设计图示尺寸(含护壁)截面积乘以挖孔深度以立方米计算。

5) 人工挖孔灌注桩(010302005)

(1) "人工挖孔灌注桩"的工作内容包括混凝土护壁和桩芯制作。当采用砖砌护壁时,应按照砌筑工程中相应项目列项。

(2) 项目特征:①桩芯长度;②桩芯直径、扩底直径、扩底高度;③护壁厚度、高度;④护壁混凝土种类、强度等级;⑤桩芯混凝土种类、强度等级。

(3) 工作内容包括:①护壁制作;②混凝土制作、运输、灌注、振捣、养护。

(4) 清单工程量计算(计量单位:m³、根)

① 以立方米计量,按桩芯混凝土体积计算。

② 以根计量,按设计图示数量计算。

6) 钻孔压浆桩(010302006)

(1) 项目特征:①地层情况;②空钻长度、桩长;③钻孔直径;④水泥强度等级。

(2) 工作内容包括:①钻孔;②下注浆管;③投放骨料;④浆液制作、运输;⑤压浆。

(3) 清单工程量计算(计量单位:m、根)

① 以米计量,按设计图示尺寸以桩长计算。

② 以根计量,按设计图示数量计算。

7) 灌注桩后压浆(010302007)

(1) 后压浆灌注是一项对已有工程桩补强的措施,通过实施后压浆灌注得到补强的基桩称为后压浆灌注桩。工程上,由于持力层不够、沉渣等原因,基桩的单桩极限承载力不能满足设计要求(可通过静载荷试验确定),则必须对该基桩采取必要的措施,使得其承载力能满足设计要求。后压浆灌注是手段之一,通过埋管把配制好的水泥砂浆用一定压力强行注入桩端土层或者桩周土体,以提高土层承载力及桩与土之间的摩阻力,达到提高桩极限承载力的目的。

(2) 项目特征:①注浆导管材料、规格;②注浆导管长度;③单孔注浆量;④水泥强度等级。

(3) 工作内容:①注浆导管制作、安装;②浆液制作、运输、压浆。

(4) 清单工程量计算(计量单位:孔)

按设计图示以注浆孔数计算。

【例 4-2】 某桩基工程,地勘资料显示从室外地面至持力层范围均为三类黏土。根据打桩记录,实际完成钻孔灌注桩数量为 201 根,采用 C35 预拌泵送砼,桩顶设计标高为−5.0 m,桩底标高−23.0 m,桩径 φ700 mm,场地自然地坪标高为−0.45 m,如图 4-5 所示。打桩过程中以自身黏土及灌入自来水进行护壁,砖砌泥浆池按桩体积 2 元/m³ 计算,泥浆外运距离为 15 km,现场打桩采用回旋钻机,每根桩设置两根 φ32×2.5 mm 无缝钢管进行桩底后注浆。已知该打桩工程实际灌入砼总量为 1 772.55 m³(该砼量中未计入操作损耗),每根桩的后注浆用量为 42.5 级水泥 1.8 t。施工合同约定桩砼充盈系数按实际灌入量调整。凿桩头和钢筋笼不考虑。请根据《房屋建筑与装饰工程工程量计算规范》(GB 50854—2013)编制该桩基础工程量清单。(要求桩清单工程量以 m³ 为计量单位)

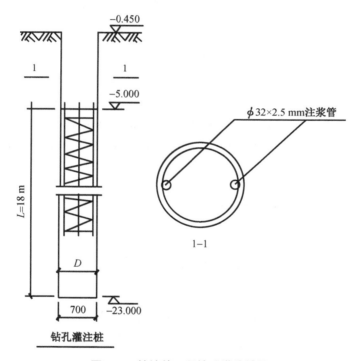

图 4-5 某桩基工程钻孔灌注桩图

【解析】

本题涉及两条清单:泥浆护壁成孔灌注桩和灌注桩后压浆。

(1)泥浆护壁成孔灌注桩有三种计量单位,分别为 m、m³ 和根。当以 m³ 为计量单位时,其清单工程量为 3.14×0.35×0.35×18×201＝1 391.66(m³)。

(2)灌注桩后压浆按设计图示以注浆孔数计算:201×2＝402(孔)。

桩基础工程量清单见表 4-2。

表 4-2　分部分项工程量清单

序号	项目编码	项目名称	项目特征描述	计量单位	工程量
1	010302001001	泥浆护壁成孔灌注桩	1. 地层情况:三类黏土 2. 空桩长度,桩长:4.55 m,18 m 3. 桩径:ϕ700 mm 4. 成孔方法:回旋钻机成孔 5. 混凝土种类、强度等级:泵送商品砼,C35 6. 泥浆外运距离:15 km	m³	1 391.66
2	010302007001	灌注桩后压浆	1. 注浆导管材质、规格:无缝钢管 ϕ32×2.5 mm 2. 注浆导管长度:22.75 m 3. 单孔注浆盘:0.9 t 4. 水泥强度等级:42.5 级	孔	402

【本题相关知识链接】 空钻长度应该是地面标高到设计桩顶标高间的距离。因为设计桩长是从设计桩底标高开始计算的,而地面到桩顶标高这段是不计入桩长,但是实际发生需要钻孔的长度。空钻的含义就是只钻孔不放钢筋笼、不浇筑混凝土的部分。

4.2 桩基工程量清单计价

4.2.1 桩基工程套定额需要注意的主要问题

1)适用范围和一般规定

(1)本定额适用于一般工业与民用建筑工程的桩基础,不适用于支架上、室内打桩。打试桩可按相应定额项目的人工、机械乘以系数 2,试桩期间的停置台班结算时应按实调整。

(2)本定额打桩机的类别、规格执行中不换算。打桩机及为打桩机配套的施工机械的进(退)场费和组装、拆卸费用,另按实际进场机械的类别、规格计算。

(3)本节打桩不分土壤级别均按定额执行,子目中的桩长度是指包括桩尖及接桩后的总长度。

2)打预制混凝土桩的有关说明

(1)预制钢筋混凝土桩的制作费,另按相关章节规定计算。打桩如设计有接桩,另按接桩定额执行。

(2)本定额打桩(包括方桩、管桩)已包括 300 m 内的场内运输,实际超过

300 m 时,应按相应构件运输定额执行,并扣除定额内的场内运输费。

（3）每个单位工程的打（灌注）桩工程量小于表 4-3 规定数量时,其人工、机械（包括送桩）按相应定额项目乘以系数 1.25。

表 4-3　单位打桩工程工程量表

项目	工程量
预制钢筋混凝土方桩	150 m³
预制钢筋混凝土离心管桩(空心方桩)	50 m³
打孔灌注混凝土桩	60 m³
打孔灌注砂桩、碎石桩、砂石桩	100 m³
钻孔灌注混凝土桩	60 m³

（4）本定额以打直桩为准,若打斜桩,斜度在 1∶6 以内,按相应定额项目人工、机械乘以系数 1.25;若斜度大于 1∶6,按相应定额项目人工、机械乘以系数 1.43。

（5）地面打桩坡度以小于 15°为准,大于 15°打桩按相应定额项目人工、机械乘以系数 1.15。如在基坑内(基坑深度大于 1.15 m)打桩或在地坪上打坑槽内(坑槽深度大于 1.0 m)桩时,按相应定额项目人工、机械乘以系数 1.11。

3）灌注桩的有关说明

（1）各种灌注桩中的材料用量预算暂按表 4-4 内的充盈系数和操作损耗计算,结算时充盈系数按打桩记录灌入量进行调整,操作损耗不变。

表 4-4　灌注桩充盈系数及操作损耗率表

项目名称	充盈系数	操作损耗率(%)
打孔沉管灌注混凝土桩	1.20	1.50
打孔沉管灌注砂(碎石)桩	1.20	2.00
打孔沉管灌注砂石桩	1.20	2.00
钻孔灌注混凝土桩(土孔)	1.20	1.50
钻孔灌注混凝土桩(岩石孔)	1.10	1.50
打孔沉管夯扩灌注混凝土桩	1.15	2.00

灌注桩的混凝土充盈系数是指一根桩实际灌注的混凝土方量与按桩外径计算的理论方量之比（$V_实/V_理论$）。

充盈系数＝(桩成孔后浇灌混凝土量/施工图计算量－1)×100%

定额中的各种灌注桩材料用量已经包含充盈系数和操作损耗在内,竣工结算时应按照打桩记录灌入量进行调整,换算后的充盈系数＝实际灌注混凝土量/按设计图纸计算混凝土量。

各种灌注桩中设计钢筋笼时,按相应定额执行。

设计混凝土强度、等级或砂、石级配与定额取定不同,应按设计要求调整材料,其他不变。

(2) 钻孔灌注桩的钻孔深度是按 50 m 内综合编制的,超过 50 m 的桩,钻孔人工、机械乘以系数 1.10。人工挖孔灌注混凝土桩的挖孔深度是按 15 m 内综合编制的,超过 15 m 的桩,挖孔人工、机械乘以系数 1.20。

钻孔灌注桩钻土孔含极软岩,钻入岩石以软岩为准(参照江苏省 2014 年计价定额第一章岩石分类表),如钻入较软岩时,人工、机械乘以系数 1.15,如钻入较硬岩以上时,应另行调整人工、机械用量。

(3) 打孔沉管灌注桩分单打、复打,第一次按单打桩定额执行,在单打的基础上再次打,按复打桩定额执行。打孔夯扩灌注桩一次夯扩执行一次夯扩定额,再次夯扩时,应执行二次夯扩定额,最后在管内灌注混凝土到设计高度按一次夯扩定额执行。使用预制钢筋混凝土桩尖时,钢筋混凝土桩尖另加,定额中活瓣桩尖摊销费应扣除。

(4) 注浆管埋设定额按桩底注浆考虑,如设计采用侧向注浆,则人工和机械乘以系数 1.2。

(5) 灌注桩后压浆的注浆管、声测管埋设,注浆管、声测管如遇材质、规格不同时,可以换算,其余不变。

4) 本定额不包括打桩、送桩后场地隆起土的清除、清孔及填桩孔的处理(包括填的材料),现场实际发生时,应另行计算

5) 凿出后的桩端部钢筋与底板或承台钢筋焊接应按相应定额执行

6) 坑内钢筋混凝土支撑需截断按截断桩定额执行

7) 因设计修改在桩间补打桩时,补打桩按相应打桩定额子目人工、机械乘以系数 1.15

4.2.2 桩基工程定额工程量计算规则

1) 打桩

(1) 打预制钢筋混凝土桩的体积,按设计桩长(包括桩尖,不扣除桩尖虚体积)乘以桩截面面积计算;管桩(空心方桩)的空心体积应扣除,管桩(空心方桩)的空心部分设计要求灌注混凝土或其他填充材料时,应另行计算。

(2) 接桩:按每个接头计算。

(3) 送桩:以送桩长度(自桩顶面至自然地坪另加 500 mm)乘以桩截面面积以体积计算,同时应扣除管桩空心部分体积。

2) 灌注桩

(1) 泥浆护壁钻孔灌注桩

　　① 成孔工作量以桩径截面积乘以成孔长度以体积计算。成孔长度为自然地坪至设计桩底的标高。钻土孔与钻岩石孔工程量应分别计算。土与岩石地层分类详见土壤分类表和岩石分类表。钻土孔自自然地面至岩石表面之深度乘以设计桩截面积以体积计算;钻岩石孔以入岩深度乘桩截面面积以体积计算。

　　② 成桩工程量即混凝土灌入量以设计桩长(含桩尖长)另加一个直径(设计有规定的,按设计要求)乘以桩截面积以体积计算;地下室基础超灌高度按现场具体情况另行计算。

　　③ 泥浆池工程量按成桩工程量计算。

　　④ 泥浆外运的体积按钻孔的体积计算。

　　(2) 长螺旋或钻盘式钻机钻孔灌注桩的单桩体积,按设计桩长(含桩尖)另加500 mm(设计有规定,按设计要求)再乘以螺旋外径或设计截面积以体积计算。

　　(3) 打孔沉管、夯扩灌注桩:

　　① 灌注混凝土、砂、碎石桩使用活瓣桩尖时,单打、复打桩体积均按设计桩长(包括桩尖)另加250 mm(设计有规定,按设计要求)乘以标准管外径以体积计算。使用预制钢筋混凝土桩尖时,单打、复打桩体积均按设计桩长(不包括预制桩尖)另加250 mm乘以标准管外径以体积计算。

　　② 打孔、沉管灌注桩空沉管部分,按空沉管的实体积计算。

　　③ 夯扩桩体积分别按每次设计夯扩前投料长度(不包括预制桩尖)乘以标准管内径体积计算,最后管内灌注混凝土按设计桩长另加250 mm乘以标准管外径体积计算。

　　④ 打孔灌注桩、夯扩桩使用预制钢筋混凝土桩尖的,桩尖个数另列项目计算,单打、复打的桩尖按单打、复打次数之和计算,桩尖费用另计。

　　(4) 注浆管、声测管按打桩前的自然地坪标高至设计桩底标高的长度另加0.2 m,按长度计算。

　　(5) 灌注桩后压浆按设计注入水泥用量,以质量计算。

　　(6) 人工挖孔灌注混凝土桩中挖井坑土、挖井坑岩石、砖砌井壁、混凝土井壁、井壁内灌注混凝土均按图示尺寸以体积计算。如设计要求超灌时,另行增加超灌工程量。

　　(7) 凿灌注混凝土桩头按体积计算,凿、截断预制方(管)桩均以根计算。

　　【续例4-1】　请结合相应的工程量清单,根据《江苏省建筑与装饰工程计价定额》(2014年),并套用计价定额相应定额子目进行该桩基础工程量清单计价。

　　【解析】

　　对预制钢筋混凝土方桩和凿桩头这两条清单项目分别进行工程量清单计价。

　　(1) 预制钢筋混凝土方桩

　　① 打方桩:$18 \times 0.45 \times 0.45 \times 30 = 109.35(m^3)$

3-2 换　打方桩,桩长 18 m 以内

$(44.81+143.92)\times1.25\times(1+11\%+6\%)+30.27=306.29$（元/m³)

② 送桩:$(2.8-0.3+0.5)\times0.45\times0.45\times30=18.23$（m³）。

3-6 换　方桩送桩,桩长 18 m 以内

$(46.20+121.54)\times1.25\times(1+11\%+6\%)+26.70=272.02$（元/m³)

③ 电焊接桩:30 个

3-25　方桩包角钢接桩　560.60 元/10 个

因此清单项目合价为:

　　$109.35\times306.29+18.23\times272.02+3\times560.60=40\,133.53$（元)

　　清单项目综合单价为 $40\,133.53\div30=1\,337.78$（元/根）。

（2）凿桩头:30 根

3-93　凿预制桩头　265.03 元/10 根

因此清单项目合价为 $265.03\times3=795.09$（元）。

清单项目综合单价为 $795.09\div30=26.50$（元/根）。

桩基础工程量清单综合单价分析表见表 4-5。

表 4-5　分部分项工程量清单综合单价分析表

项目编码		项目名称	计量单位	工程数量	综合单价	合价
010301001001		预制钢筋混凝土方桩	根	30	1 337.78	40 133.53
清单综合单价组成	定额号	子目名称	单位	数量	单价	合价
	3-2 换	打方桩桩长 18 m 以内	m³	109.35	306.29	33 492.81
	3-6 换	方桩送桩桩长 18 m 以内	m³	18.23	272.02	4 958.92
	3-25	方桩包角钢接桩	10 个	3	560.60	1 681.80
项目编码		项目名称	计量单位	工程数量	综合单价	合价
010301004001		凿桩头	根	30	26.50	795.09
清单综合单价组成	定额号	子目名称	单位	数量	单价	合价
	3-93	凿预制桩头	10 根	3	265.03	795.09

【本题点睛】　江苏省 2014 年计价定额打桩工程是按三类工程标准计入的,本题也是三类工程,因此无须对管理费率和利润率进行调整。每个单位工程的打(灌

注)桩工程量小于表 4-1 规定数量时,其人工、机械(包括送桩)按相应定额项目乘以系数 1.25。在套取定额子目的时候要注意看清右上角的计量单位。

【续例 4-2】 已知 C35 预拌泵送砼单价按 375 元/m³ 取定。泥浆外运仅考虑运输费用。管理费费率按 14%、利润费率按 8% 计取。请结合相应的工程量清单,根据《江苏省建筑与装饰工程计价定额》(2014 年),并套用计价定额相应定额子目进行桩基础工程量清单计价。(计算结果保留小数点后两位)

【解析】

该桩基工程要求管理费费率按 14%、利润费率按 8% 计取,2014 年计价定额中相关子目也是按照该管理费率 14% 和利润率 8% 进行计取的,故无须对管理费和利润调整。

(1)泥浆护壁钻孔灌注桩

① 成孔

钻土孔直径 700 mm:$3.14 \times 0.35 \times 0.35 \times (23-0.45) \times 201 = 1\ 743.45$(m³)。

回旋机钻孔过程中以自身黏土及灌入自来水进行护壁,套用 3-28 回旋钻机钻土孔直径 700 mm 以内,计量单位:m³,综合单价为 300.96 元/m³。

P桩86注 1:钻土孔是以自身黏土及灌入的自来水进行护壁,施工现场如无自来水供应,改用水泵抽水时,应扣除定额中水费,另增加水泵台班费,需外购黏土者,按实际购置量另行计算。

② 成桩

土孔泵送预拌砼:$3.14 \times 0.35 \times 0.35 \times (18+0.7) \times 201 = 1\ 445.78$(m³)。

采用 C35 预拌泵送砼,该打桩工程实际灌入砼总量为 1 772.55 m³(该砼量中未计入操作损耗),C35 预拌泵送砼单价按 375 元/m³ 取定,因此需要对 3-43 进行定额换算。

砼含量换算:$1\ 772.55 \times 1.015$(P桩77操作损耗)$\div 1\ 445.78 = 1.24$

砼标号换算:$492.79 - 443.09 + 1.24 \times 375 = 514.70$(元/m³)

③ 泥浆池

$$3.14 \times 0.35 \times 0.35 \times (18+0.7) \times 201 = 1\ 445.78(m³)$$

题中给出该桩基工程砖砌泥浆池按桩体积 2 元/m³ 计算。

P桩86注 2:砖砌泥浆池所耗用的人工、材料暂按 2.00 元/m³ 桩计算,结算时按实调整。

④ 泥浆外运

$$3.14 \times 0.35 \times 0.35 \times (18+5-0.45) \times 201 = 1\ 743.45(m³)$$

泥浆外运 15 km,泥浆外运仅考虑运输费用。

3-41 泥浆运输运距 5 km 以内,单价为 112.21 元/m³。

3-42 泥浆运输每增加 1 km,单价为 3.47 元/m³。

故 3-42 换 泥浆运输运距 10 km,单价为 34.7 元/m³。

由此可以计算出泥浆护壁成孔灌注桩该分部分项工程费为:

$$1\ 743.45 \times 300.96 + 1\ 445.78 \times 2 + 1\ 445.78 \times 514.70 +$$
$$1\ 743.45 \times (112.21 + 34.7) = 1\ 527\ 873.48(元)$$

因此泥浆护壁成孔灌注桩的清单综合单价为 $1\ 527\ 873.48 \div 1\ 391.66 = 1\ 097.88(元/m^3)$。

分部分项工程量清单综合单价分析见表 4-6。

表 4-6 分部分项工程量清单综合单价分析表

项目编码		项目名称	计量单位	工程数量	综合单价	合价
010302001001		泥浆护壁成孔灌注桩	m³	1 391.66	1 097.88	1 527 873.48
清单综合单价组成	定额号	子目名称	单位	数量	单价	合价
	3-28	回旋钻机钻土孔直径 700 mm 以内	m³	1 743.45	300.96	524 708.71
		泥浆池	m³	1 445.78	2	2 891.56
	3-43 换	土孔泵送预拌砼	m³	1 445.78	514.70	744 142.97
	3-41	泥浆运输距离 5 km 以内	m³	1 743.45	112.21	195 632.52
	3-42 换	泥浆运输距离每增加 1 km	m³	1 743.45	34.7	60 497.72

(2)灌注桩后压浆

① 注浆管埋设,每根桩设置两根 $\phi 32 \times 2.5$ mm 无缝钢管进行桩底后注浆。

$$(18 + 5 - 0.45 + 0.2) \times 201 \times 2 = 9\ 146(m)$$

套用 3-82 注浆管埋设,计量单位:100 m,综合单价为 1 690.08 元/100 m。

$P_{桩77}$说明:注浆管埋设定额按桩底注浆考虑,如设计采用侧向注浆,则人工和机械乘以系数 1.2。灌注桩后压浆的注浆管、声测管埋设,注浆管、声测管如遇材质、规格不同时,可以换算,其余不变。本工程采用的是桩底后注浆,且注浆管与 3-82 定额子目一致,故无须进行定额换算。

② 灌注桩后注浆,每根桩的后注浆用量为(42.5 级水泥):

$$1.8 \times 201 = 361.8(t)$$

需要对 3-84 桩底后注浆进行水泥标号的换算,计量单位 t。

3-84 换　桩底后注浆:1 049.36－1×310＋1×350(P$_{附1082}$)＝1 089.36(元/t)。

由此可以计算出灌注桩后压浆该分部分项工程费为:

$$91.46×1 690.08＋361.80×1 089.36＝548 705.17(元)$$

因此灌注桩后压浆的清单综合单价为 548 705.17÷402＝1 364.94(元/孔)。

分部分项工程量清单综合单价分析表见表 4-7。

表 4-7　分部分项工程量清单综合单价分析表

项目编码		项目名称	计量单位	工程数量	综合单价	合价
010302007001		灌注桩后压浆	孔	402	1 364.94	548 705.17
清单综合单价组成	定额号	子目名称	单位	数量	单价	合价
	3-82	注浆管埋设	100 m	91.46	1 690.08	154 574.72
	3-84 换	桩底后注浆	t	361.80	1 089.36	394 130.45

4.3　桩基工程工程量清单计价综合案例分析

【例 4-3】　位于市区的某单独招标打桩工程,其断面及示意如图 4-6 所示,设计静力压预应力圆形管桩 75 根,设计桩长 18 m(9 m＋9 m),桩外径 400 mm,壁厚 35 mm,自然地面标高－0.45 m,桩顶标高－2.1 m,螺栓加焊接接桩,管桩接桩接点周边设计用钢板,根据当地地质条件不需要使用桩尖,成品管桩市场信息价为 3 500 元/m³(不含增值税可抵扣的进项税额)。本工程人工单价、除成品管桩外其他材料单价、机械台班单价按 2014 年计价定额执行不调整,但增值税采用一般计税方法,材料单价、机械台班单价均需扣除增值税可抵扣的进项税额。

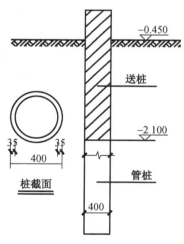

图 4-6　某打桩工程断面及示意图

企业管理费费率 7%,利润费率 5%,机械进退场费为 6 500 元(不含增值税可抵扣的进项税额),安全文明施工措施费费率 1.5%(不创建省级标准化工地),社会保障费费率 1.3%,公积金费率 0.24%,增值税采用一般计税方法,根据苏建函价〔2018〕298 号文,增值税率取 10%,其他未列项目暂不计取,应建设单位要求管桩场内运输按定额考虑。(π 取值 3.14;按 2014 年计价定额规则计算送桩工程量时,需扣除管桩空心体积;凿桩头暂不考虑)

问题：

1. 按《房屋建筑与装饰工程工程量计算规范》(GB 50854—2013)计算规则计算该打桩工程的清单工程量，要求打桩工程清单工程量以根为计量单位，并编制该打桩工程的工程量清单。

2. 按江苏省2014年计价定额计算规则计算该打桩工程的定额工程量。

3. 按江苏省2014年计价定额组价，在增值税一般计税方法下，计算该打桩工程的清单综合单价和合价。(计算结果保留小数点后两位)

4. 根据工程量清单按江苏省2014年计价定额和2014年费用定额(包括营改增后调整部分)的规定计算该打桩工程总造价，并填入表4-8中。

表4-8　工程造价计价程序

序号	费用名称		计算公式	金额
一	分部分项工程费			
二	措施项目费			
	其中	单价措施项目费		
		总价措施项目费		
三	其他项目费			
四	规费			
	其中	1. 工程排污费		
		2. 社会保险费		
		3. 住房公积金		
五	税金			
六	工程造价			

【解析】

1. 该题只涉及一条清单：预制钢筋混凝土管桩。根据《房屋建筑与装饰工程工程量计算规范》(GB 50854—2013)，预制钢筋混凝土管桩有三种计量单位，分别为m、m^3和根。当以根为计量单位时，其清单工程量计算规则为按设计图示数量计算(见表4-9)。

表4-9　分部分项工程量清单

序号	项目编码	项目名称	项目特征描述	计量单位	工程量
1	010301002001	预制钢筋混凝土管桩	1. 送桩深度、桩长：2.15 m、18 m 2. 桩外径、壁厚：400 mm、35 mm 3. 沉桩方法：静力压桩	根	75

2. 预制钢筋混凝土管桩清单所对应的定额工程量计算

（1）静力压预制钢筋混凝土圆形管桩

打预制钢筋混凝土桩的体积,按设计桩长(包括桩尖,不扣除桩尖虚体积)乘以桩截面面积计算;管桩(空心方桩)的空心体积应扣除,管桩(空心方桩)的空心部分设计要求灌注混凝土或其他填充材料时,应另行计算。

（2）接桩:按每个接头计算。

（3）送桩:以送桩长度(自桩顶面至自然地坪另加 500 mm)乘以桩截面面积以体积计算,同时应扣除管桩空心部分体积。

根据 2014 年计价定额中相关子目的工程量计算规则,该打桩工程定额工程量如表 4-10 所示。

表 4-10　计价定额工程量计算表

序号	项目名称	计算公式	计量单位	数量
1	静力压预制管桩	管桩外径 400 mm,壁厚 35 mm 故管桩内径为 400－35×2＝330 mm 3.14×(0.4×0.4/4－0.33×0.33/4)×18×75 根	m³	54.15
2	成品管桩	3.14×(0.4×0.4/4－0.33×0.33/4)×18×75 根	m³	54.15
3	接桩	设计桩长 18 m(9 m＋9 m),故每根桩 1 个接头,共 75 根桩	个	75
4	送桩	送桩长度:2.1－0.45＋0.5＝2.15 m 3.14×(0.4×0.4/4－0.33×0.33/4)×2.15×75 根	m³	6.47

3. 按江苏省 2014 年计价定额对预制钢筋混凝土管桩清单进行组价

（1）静力压预应力钢筋混凝土圆形管桩

3-21　静力压预应力钢筋混凝土管桩,桩长 24 m 内,该定额子目的管理费率为 11%,利润率为 6%,而题目中要求企业管理费费率为 7%,利润费率为 5%,因此根据题意调整管桩材料费用和管理费、利润,由于增值税采用一般计税方法,所以还需要对材料费和机械费进行除税。应建设单位要求管桩场内运输按定额考虑。故人工费 41.73 元,材料费 (3 500－1 300)×0.01＋1 372.08×0.009＋61.76×1.00＝96.11(元),机械费 1 737.65×0.067＋718.53×0.027＝135.82(元)。

3-21 换　静力压预应力钢筋混凝土管桩,桩长 24 m 内的单价为:

　　(41.73＋135.82)×(1＋7%＋5%)＋96.11 ＝ 294.97(元/m³)

备注 1:定额材料除税价和机械除税价可直接查询江苏省住房和城乡建设厅

关于建筑业实施营改增后江苏省建设工程计价依据调整通知中的附件2"江苏省现行专业计价定额材料含税价与除税价表"。机械费的除税方法同材料费,直接查询附件3(详细内容在江苏省工程造价信息网进行查询)。

备注2:当增值税采用一般计税方法时,根据江苏省2014年费用定额以及2014年费用定额营改增后调整内容,该打桩工程,桩长18 m<20 m,属于三类工程,因此打预制桩的管理费率为7%,利润率为5%。

(2)成品管桩

成本管桩的市场价格为3 500元/m³(不含增值税可抵扣的进项税额)。

(3)接桩:螺栓加焊接接桩,管桩接桩接点周边设计用钢板

套用3-27定额子目。根据题意调整管理费、利润,其余不变。由于增值税采用一般计税方法,所以还需要对材料费和机械费进行除税。人工费35.26元,材料费3 500×0.012+4.29×0.11+4.97×1.00+0.60=48.04(元),机械费1 308.25×0.053+718.53×0.013+78.68×0.106=87.02(元),因此,3-27换 螺栓+电焊接桩的单价为(35.26+87.02)×(1+7%+5%)+48.04=184.99(元/个)。

(4)送桩

套用3-23定额子目。根据题意调整管理费、利润,其余不变。由于增值税采用一般计税方法,所以还需要对材料费和机械费进行除税。人工费46.20元,材料费1 586.47×0.008+5.32×0.77=16.79(元),机械费1 737.65×0.085+718.53×0.034=172.13(元),因此,3-23换 送桩,桩长24 m内的综合单价为:

$$(46.20+172.13)×(1+7\%+5\%)+16.79=261.32(元/m^3)$$

由此可以计算出预制钢筋混凝土管桩该分部分项工程费为:

$$54.15×294.97+54.15×3\ 500+75×184.99+6.47×261.32=221\ 062.62(元)$$

因此预制钢筋混凝土管桩清单综合单价为221 062.62÷75=2 947.50(元/根)。

分部分项工程量清单综合单价分析表见表4-11。

表4-11 分部分项工程量清单综合单价分析表

项目编码		项目名称	计量单位	工程数量	综合单价	合价
010301002001		预制钢筋混凝土管桩	根	75	2 947.50	221 062.62
清单综合单价组成	定额号	子目名称	单位	数量	单价	合价
	3-21换	静力压钢筋混凝土管桩,桩长24 m内	m³	54.15	294.97	15 972.63
		成品管桩	m³	54.15	3 500	189 525
	3-27换	螺栓+电焊接桩	个	75	184.99	13 874.25
	3-23换	送桩,桩长24 m内	m³	6.47	261.32	1 690.74

4. 根据工程量清单按江苏省 2014 年计价定额和 2014 年费用定额(包括营改增后调整部分)的规定计算该打桩工程总造价。

增值税采用一般计税方法,根据苏建函价〔2018〕298 号文,增值税税率为 10%。采用一般计税方法的建设工程费用组成中的分部分项工程费、措施项目费、其他项目费、规费均不包括增值税可抵扣进项。

分部分项工程费(不含增值税可抵扣的进项税额)为 221 062.62 元。

单价措施项目费为机械进退场费 6 500 元(不含增值税可抵扣的进项税额)。

总价措施项目费＝ 安全文明施工措施费
　　　　　＝(221 062.62＋6 500)×1.5% ＝ 3 413.44(元)

措施项目费为 6 500＋3 413.44 ＝ 9 913.44(元)。

其他项目费为 0 元。

工程造价计价程序见表 4-12。

表 4-12　工程造价计价程序

序号	费用名称		计算公式	金额
一	分部分项工程费			221 062.62
二	措施项目费			9 913.44
	其中	单价措施项目费		6 500
		总价措施项目费	(221 062.62＋6 500)×1.5%	3 413.44
三	其他项目费			0
四	规费			3 557.03
	其中	1.工程排污费		0
		2.社会保险费	(221 062.62＋9 913.44＋0)×1.3%	3 002.69
		3.住房公积金	(221 062.62＋9 913.44＋0)×0.24%	554.34
五	税金		(221 062.62＋9 913.44＋0＋3 557.03)×10%	23 453.31
六	工程造价		221 062.62＋9 913.44＋0＋3 557.03＋23 453.31	257 986.40

备注:1. 安全文明施工措施费率、社会保障费率和公积金费率查询《江苏省建设工程费用定额》(2014 年)营改增后调整内容,与题目中的已知条件相同。

2. 具体计价程序详见《江苏省建设工程费用定额》(2014 年)营改增后调整内容,一般计税方法下工程量清单计价法计算程序(包工包料)。

【例 4-4】 如图 4-7,某单独招标打桩工程编制标底。设计钻孔灌注砼桩 25 根,桩径 φ900 mm,设计桩长 28 m,现场打桩采用回旋钻机,入岩（V 类）1.5 m,自然地面标高 −0.60 m,桩顶标高 −2.60 m,C30 泵送商品砼,根据地质情况土孔砼充盈系数为 1.25,岩石孔砼充盈系数为 1.1,每根桩钢筋用量为 0.750 t。以自身的黏土及灌入的自来水进行护壁,砌泥浆池,泥浆外运按 8 km,桩头不需凿除。

问题:

1. 请按《房屋建筑与装饰工程工程量计算规范》(GB 50854—2013)计算规则计算该打桩工程的清单工程量,要求打桩工程清单工程量以 m 为计量单位,并编制该打桩工程的工程量清单。

2. 请按 2014 年计价定额计算规则计算该打桩工程的定额工程量。

3. 请按 2014 年计价定额组价,计算该打桩工程的清单综合单价和合价。管理费率按 14%、利润率按 8% 计取。(计算结果保留小数点后两位)

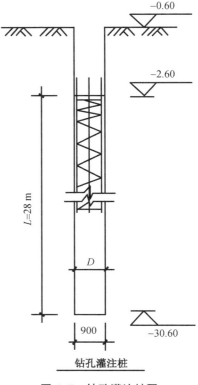

图 4-7　钻孔灌注桩图

【解析】

1. 该题涉及两条清单:泥浆护壁成孔灌注桩和钢筋笼。

根据《房屋建筑与装饰工程工程量计算规范》(GB 50854—2013),泥浆护壁成孔灌注桩有三种计量单位,分别为 m、m³ 和根。当以 m 为计量单位时,其清单工程量计算规则为按设计图示尺寸以桩长(包括桩尖)计算。因此泥浆护壁成孔灌注桩的清单工程量为 28×25=700 m。

根据《房屋建筑与装饰工程工程量计算规范》(GB 50854—2013),钢筋笼的项目编码为 010515004001,计量单位 t,工程量计算规则为按设计图示钢筋长度乘以单位理论质量计算,其工作内容包括钢筋笼制作运输、钢筋笼安装和焊接(绑扎)。因此钢筋笼的清单工程量为 0.750×25=18.75(t)。

由此编制该打桩工程的分部分项工程量清单如表 4-13 所示。

2. 泥浆护壁成孔灌注桩和钢筋笼这两条清单所对应的定额工程量计算

(1) 泥浆护壁钻孔灌注桩

① 成孔工作量以桩径截面积乘以成孔长度以体积计算。成孔长度为自然地坪至设计桩底的标高。钻土孔与钻岩石孔工程量应分别计算。土与岩石地层分类

详见土壤分类表和岩石分类表。钻土孔自自然地面至岩石表面的深度乘以设计桩截面积以体积计算,钻岩石孔以入岩深度乘以桩截面积以体积计算。

表 4-13　分部分项工程量清单

序号	项目编码	项目名称	项目特征描述	计量单位	工程量
1	010302001001	泥浆护壁成孔灌注桩	1. 地层情况:土孔 28.5 m,V 类岩石孔 1.5 m 2. 空桩长度、桩长:2 m、28 m 3. 桩径:ϕ900 mm 4. 成孔方法:回旋钻机成孔 5. 混凝土种类、强度等级:泵送商品砼,C30 6. 泥浆外运距离:8 km	m	700
2	010515004001	钢筋笼	1. 钢筋种类、规格:钢筋综合	t	18.75

② 成桩工程量即混凝土灌入量以设计桩长(含桩尖长)另加一个直径(设计有规定的,按设计要求)乘以桩截面积以体积计算,地下室基础超灌高度按现场具体情况另行计算。

③ 泥浆池工程量按成桩工程量计算。

④ 泥浆外运的体积按钻孔的体积计算。

(2)钢筋笼

钢筋笼按设计图示钢筋长度乘以单位理论质量计算,计量单位 t。钢筋笼的定额工程量计算规则与清单工程量计算规则相同,故定额工程量=清单工程量。

根据 2014 年计价定额中相关子目的工程量计算规则,该打桩工程定额工程量如表 4-14 所示。

表 4-14　计价定额工程量计算表

序号	项目名称	计算公式	计量单位	数量
1	钻土孔直径 900 mm	3.14×0.45×0.45×(30−1.5)×25	m³	453.04
2	钻 V 类岩石孔直径 900 mm	3.14×0.45×0.45×1.5×25	m³	23.84
3	土孔 C30 泵送商品砼	3.14×0.45×0.45×[28+0.9(另加一个直径)−1.5]×25	m³	435.56
4	岩石孔 C30 泵送商品砼	3.14×0.45×0.45×1.5×25	m³	23.84

（续表）

序号	项目名称	计算公式	计量单位	数量
5	砖砌泥浆池	$V_{土孔砼}+V_{岩石孔砼}=435.56+23.84$	m³	459.40
6	泥浆外运 8 km	$V_{钻土孔}+V_{钻岩石孔}=453.04+23.84$	m³	476.88
7	钢筋笼	$0.750×25$	t	18.75

3. 按 2014 年计价定额对泥浆护壁成孔灌注桩和钢筋笼这两条清单进行组价

题中要求该打桩工程管理费费率按 14％、利润费率按 8％计取,2014 年计价定额中相关子目也是按照该管理费率 14％和利润费率 8％进行计取的,故打桩工程无须对管理费和利润进行调整,但定额中钢筋笼按照建筑工程中的管理费率 25％、利润率 12％计取,故钢筋笼需要调整管理费和利润。

备注:根据江苏省 2014 年费用定额,该单独招标打桩工程桩长 28 m＜30 m,属于三类工程,其管理费费率按 7％、利润费率按 5％计取。

（1）泥浆护壁钻孔灌注桩

① 成孔

回旋机钻孔过程中以自身黏土及灌入自来水进行护壁,套用 3-29 回旋钻机钻土孔直径 1 000 mm 以内,计量单位:m³,单价为 291.09 元/m³。3-32 回旋钻机钻岩石孔直径 1 000 mm 以内,计量单位:m³,定额单价为 1 084.57 元/m³。根据 2014 年计价定额第一章的岩石分类表,Ⅴ类岩属于较软岩,P$_{桩87}$注 1:钻岩石孔以软岩为准,如钻入较软岩时,人工、机械乘以系数 1.15,因此对 3-32 进行定额换算,3-32 换　回旋钻机钻 Ⅴ 类岩石孔直径 1 000 mm 以内,其单价为 $(288.75+565.72)×1.15×(1+14％+8％)+42.11=1 240.93(元/m³)$。

② 成桩

采用 C30 泵送商品砼,根据地质情况土孔砼充盈系数为 1.25,岩石孔砼充盈系数为 1.1。P$_{桩77}$定额中钻孔灌注混凝土桩土孔砼充盈系数为 1.20,岩石孔砼充盈系数为 1.1。故只需要对 3-34 土孔泵送商品砼进行定额换算,3-43 换　土孔泵送商品砼 C30,其单价为 $492.79-1.224×362+1.25×(1+1.5％)×(1+0.5％)×362=511.25(元/m³)$。

3-45 岩石孔泵送商品砼 C30,直接套用定额,其单价为 452.84 元/m³。

备注:3-43 中土孔泵送预拌混凝土(C30),商品砼的含量＝1.20(土孔砼充盈系数)×[1+1.5％(操作损耗)]×[1+0.5％(使用商品砼其含量增加损耗)]＝1.224。

③ 泥浆池

P$_{桩86}$注 2:砖砌泥浆池所耗用的人工、材料暂按 2.00 元/m³ 桩计算,结算时按实调整。

④ 泥浆外运 8 km,泥浆外运仅考虑运输费用。

3-41 泥浆运输运距 5 km 以内,单价为 112.21 元/m³。

3-42 泥浆运输每增进 1 km,单价为 3.47 元/m³。

故 3-42 换 泥浆运输运距 3 km,单价为 10.41 元/m³。

由此可以计算出该泥浆护壁钻孔灌注桩分部分项工程费为:

$$453.04 \times 291.09 + 23.84 \times 1\ 240.93 + 435.56 \times 511.25 + 23.84 \times$$
$$452.84 + 459.40 \times 2 + 476.88 \times (112.21 + 10.41) = 454\ 328.76(元)$$

因此泥浆护壁成孔灌注桩的清单综合单价为 454 328.76 ÷ 700 = 649.04 元/m。

泥浆护壁成孔灌注桩的分部分项工程量清单综合单价见表 4-15。

表 4-15 分部分项工程量清单综合单价分析表

项目编码		项目名称	计量单位	工程数量	综合单价	合价
010302001001		泥浆护壁成孔灌注桩	m	700	649.04	454 328.76
清单综合单价组成	定额号	子目名称	单位	数量	单价	合价
	3-29	回旋钻机钻土孔直径 1 000 mm 以内	m³	453.04	291.09	131 875.41
	3-32 换	回旋钻机钻 V 类岩石孔直径 1 000 mm 以内	m³	23.84	1 240.93	29 583.77
	3-43 换	土孔泵送商品砼 C30	m³	435.56	511.25	222 680.05
	3-45	岩石孔泵送商品砼 C30	m³	23.84	452.84	10 795.71
	P桩86注 2	砖砌泥浆池	m³	459.40	2	918.80
	3-41	泥浆运输距离 5 km 以内	m³	476.88	112.21	53 510.70
	3-42 换	泥浆运输距离每增加 1 km	m³	476.88	10.41	4 964.32

(2) 钢筋笼

对钢筋笼定额子目调整管理费和利润,其余不变。5-6 换 钢筋笼,计量单位 t,单价为(578.01+204.00)×(1+14%+8%)+4 361.08=5 315.13(元/t)。

由此可以计算出钢筋笼的分部分项工程费和清单综合单价(见表 4-16)。

表 4-16　分部分项工程量清单综合单价分析表

项目编码		项目名称	计量单位	工程数量	综合单价	合价
010515004001		钢筋笼	t	18.75	5 315.13	99 658.69
清单综合单价组成	定额号	子目名称	单位	数量	单价	合价
	5-6 换	钢筋笼	t	18.75	5 315.13	99 658.69

本 章 习 题

【综合习题 1】　位于县镇的某三类商务楼工程设计采用桩基础,独立承台静力压 C35 砼预制方桩,桩承台 50 个,断面示意图如图 4-8 所示,桩长 18 m(9 m+9 m),桩尖长度 350 mm,桩断面面积 450 mm×450 mm,自然地面标高−0.45 m,桩顶标高−2.60 m,接桩采用方桩加钢板,该型号方桩成品价为 1 800 元/m³,A 形空心桩尖市场价 150 元/个。方桩场内运输按 250 m 考虑。本工程人工单价、除成品桩外其他材料单价、机械台班单价标准等按 2014 年计价定额执行不调整,机械进出场及安拆费 30 000 元,以上费用均包含增值税可抵扣的进项税额,现场安全文明施工费率为 1.3%(不创建省级标准化工地),社会保险费率为 1.2%,公积金费率为 0.22%,工程排污费率为 1%,其他未列项目暂不计取,增值税采用简易计税方法。

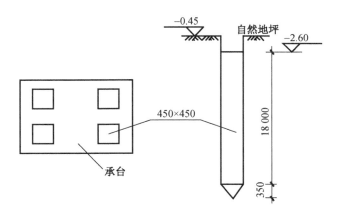

图 4-8　某工程桩基础断面

问题:

1. 请按《房屋建筑与装饰工程工程量计算规范》(GB 50854—2013)计算规则计算该打桩工程的清单工程量,要求打桩工程清单工程量以根为计量单位,并编制该打桩工程的工程量清单。

表 4-17　分部分项工程量清单

序号	项目编码	项目名称	项目特征描述	计量单位	工程量

2. 请按 2014 年计价定额计算规则计算该打桩工程的定额工程量。

表 4-18　计价定额工程量计算表

序号	项目名称	计算公式	计量单位	数量

3. 请按 2014 年计价定额组价,在增值税简易计税方法下,计算该打桩工程的清单综合单价和合价。(计算结果保留小数点后两位)

表 4-19　分部分项工程量清单综合单价分析表

项目编码		项目名称	计量单位	工程数量	综合单价	合价
清单综合单价组成	定额号	子目名称	单位	数量	单价	合价

4. 请根据工程量清单按江苏省 2014 年计价定额和 2014 年费用定额(包括营改增后调整部分)的规定计算该打桩工程总造价,并填入表 4-20 中。

表 4-20　工程造价计价程序

序号	费用名称		计算公式	金额
一	分部分项工程费			
二	措施项目费			
	其中	单价措施项目费		
		总价措施项目费		
三	其他项目费			
四	规费			
	其中	1. 工程排污费		
		2. 社会保险费		
		3. 住房公积金		
五	税金			
六	工程造价			

【综合习题 2】　位于市区的某单独招标打桩工程编制招标控制价。设计钻孔灌注砼桩 50 根,桩径 φ700mm,设计桩长 26 m,其中入岩(Ⅳ类)2 m,自然地面标高 -0.45 m,桩顶标高 -2.20 m,如图 4-9 所示,砼采用 C30 现场自拌,根据地质情况土孔砼充盈系数为 1.20,岩石孔砼充盈系数为 1.05,每根桩钢筋用量为 0.80 t。

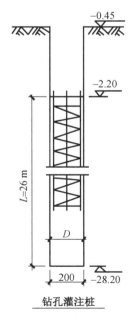

钻孔灌注桩

图 4-9　某打桩工程断面图

以自身的黏土及灌入的自来水进行护壁,砖砌泥浆池按桩体积 1 元/m³ 计算,泥浆外运按 6 km,泥浆运出后的堆置费用不计,桩头不考虑凿除。

问题:

1. 请按《房屋建筑与装饰工程工程量计算规范》(GB 50854—2013)计算规则计算该打桩工程的清单工程量,要求打桩工程清单工程量以"m"为计量单位,并编制该打桩工程的工程量清单。

表 4-21　分部分项工程量清单

序号	项目编码	项目名称	项目特征描述	计量单位	工程量
		泥浆护壁成孔灌注桩			
		钢筋笼			

2. 请按 2014 年计价定额计算规则计算该打桩工程的定额工程量。

表 4-22　计价定额工程量计算表

序号	项目名称	计算公式	计量单位	数量

3. 请按 2014 年计价定额组价,计算该打桩工程的清单综合单价和合价。(计算结果保留小数点后两位)

表 4-23　分部分项工程量清单综合单价分析表

项目编码		项目名称	计量单位	工程数量	综合单价	合价
		泥浆护壁成孔灌注桩				
清单综合单价组成	定额号	子目名称	单位	数量	单价	合价
清单综合单价组成						

表 4-24 分部分项工程量清单综合单价分析表

项目编码		项目名称	计量单位	工程数量	综合单价	合价
		钢筋笼				
清单综合单价组成	定额号	子目名称	单位	数量	单价	合价

4. 打桩机械进退场费 1 554 元,冬雨季施工增加费 0.05%,临时设施费费率 1.5%,安全文明施工措施费费率 1.3%,暂列金额 35 000 元,上述各项费用均包含增值税可抵扣的进项税额,社会保障费费率 1.2%,公积金费率 0.22%,工程排污费 0.1%,招标控制价调整系数不考虑,其他未列项目不计取,增值税采用简易计税方法。请按 2014 年费用定额的规定计算招标控制价。(π 取值 3.14,小数点后保留两位小数)

表 4-25 工程造价计价程序

序号	费用名称		计算公式	金额
一	分部分项工程费			
二	措施项目费			
	其中	单价措施项目费		
		总价措施项目费		
三	其他项目费			
四	规费			
	其中	1. 工程排污费		
		2. 社会保险费		
		3. 住房公积金		
五	税金			
六	工程造价			

5 砌筑工程计量与计价

5.1 砌筑工程量清单编制

砌筑工程是建筑工程中一个主要分部工程,主要包括砌砖和砌石两部分。砌筑工程工程量清单项目包括砖砌体、砌块砌体、石砌体、垫层(混凝土垫层除外)共4节27个清单项目。

5.1.1 编制砌筑工程工程量清单相关注意事项

1)砌体所选用的材料

(1)标准砖尺寸应为240 mm×115 mm×53 mm,其标准砖墙计算厚度按表5-1的规定计算,图5-1为墙厚与标准砖规格之间的关系图。

表 5-1 标准墙计算厚度表

砖数(厚度)	1/4	1/2	3/4	1	$1\frac{1}{2}$	2	$2\frac{1}{2}$	3
计算厚度(mm)	53	115	180	240	365	490	615	740

(2)使用其他砌块时,其砌体厚度应按照砌块实际规格和设计厚度计算。

在编制工程量清单时,砌砖和砌块对应于不同的清单项目,所以应区分砌砖和砌块分别编制砌筑工程量清单。

2)砌筑砂浆的种类及强度等级

由于房屋中各墙体的位置及所承受的荷载大小不同,设计时各墙体所采用的砂浆种类及强度等级也有所不同。砌筑砂浆主要有三种:水泥砂浆、石灰砂浆和混合砂浆。水泥砂浆的强度等级可分为 M5、M7.5、M10、M15、M20、M25、M30;混合砂浆的强度等级可分为 M5、M7.5、M10、M15。不同种类和强度等级的砌筑砂浆,其对应的定额基价不同,因此,在编制工程量清单时,需要根据设计中的砌筑砂浆种类及强度等级,分别编制工程量清单。

3)基础和墙(柱)身界限划分

(1)基础与墙(柱)身使用同一种材料时,以设计室内地面为界(有地下室者,以地下室室内设计地面为界),以下为基础,以上为墙(柱)身。图5-2(a)中正负零以下为砖基础,正负零以上为墙身。图5-2(b)中,基础与墙身采用相同材料,有地下室者,以地下室室内设计地面为界,以下为基础,以上为墙身。

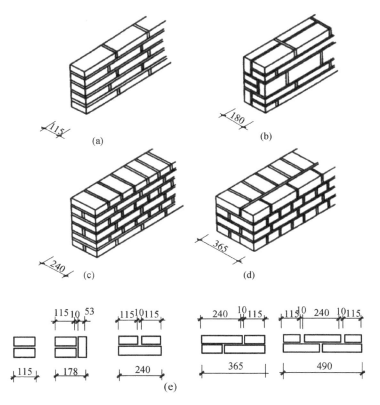

图 5-1 墙厚与标准砖规格的关系

(a) 1/2 砖墙示意图;(b) 3/4 砖墙示意图(实际尺寸 178 mm,又称 180 墙);
(c) 1 砖墙示意图;(d) 1.5 砖墙示意图;(e) 墙厚示意图

资料来源:沈中友.建筑工程工程量清单编制与实例[M].北京:机械工业出版社,2014:91-92.

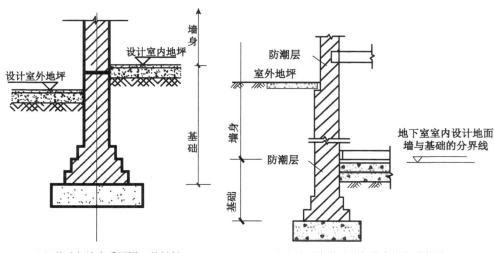

(a) 基础与墙身采用同一种材料　　(b) 地下室的基础与墙身划分示意图

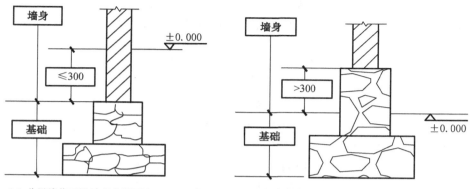

（c）分界线位于设计室内地面±300 mm 内 　　　（d）分界线位于设计室内地面±300 mm 外

图 5-2　基础与墙身的分界

（2）基础与墙身使用不同材料时,位于设计室内地面高度≤±300 mm 时,以不同材料为分界线[图 5-2(c)];高度>±300 mm 时,以设计室内地面为分界线[图 5-2(d)]。由此可见,在编制工程量清单时基础应区分不同材料品种分别编制。

（3）砖围墙。砖围墙墙身与基础以设计室外地坪为界,以下为基础,以上为墙身,如图 5-3 所示。

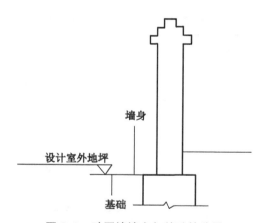

图 5-3　砖围墙墙身与基础的分界

5.1.2　砌筑工程工程量清单编制

由于《房屋建筑与装饰工程工程量计算规范》(GB 50854—2013)中所列清单项目较多,此处选取使用较为广泛的清单项目进行重点讲解。需要注意的是,附墙烟囱、通风道、垃圾道应按设计图示尺寸以体积(扣除孔洞所占体积)计算并入所依附的墙体体积内,按设计规定孔洞内需要抹灰时,按计量规范中相关章节的零星抹灰项目编码列项。砖砌体内钢筋加固,应按计量规范中钢筋工程的相关项目编码列项,砖砌体勾缝按计量规范中装饰工程中的相关项目编码列项。如施工图设计标注做法见标准图集时,应注明标注图集的编码、页号及节点大样。

1) 砖基础(010401001)

(1)"砖基础"项目适用于各种类型砖基础:柱基础、墙基础、管道基础等。

(2)清单列项主要区分:①砖的品种、规格、强度等级;②砂浆强度等级;③防潮层材料种类。由于江苏省 2014 年计价定额将砖基础又分为直形和圆弧形,因此,若砖基础采用直形和圆弧形两种形状时,需要单独编制工程量清单。

(3)项目特征描述:①砖品种、规格、强度等级;②基础类型;③砂浆强度等级;④防潮层材料种类。其中①和③是必须要描述的,②一般也描述,④在有防潮层设计的时候描述。由于砖的防潮性能较差,为了防止土壤中的潮气沿基础上升,影响墙面抹灰和使用,因此,在砖基础中,常在室内地面以下 60 mm 的地方铺设一层水平防潮层。

(4)工作内容包括:①砂浆制作、运输;②砌砖;③防潮层铺设;④材料运输。

(5)清单工程量计算(计量单位:m³)

砖基础清单工程量按设计图示尺寸以体积计算,应包括、应扣除、不扣除和不增加的内容见表 5-2 所示。砖基础大放脚 T 形重叠部分如图 5-4 所示。

表 5-2 砖基础工程量应包括、应扣除、不扣除和不增加的内容

应包括的内容	应扣除的内容	不扣除的内容	不增加的内容
附墙垛基础宽出部分体积	地梁(圈梁)、构造柱所占体积	基础大放脚 T 形接头处的重叠部分及嵌入基础内的钢筋、铁件、管道、基础砂浆防潮层和单个面积≤0.3 m² 的孔洞所占体积	靠墙暖气沟的挑檐

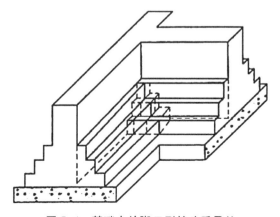

图 5-4 基础大放脚 T 形接头重叠处

因此条形砖基础清单工程量计算公式为：

条形砖基础清单工程量 = 基础长度 L × 基础断面面积 S − 应扣除体积

① 基础长度 L

外墙砖基础长度按外墙中心线（$L_{外中}$），内墙砖基础长度按内墙净长线计算（$L_{内净}$）。应特别注意这里内墙砖基础的净长是指内墙的净线长，而不是砖基础之间的净长，计算时一定要注意。遇轴线不居中时，应将轴线移位中心线进行计算，如图 5-5 所示，另需要特别注意的是，图中砖基础计算厚度为 365 mm，而不是图示的 370 mm。

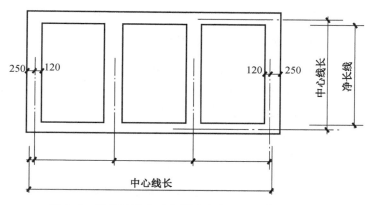

图 5-5　轴线不居中时将其移为中心线计算基础长度

资料来源：刘钦，闫瑾. 建筑工程计量与计价[M]. 北京：机械工业出版社，2014：149.

② 砖基础断面面积（$S_{断}$）

$$S_{断} = 砖基础计算厚度 × （砖基础高度 + 大放脚折加高度）$$

所谓大放脚折加高度是指基础大放脚部分断面面积折算为与基础墙等厚的墙的高度。即：

$$大放脚折加高度 = \frac{基础大放脚部分断面面积}{基础墙基计算厚度}$$

砖基础大放脚分为等高式和间隔式两种，如图 5-6 所示，每边每层砌出 62.5 mm。假设图 5-6 中墙基厚度为 240 mm，则图 5-6(a)等高式基础大放脚断面部分面积为 0.126×0.062 5×(5+4+3+2+1)×2(双面)=0.236 25(m²)。

因此大放脚折加高度为 0.236 25/0.24=0.984(m)。

图 5-6(b)间隔式基础大放脚断面部分面积为：

[0.126×0.062 5×(5+3+1)+0.062 5×0.062 5×(4+2)]×2(双面)= 0.188 625(m²)

因此其折加高度为 0.188 625/0.24＝0.786(m)。

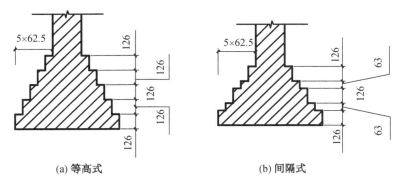

(a) 等高式　　　　　　　　　(b) 间隔式

图 5-6　砖基础大放脚折加高度计算

③ 基础大放脚折加高度和折算面积既可以通过上述计算方法求得,也可以通过查找江苏省 2014 年计价定额附录(P$_{附1122-1130}$)的方式求得。对于较为常见的采用标准砖的砖基础大放脚折加高度和折算面积见表 5-3 和表 5-4。需要注意的是,此表是按照标准砖尺寸 240 mm×115 mm×53 mm,灰缝 10 mm,等高式大放脚高度按 126 mm,不等高式大放脚高度按 126 mm 和 63 mm 间隔设置,最上一步大放脚单面宽度 62.5 mm 进行编制的。在计算时需要特别注意的是,设计图往往习惯以 60 mm 或 120 mm 来标注大放脚放出的宽度以及放出的高度,在工程量计算时,仍然按照表 5-3 和表 5-4 中的数据计算,因为这只是标注习惯问题,实际施工做法仍是按照 62.5 mm 和 126 mm 来做出大放脚放出的宽度以及放出的高度。当设计图纸与上述情况不同时,需要根据设计图纸的规定按照上述方法重新计算大放脚折加高度。

表 5-3　等高式(标准砖)砖基础大放脚折加高度和增加断面面积(双面系数)

放脚层数	折加高度(m)				增加断面面积(m²)
	$\frac{1}{2}$砖(0.115)	1 砖(0.240)	$1\frac{1}{2}$砖(0.365)	2 砖(0.490)	
1	0.137	0.066	0.043	0.032	0.015 8
2	0.411	0.197	0.129	0.096	0.047 3
3	0.822	0.394	0.259	0.193	0.094 5
4	1.370	0.656	0.432	0.321	0.157 5
5	2.055	0.984	0.647	0.482	0.236 3
6	2.876	1.378	0.906	0.672	0.330 8

表 5-4　间隔式(标准砖)砖基础大放脚折加高度和增加断面面积

放脚层数	折加高度(m)				增加断面面积(m²)
	$\frac{1}{2}$砖(0.115)	1砖(0.240)	$1\frac{1}{2}$砖(0.365)	2砖(0.490)	
1	0.137	0.066	0.043	0.032	0.015 8
2	0.343	0.164	0.108	0.080	0.039 4
3	0.685	0.328	0.216	0.161	0.078 8
4	1.096	0.525	0.345	0.257	0.126 0
5	1.643	0.786	0.518	0.386	0.189 0
6	2.260	1.083	0.712	0.530	0.259 9

【例 5-1】　标准砖基础大放脚如图 5-7 所示,计算该大放脚折加高度。

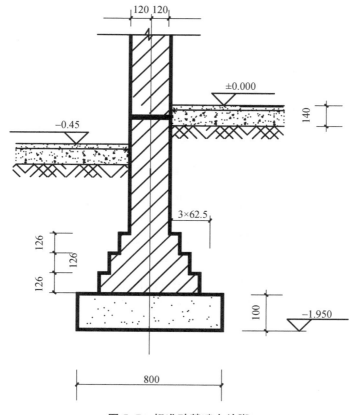

图 5-7　标准砖基础大放脚

【解析】

第一种方法直接计算。基础大放脚断面面积($0.126 \times 0.062\,5 \times 3 + 0.126 \times 0.062\,5 \times 2 + 0.126 \times 0.062\,5) \times 2$(面)$= 0.094\,5$($m^2$)。

基础大放脚折加高度为 $0.094\,5/0.24 = 0.394$(m)。

第二种方法直接查表 5-3,从图 5-7 中可以看出,该砖基础墙基厚 240 mm,大放脚为等高式,三层,因此其大放脚折加高度为 0.394 m。

(6) 砖基础工程量清单编制示例和定额指引

为了便于在实际工作中指导清单项目设置和综合单价分析,可以通过列出每一清单项目可组合的主要内容以及对应的计价定额子目体现出来,如表 5-5 所示。

表 5-5　砖基础工程量清单编制示例和定额指引

项目编码	项目名称	项目特征	计量单位	工作内容	定额指引
010401001001	砖基础	1. 砖品种、规格、强度等级:MU20 页岩砖、240×115×53 2. 基础类型:条形基础 3. 砂浆强度等级:M7.5 水泥砂浆 4. 防潮层材料种类:防水混凝土	m^3	① 砂浆制作、运输 ② 砌砖 ③ 防潮层铺设 ④ 材料运输	①②④工作内容:砌砖 4-1～4-2 ③ 工作内容:防潮层 4-52～4-53
010401001002	砖基础	1. 砖品种、规格、强度等级:MU15 页岩砖、200×95×53 2. 基础类型:条形基础 3. 砂浆强度等级:M5 混合砂浆 4. 防潮层材料种类:防水混凝土			
010401001003	砖基础	1. 砖品种、规格、强度等级:MU20 页岩砖、240×115×53 2. 砂浆强度等级:M7.5 水泥砂浆 3. 防潮层材料种类:防水砂浆			

【例 5-2】 某三类工程,砖基础平面图和剖面图如图 5-8 和图 5-9 所示,垫层采用三七灰土,砖基础采用标准砖,M5 水泥砂浆砌筑。请根据《房屋建筑与装饰工程工程量计算规范》(GB 50854—2013)计算砖基础的工程量。

【解析】

砖基础清单工程量的计算:

① 确定砖基础高度和大放脚折加高度

砖基础和墙身采用同一种材料,以室内设计地坪为界,以下为基础,则砖基础高度为 1.5-0.24(地圈梁高)=1.26(m)。

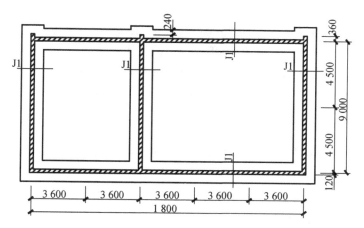

图 5-8　砖基础平面图

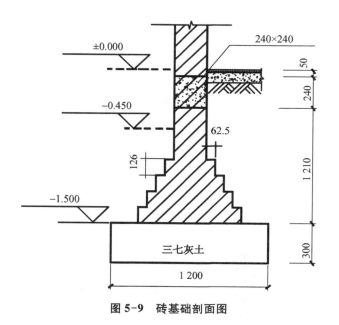

图 5-9　砖基础剖面图

砖基础厚度 0.24 m,大放脚四层,等高式,由表 5-3 得知,砖基础大放脚折加高度为 0.656 m。

　② 计算砖基础的长度

外墙下砖基础的中心线长为(3.6×5+9)×2+0.24(砖垛)×3＝54.72(m)。

内墙下砖基础的净线长为 9-0.12×2＝8.76(m)。

$$V_{砖基础} = (1.26 + 0.656) \times (54.72 + 8.76) \times 0.24 = 29.19 (m^3)$$

2) 实心砖墙(010401003)、多孔砖墙(010401004)、空心砖墙(010401005)

(1) 清单列项主要区分：①砖的品种、规格、强度等级；②墙体类型；③砂浆强度等级、配合比。由于江苏省2014年计价定额将实心砖墙分为砖砌外墙和砖砌内墙，砖砌内墙和砖砌外墙又分别按照墙厚度不同而单独列出了定额子目，因此清单列项时，还需要描述墙体厚度。墙体类型是指外墙或是内墙。

(2) 项目特征描述：①砖品种、规格、强度等级；②墙体类型；③砂浆强度等级、配合比。

(3) 工作内容包括：①砂浆制作、运输；②砌砖；③刮缝；④砖压顶砌筑；⑤材料运输。

(4) 清单工程量计算(计量单位：m³)

按设计图示尺寸以体积计算，应包括、应扣除、不扣除和不增加的内容见表5-6所示，相关构件示意图见图5-10～图5-16所示。

表5-6　实心砖墙、多孔砖墙、空心砖墙工程量应包括、应扣除、不扣除和不增加的内容

应包括的内容	应扣除的内容	不扣除的内容	不增加的内容
凸出墙面的砖垛	门窗、洞口、嵌入墙内的钢筋混凝土柱、梁、圈梁、挑梁、过梁及凹进墙内的壁龛、管槽、暖气槽、消火栓箱所占体积	梁头、板头、檩头、垫木、木楞头、沿缘木、木砖、门窗走头、砖墙内加固钢筋、木筋、铁件、钢管及单个面积≤0.3 m²的孔洞所占体积	凸出墙面的腰线、挑檐、压顶、窗台线、虎头砖、门窗套的体积

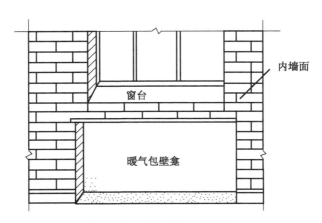

图5-10　暖气包壁龛示意图

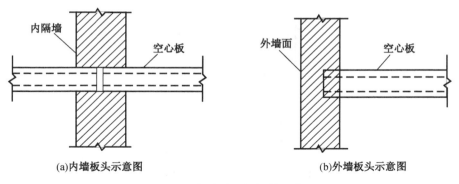

(a)内墙板头示意图   (b)外墙板头示意图

图 5-11　板头、梁头、梁垫示意图

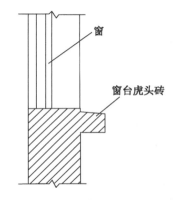

图 5-12　凸出墙面的窗台虎头砖

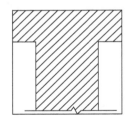

图 5-13　砖压顶示意图

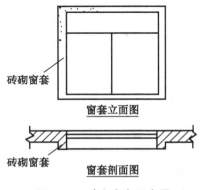

图 5-14　砖砌窗套示意图

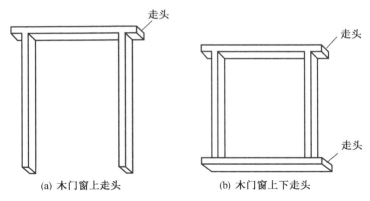

(a) 木门窗上走头　　　　　(b) 木门窗上下走头

图 5-15　木门窗走头示意图

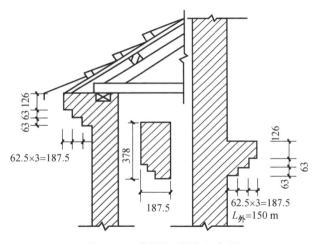

图 5-16　砖挑檐、腰线示意图

实心砖墙、多孔砖墙、空心砖墙的清单工程量计算公式为:

$$墙体体积 = 墙长 \times 墙高 \times 墙厚 - 应扣除部分体积 + 应增加部分体积$$

① 墙长度:外墙按中心线,内墙按净线长。

a. 外墙长度按中心线长度计算。应注意,如果定位轴线不居中,要移为中心线。按中心线计算时,图 5-17 中外角的阴影部分未计算,而内角的阴影部分计算了两次,由于是中心线,因此这两部分面积是相等的,用内角来弥补外角,正好余缺平衡。

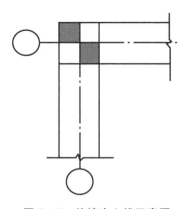

图 5-17　外墙中心线示意图

b. 内墙长度按净线长度计算。内墙与外墙丁字相交时,如图 5-18(a)所示,内墙长度要算至外墙的内边线,这就避免了阴影部分的重复计算;内墙与内墙 L 形相交时,两面内墙的长度均算至中心线,如图 5-18(b)所示;内墙与内墙十字相交时,其中一道内墙按内墙长度计算,另一道内墙算至其墙体的外边线处,如图 5-18(c)所示。

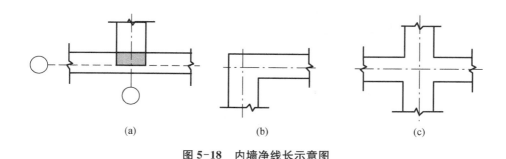

图 5-18 内墙净线长示意图

② 砖墙高度。砖墙高度的起点均从墙身和基础的分界面开始计算。砖墙高度的顶点,按下面规定计算:

a. 外墙高度计算:平屋面算至钢筋混凝土板底,如图 5-19(a)所示;斜(坡)屋面无檐口天棚者算至屋面板底,如图 5-19(b)所示;斜(坡)屋面有屋架且室内外均有顶棚者,算至屋架下弦外加 200 mm,如图 5-19(c)所示;斜(坡)屋面无顶棚者,算至屋架下弦外加 300 mm,如图 5-19(d)所示;出檐宽超过 600 mm 时,应按实砌高度计算。

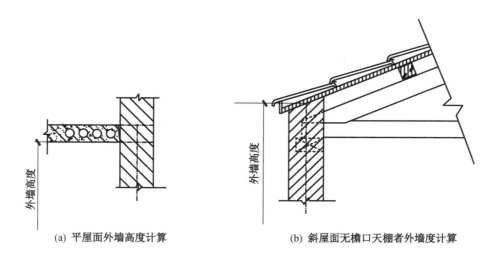

(a) 平屋面外墙高度计算　　　　(b) 斜屋面无檐口天棚者外墙度计算

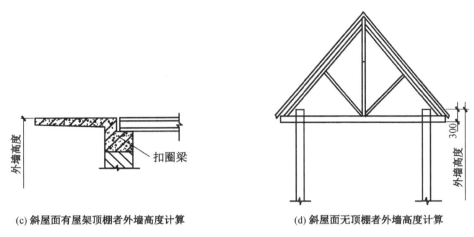

(c) 斜屋面有屋架顶棚者外墙高度计算　　　　　(d) 斜屋面无顶棚者外墙高度计算

图 5-19　外墙高度计算

b. 内墙高度计算：位于屋架下弦者，算至屋架下弦底，如图 5-20(a)；无屋架者算至天棚底另加 100 mm，如图 5-20(b)；有钢筋混凝土楼板隔层者算至楼板底，如图 5-20(c)；有框架梁时算至梁底，如图 5-20(d)。

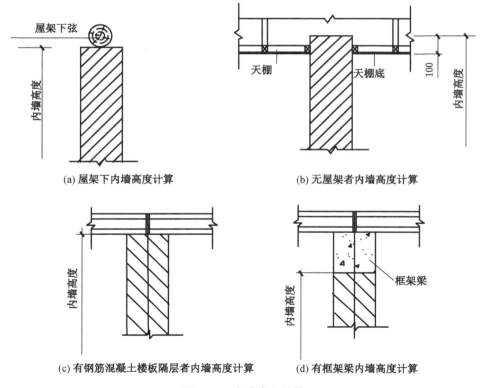

(a) 屋架下内墙高度计算　　　　　　　　　　(b) 无屋架者内墙高度计算

(c) 有钢筋混凝土楼板隔层者内墙高度计算　　　(d) 有框架梁内墙高度计算

图 5-20　内墙高度计算

c. 女儿墙高度计算:从屋面板上表面算至女儿墙顶面(如有混凝土压顶时算至压顶下表面),如图 5-21 所示。

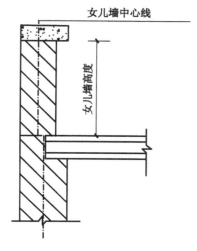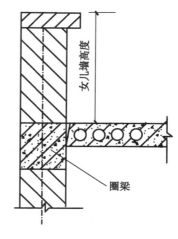

(a) 带混凝土压顶的女儿墙高度计算　　　(b) 砖压顶女儿墙高度计算

图 5-21　女儿墙高度计算

d. 内外山墙高度计算:按其平均高度计算,如图 5-22 所示。

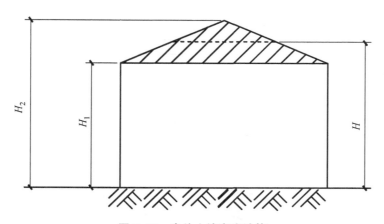

图 5-22　内外山墙高度计算

e. 框架间墙:不分内外墙按墙体净尺寸以体积计算。

f. 围墙:高度算至压顶上表面(如有混凝土压顶时算至压顶下表面),围墙柱并入围墙体积内。

③ 砖墙厚度。标准砖的墙体厚度应按砖墙的标准厚度计算,而不能以设计图

纸上的习惯标注作为墙体厚度。墙体的计算厚度见表5-1所示。

（5）实心砖墙工程量清单编制示例和定额指引

为了便于在实际工作中指导清单项目设置和综合单价分析，可以通过列出每一清单项目可组合的主要内容以及对应的计价定额子目体现出来，见表5-7所示。

表5-7　实心砖墙工程量清单编制示例和定额指引

项目编码	项目名称	项目特征	计量单位	工作内容	定额指引
010401003001	实心砖墙	1. 砖品种、规格、强度等级：标准砖、240×115×53 2. 墙体类型：外墙 3. 墙体厚度：365 mm 4. 砂浆强度等级：M5 混合砂浆	m³	① 砂浆制作、运输 ② 砌砖 ③ 刮缝 ④ 砖压顶砌筑 ⑤ 材料运输	①②③④⑤工作内容：4-33～4-44
010401003002	实心砖墙	1. 砖品种、规格、强度等级：标准砖、240×115×53 2. 墙体类型：外墙（女儿墙） 3. 墙体厚度：240 mm 4. 砂浆强度等级：M5 混合砂浆			
010401003003	实心砖墙	1. 砖品种、规格、强度等级：标准砖、240×115×53 2. 墙体类型：内墙 3. 墙体厚度：240 mm 4. 砂浆强度等级：轻质砂浆			

3）空斗墙（010401006）

（1）空斗墙一般使用标准砖砌筑，其示意图如图5-23所示。该清单项目适用于各种砌法的空斗墙。空斗墙的窗间墙、窗台下、楼板下、梁头下等的实砌部分如图5-24所示，按本章零星砌砖项目编码列项。

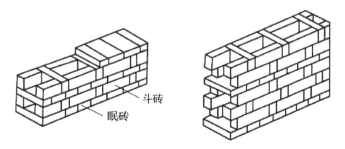

斗砖

眠砖

图5-23　空斗墙示意图

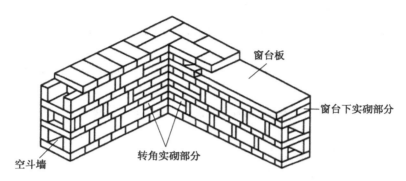

图 5-24 空斗墙转角及窗台下实砌部分示意图

（2）项目特征描述：①砖品种、规格、强度等级；②墙体类型；③砂浆强度等级、配合比。

（3）工作内容包括：①砂浆制作、运输；②砌砖；③装填充料；④刮缝；⑤材料运输。

（4）清单工程量计算（计量单位：m³）

按设计图示尺寸以空斗墙外形体积计算。墙角、内外墙交接处、门窗洞口立边、窗台砖、屋檐处的实砌部分体积并入空斗墙体积内。

4）空花墙（010401007）

（1）"空花墙"项目适用于各种类型的空花墙，使用混凝土花格砌筑的空花墙，实砌墙体与混凝土花格应分别计算，如图 5-25 所示。混凝土花格按混凝土及钢筋混凝土中预制构件相关项目编码列项。

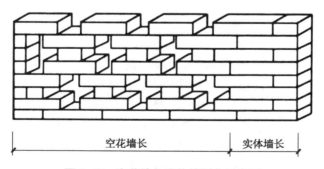

图 5-25 空花墙与实体墙划分示意图

（2）项目特征描述：①砖品种、规格、强度等级；②墙体类型；③砂浆强度等级、配合比。

（3）工作内容包括：①砂浆制作、运输；②砌砖；③装填充料；④刮缝；⑤材料运输。

（4）清单工程量计算（计量单位：m^3）

按设计图示尺寸以空花部分外形体积计算，不扣除空洞部分体积。

5）填充墙（010401008）

（1）项目特征描述：①砖品种、规格、强度等级；②墙体类型；③填充材料种类及厚度；④砂浆强度等级、配合比。

（2）工作内容包括：①砂浆制作、运输；②砌砖；③装填充料；④刮缝；⑤材料运输。

（3）清单工程量计算（计量单位：m^3）

按设计图示尺寸以填充墙外形体积计算。

6）零星砌砖（010401012）

（1）框架外表面的镶贴砖部分、空斗墙的窗间墙、窗台下、楼板下、梁头下等的实砌部分台阶、台阶挡墙、梯带、锅台、炉灶、蹲台、池槽、池槽腿、砖胎模、花台、花池、楼梯栏板、阳台栏板、地垄墙、≤0.3 m^2 的孔洞填塞等，应按零星砌砖项目编码列项。砖砌锅台与炉灶可按外形尺寸以个计算，砖砌台阶可按水平投影面积以平方米计算，小便槽、地垄墙可按长度计算，其他工程按立方米计算

（2）项目特征描述：①零星砌砖名称、部位；②砖品种、规格、强度等级；③砂浆强度等级、配合比。

（3）工作内容包括：①砂浆制作、运输；②砌砖；③刮缝；④材料运输。

（4）清单工程量计算（计量单位：m^3、m^2、m、个）

① 以立方米计量，按设计图示尺寸截面积乘以长度计算。

② 以平方米计量，按设计图示尺寸水平投影面积计算。

③ 以米计量，按设计图示尺寸长度计算。

④ 以个计量，按设计图示数量计算。

7）砌块墙（010402001）

（1）砌块排列应上、下错缝搭砌，如果搭错缝长度满足不了规定的压搭要求，应采取压砌钢筋网片的措施，具体构造要求按设计规定。若设计无规定时，应注明由投标人根据工程实际情况自行考虑。砌体垂直灰缝宽>30 mm 时，采用 C20 细石混凝土灌实。灌注的混凝土应按混凝土工程相关项目编码列项。砌体内加筋、墙体拉结的制作、安装，应按钢筋工程中相关项目编码列项。

（2）项目特征描述：①砖块品种、规格、强度等级；②墙体类型；③砂浆强度等级。

（3）工作内容包括：①砂浆制作、运输；②砌砖、砌块；③勾缝；④材料运输。

（4）清单工程量计算（计量单位：m^3）

按设计图示尺寸以体积计算。扣除门窗、洞口、嵌入墙内的钢筋混凝土柱、梁、圈梁、挑梁、过梁及凹进墙内的壁龛、管槽、暖气槽、消火栓箱所占体积，不扣除梁

头、板头、檩头、垫木、木楞头、沿缘木、木砖、门窗走头、砌块墙内加固钢筋、木筋、铁件、钢管及单个面积≤0.3 m² 的孔洞所占体积。凸出墙面的腰线、挑檐、压顶、窗台线、虎头砖、门窗套的体积亦不增加,凸出墙面的砖垛并入墙体体积内计算。

① 墙长度:外墙按中心线,内墙按净长计算。

② 墙高度:

a. 外墙:斜(坡)屋面无檐口天棚者算至屋面板底;有屋架且室内外均有天棚者算至屋架下弦底另加 200 mm;无天棚者算至屋架下弦底另加 300 mm;出檐宽度超过 600 mm 时按实砌高度计算;与钢筋混凝土楼板隔层者算至楼板顶;平屋面算至钢筋混凝土板底。

b. 内墙:位于屋架下弦者,算至屋架下弦底;无屋架者算至天棚底另加 100 mm;有钢筋混凝土楼板隔层者算至楼板顶;有框架梁时算至梁底。

c. 女儿墙:从屋面板上表面算至女儿墙顶面(如有混凝土压顶时算至压顶下表面)。

d. 内、外山墙:按其平均高度计算。

③ 框架间墙:不分内外墙按墙体净尺寸以体积计算。

④ 围墙:高度算至压顶上表面(如有混凝土压顶时算至压顶下表面),围墙柱并入围墙体积内。

【例 5-3】 某单层建筑物,三类工程,框架结构,尺寸如图 5-26 所示,墙身用 M5 混合砂浆砌筑加气混凝土砌块,女儿墙砌筑标准砖,混凝土压顶断面 240 mm×60 mm,墙厚均为 240 mm,石膏空心条板墙 80 mm 厚。框架柱面 240 mm×240 mm 到女儿墙顶,框架梁断面 240 mm×400 mm,门窗洞口上均采用现浇钢筋混凝土过梁,断面 240 mm×180 mm。门窗洞口尺寸为 M1:1 560 mm×2 700 mm,M2:1 000 mm×2 700 mm,C1:1 800 mm×1 800 mm,C2:1 560 mm×1 800 mm。请根据《房屋建筑与装饰工程工程量计算规范》(GB 50854—2013)编制砌筑工程的工程量清单。

【解析】

① 加气混凝土砌块墙(外墙)工程量:

外墙中心线长度为(11.34+10.44)×2-0.24(柱所占长度)×12=40.68(m)。

墙体高度为 4-0.4=3.6(m)(算至梁底)。

门窗洞口所占面积为 1.8×1.8×5(樘)+1.56×1.8+1.56×2.7=23.22(m²)。

过梁所占面积为(1.8+0.25×2)×5(樘)+(1.56+0.25×2)×2(樘)=15.62(m²)。

墙体体积为(40.68×3.6-23.22-15.62)×0.24=25.83(m³)。

② 标准砖女儿墙:

女儿墙中心线长:40.68 m。

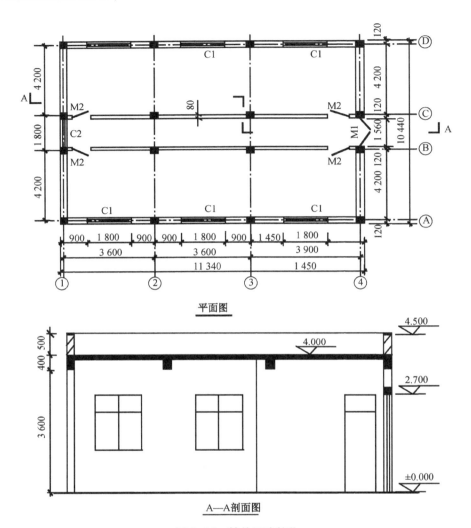

图 5-26 某单层建筑物

女儿墙体积：$40.68 \times (0.5 - 0.06) \times 0.24 = 4.30 (m^3)$。

实心砖墙和砌块墙的分部分项工程量清单见表 5-8。

表 5-8 分部分项工程量清单

序号	项目编码	项目名称	项目特征描述	计量单位	工程量
1	010401003001	实心砖墙	1. 砖品种:标准砖 2. 墙体类型:女儿墙 3. 砂浆强度等级:M5 混合砂浆	m^3	4.30

序号	项目编码	项目名称	项目特征描述	计量单位	工程量
2	010402001001	砌块墙	1. 砖品种:加气混凝土砌块 2. 墙体类型:外墙 3. 砂浆强度等级:M5 混合砂浆	m³	25.83

【本题点睛】 对于门窗洞口上方的过梁,其长度则按设计规定计算,设计无规定时,按门窗洞口宽度,两端各加 250 mm 计算。(详见混凝土工程计量与计价章节的过梁部分)

8) 石基础(010403001)

(1)"石基础"项目适用于各种规格(粗料石、细料石等)、各种材质(砂石、青石等)和各种类型(柱基、墙基、直形、弧形等)基础。

(2)石基础、石勒脚、石墙的划分:基础与勒脚应以设计室外地坪为界。勒脚与墙身应以设计室内地面为界。石围墙内外地坪标高不同时,应以较低地坪标高为界,以下为基础;内外标高之差为挡土墙时,挡土墙以上为墙身。

(3)项目特征描述:①石材种类、规格;②基础类型;③砂浆强度等级。

(4)工作内容包括:①砂浆制作、运输;②吊装;③砌石;④防潮层铺设;⑤材料运输。

(5)清单工程量计算(计量单位:m³)

按设计图示尺寸以体积计算。包括附墙垛基础宽出部分体积,不扣除基础砂浆防潮层及单个面积≤0.3 m² 的孔洞所占体积,靠墙暖气沟的挑檐不增加体积。基础长度:外墙按中心线,内墙按净长度计算。

【例 5-4】 某三类工程其基础如图 5-27 所示,轴线为墙中心线,基础用 MU30 整毛石,M7.5 水泥砂浆砌筑。请根据《房屋建筑与装饰工程工程量计算规范》(GB 50854—2013)编制该毛石基础的工程量清单。

【解析】

① 毛石条形基础

毛石条形基础分为三层,每层高度均为 350 mm,最底层宽度为 $1.2-0.15 \times 2 = 0.9$ m,中间层宽度为 0.7 m,最上层为 0.5 m。

外墙下毛石条形基础中心线长度为 $(14.4-0.37+9+0.425 \times 2) \times 2 = 47.76$(m)。

内墙下毛石条形基础净线长,最底层为 $9-0.9=8.1$(m),中间层 $9-0.7=8.3$(m),最上层 $9-0.5=8.5$(m)。

因此毛石条形基础工程量为 $0.9 \times (47.76+8.1) \times 0.35+0.7 \times (47.76+8.3) \times 0.35+0.5 \times (47.76+8.5) \times 0.35=41.18$(m³)。

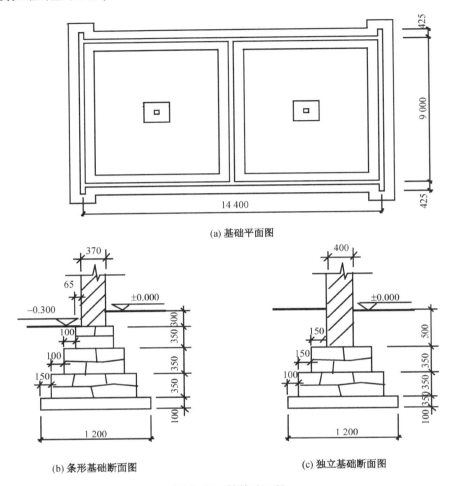

(a) 基础平面图

(b) 条形基础断面图　　　　(c) 独立基础断面图

图 5-27　某基础工程

② 毛石独立基础工程量：

$[(1.2-0.1\times2)\times(1.2-0.1\times2)\times0.35+(1-0.15\times2)\times(1-0.15\times2)\times0.35]\times2$
$=1.04(m^3)$

因此毛石基础合计工程量$=41.18+1.04=42.22(m^3)$。

毛石基础分部分项工程量清单见表 5-9。

表 5-9　分部分项工程量清单

序号	项目编码	项目名称	项目特征描述	计量单位	工程量
1	010403001001	毛石基础	1. 石材种类：MU30 2. 基础类型：条形基础 3. 砂浆强度等级：M7.5 水泥砂浆	m³	42.22

【本题点睛】 石基础项目特种中基础类型可以不描述。

9）垫层(010404001)

(1) 该"垫层"适用于除混凝土垫层外的各种没有包括垫层要求的清单项目。

(2) 该垫层应描述垫层材料种类、配合比、厚度等项目特征,其工作内容为①垫层材料的拌制;②垫层铺设;③材料运输。

(3) 清单工程量计算(计量单位:m³)

该垫层工程量按设计图示尺寸以体积计算。在计算垫层长度时,按外墙下垫层长度和内墙下垫层长度之和计算。当基础形式为带形基础时,外墙下垫层长度按照外墙中心线长度计算,内墙下垫层长度按照内墙下垫层净线长计算。

【例 5-5】 已知条件同例 5-4,请根据《房屋建筑与装饰工程工程量计算规范》(GB 50854—2013)编制三七灰土垫层的工程量清单。

【解析】

三七灰土垫层的清单工程量计算:

垫层长度计算分为外墙下垫层长度计算和内墙下垫层长度计算。

外墙下垫层长度为中心线长度:$(3.6 \times 5 + 9) \times 2 + 0.24$(砖垛)$\times 3 = 54.72$(m)。

内墙下垫层净线长:$9 - 0.6 \times 2 = 7.8$(m)。

$V_{垫层} = 1.2$(垫层底宽)$\times 0.3$(垫层厚)$\times (54.72 + 7.8) = 22.51$(m³)

垫层分部分项工程量清单见表 5-10。

表 5-10　分部分项工程量清单

序号	项目编码	项目名称	项目特征描述	计量单位	工程量
1	010404001001	垫层	1. 垫层种类:三七灰土 2. 垫层厚度:300 mm	m³	22.51

5.2　砌筑工程量清单计价

1）砌筑工程套定额需要注意的主要问题

(1) 标准砖墙不分清、混水墙及艺术形式复杂程度。砖券、砖过梁、砖圈梁、腰线、砖垛、砖挑檐、附墙烟囱等因素已综合在定额内,不得另列项目计算。阳台砖隔断按相应内墙定额执行。

(2) 砌体使用配砖与定额不同时,不做调整。

(3) 空斗墙中门窗立边、门窗过梁、窗台、墙角、檩条下、楼板下、踢脚线部分和屋檐处的实砌砖已包括在定额内,不得另列项目计算。空斗墙中遇有实砌钢筋砖圈梁及单面附垛时,应另列项目按零星砌砖定额执行。

（4）砌块墙、多孔砖墙中,窗台虎头砖、腰线、门窗洞边接茬用标准砖已包括在定额内。

（5）门窗洞口侧预埋混凝土块,定额中已综合考虑。实际施工不同时,不做调整。

（6）各种砖砌体的砖、砌块是按表 5-11 编制的,当设计采用非标准砖或采用非常用规格砌筑材料,与计价定额不同时,可以对砖砌体材料进行定额换算。

表 5-11　砖、砌块规格

砖名称	长×宽×高(mm×mm×mm)	
标准砖	240×115×53	
七五配砖	190×90×40	
KP1 多孔砖	240×115×90	
多孔砖	240×240×115	240×115×115
KM1 空心砖	190×190×90	190×90×90
三孔砖	190×190×90	
六孔砖	190×190×140	
九孔砖	190×190×190	
页岩模数多孔砖	240×190×90　240×140×90 190×120×90	190×120×90
普通混凝土小型空心砌块(双孔)	390×190×190	
普通混凝土小型空心砌块(单孔)	190×190×190	190×190×90
粉煤灰硅酸盐砌块	880×430×240　580×430×240 430×430×240　280×430×240	
加气混凝土块	600×240×150　600×200×250　600×100×250	

（7）除标准砖墙外,本定额的其他品种砖弧形墙其弧形部分每立方米砌体按相应定额人工增加 15%,砖 5%,其他不变。

（8）砌砖、砌块定额中已包括了门、窗框与砌体的原浆勾缝在内,砌筑砂浆强度等级按设计规定应分别套用。

（9）砖砌体内的钢筋加固及转角、内外墙的搭接钢筋,按设计图示钢筋长度乘以单位理论质量计算,执行 2014 年计价定额第五章的"砌体、板缝内加固钢筋"子目。

（10）砖砌挡土墙以顶面宽度按相应墙厚内墙定额执行,顶面宽度超过一砖按砖基础定额执行。

（11）零星砌砖系指砖砌门蹲、房上烟囱、地垅墙、水槽、水池脚、垃圾箱、台阶面上矮墙、花台、煤箱、垃圾箱、容积在 3 m³ 内的水池、大小便槽（包括踏步）、阳台栏板等砌体。

（12）砖砌围墙如设计为空斗墙、砌块墙时,应按相应定额执行,其基础与墙身除定额注明外应分别套用定额。

（13）蒸压加气混凝土砌块根据施工方法的不同,分为普通砂浆砌筑加气砼砌块墙（指主要靠普通砂浆或专用砌筑砂浆粘结,砂浆灰缝厚度不超过 15 mm）和薄层砂浆砌筑加气砼砌块墙（简称薄灰砌筑法,使用专用粘结砂浆和专用铁件联接,砂浆灰缝一般 3~4 mm）。定额分别按蒸压加气混凝土砌块和蒸压砂加气混凝土砌块列入子目,实际砌块种类与定额不同时,可以替换。

（14）基础垫层

① 整板基础下垫层采用压路机碾压时,人工乘以系数 0.9,垫层材料乘以系数 1.15,增加光轮压路机（8 t）0.022 台班,同时扣除定额中的电动夯实机台班（已有压路机的子目除外）。

② 混凝土垫层应另行执行"混凝土"章节相应子目。

2）砌筑工程定额工程量计算规则

江苏省 2014 年计价定额中砌筑工程的定额工程量计算规则与清单工程量计算规则基本一致,此处不再赘述。

【续例 5-3】 请结合相应的工程量清单,根据《江苏省建筑与装饰工程计价定额》（2014 年）,套用计价定额相应定额子目进行砌筑工程量清单计价。

【解析】

① 女儿墙的定额工程量＝清单工程量＝4.30 m³

M5 混合砂浆砌标准砖,套 4-35 定额子目,定额中也是按 M5 混合砂浆计算的,因此无须进行砂浆等级的换算。

4-35　标准砖砌 1 砖外墙　442.66 元/m³

标准砖砌女儿墙清单项目合价为 442.66×4.30＝1 903.44（元）。

实心砖墙清单项目综合单价为 442.66 元/m³。

② 加气混凝土砌块墙的定额工程量＝清单工程量＝25.83 m³

M5 混合砂浆砌加气混凝土砌块墙,套 4-8 定额子目,定额中也是按 M5 混合砂浆计算的,因此无须进行砂浆等级的换算。

4-8　M5 混合砂浆砌加气混凝土砌块墙　348.72 元/m³

加气混凝土砌块墙清单项目合价为 348.72×25.83＝9 007.44（元）。

砌块墙清单项目综合单价为 348.72 元/m³。

分部分项工程量清单综合单价分析见表 5-12。

表 5-12　分部分项工程量清单综合单价分析表

项目编码		项目名称	计量单位	工程数量	综合单价	合价
010401003001		实心砖墙	m³	4.30	442.66	1 903.44
清单综合单价组成	定额号	子目名称	单位	数量	单价	合价
	4-35	标准砖砌1砖外墙	m³	4.30	442.66	1 903.44
项目编码		项目名称	计量单位	工程数量	综合单价	合价
010402001001		砌块墙	m³	25.83	348.72	9 007.44
清单综合单价组成	定额号	子目名称	单位	数量	单价	合价
	4-8	加气混凝土砌块墙(200厚以上)	m³	25.83	348.72	9 007.44

【续例 5-4】　请结合相应的工程量清单,根据《江苏省建筑与装饰工程计价定额》(2014 年),并套用计价定额相应定额子目进行毛石基础工程量清单计价。

【解析】

毛石基础的定额工程量＝清单工程量＝41.15 m³

三类工程,MU30,M7.5 水泥砂浆,套 4-59 定额子目,定额中是按 M5 水泥砂浆计算的,因此需进行砂浆等级的换算。

4-59 换　M7.5 水泥砂浆砌毛石基础　296.41－61.33＋61.96＝297.04(元/m³)

毛石基础清单项目合价为 297.04×41.15＝12 223.20(元)。

毛石基础清单项目综合单价为 297.04 元/m³。

毛石基础分部分项工程量清单综合单价分析见表 5-13。

表 5-13　分部分项工程量清单综合单价分析表

项目编码		项目名称	计量单位	工程数量	综合单价	合价
010403001001		毛石基础	m³	41.15	297.04	12 223.20
清单综合单价组成	定额号	子目名称	单位	数量	单价	合价
	4-59 换	M7.5 水泥砂浆砌毛石基础	m³	41.15	297.04	12 223.20

【续例 5-5】　请结合相应的工程量清单,根据《江苏省建筑与装饰工程计价定额》(2014 年),并套用计价定额相应定额子目进行垫层工程量清单计价。

【解析】

垫层定额工程量＝清单工程＝22.51 m³

三七灰土垫层,套用 4-95 定额子目,其综合单价为 196.74 元/m³。

三七灰土垫层清单项目合价为 196.74×22.51＝4 428.62(元)。

垫层清单项目综合单价为 196.74 元/m³。

垫层分部分项工程量清单综合单价分析见表 5-14。

表 5-14　分部分项工程量清单综合单价分析表

项目编码		项目名称	计量单位	工程数量	综合单价	合价
010404001001		垫层	m³	22.51	196.74	4 428.62
清单综合单价组成	定额号	子目名称	单位	数量	单价	合价
	4-95	三七灰土垫层	m³	22.51	196.74	4 428.62

【本题点睛】　当设计砂浆等级与定额不同时,应予以换算。

5.3　砌筑工程计量与计价综合案例分析

【例 5-6】　某单位传达室基础平面图和剖面图如图 3-6 所示。根据地质勘探报告,土壤类别为三类,无地下水。该工程设计室外地坪标高为−0.30 m,室内地坪标高为±0.00 m,防潮层标高−0.06 m,防潮层做法为 C20 抗渗砼 P10 以内,防潮层以下用 M7.5 水泥砂浆砌标准砖基础,防潮层以上为多孔砖墙身,C20 钢筋砼条形基础,砼构造柱截面尺寸 240 mm×240 mm,从钢筋砼条形基础中伸出,构造柱体积为 1.64 m³(构造柱工程量的具体计算见混凝土工程计量与计价相关章节)。请:

(1) 根据《房屋建筑与装饰工程工程量计算规范》(GB 50854—2013),编制砖基础的工程量清单。

(2) 结合相应的工程量清单,根据《江苏省建筑与装饰工程计价定额》(2014年),套用计价定额相应定额子目进行砖基础工程量清单计价。

【解析】

1. 该题涉及一条清单:010401001001 砖基础。根据《房屋建筑与装饰工程工程量计算规范》(GB 50854—2013),其清单工程量计算规则为按设计图示尺寸以体积计算。包括附墙垛基础宽出部分体积,扣除地梁(圈梁)、构造柱所占体积,不扣除基础大放脚 T 形接头处的重叠部分及嵌入基础内的钢筋、铁件、管道、基础砂浆防潮层和单个面积≤0.3 m² 的孔洞所占体积,靠墙暖气沟的挑檐不增加。

基础长度:外墙按外墙中心线,内墙按内墙净长线计算。(砖基础长度按墙基最上一步净长度计算)

基础与墙(柱)身使用同一种材料时,以设计室内地面为界(有地下室者,以地下室室内设计地面为界),以下为基础,以上为墙(柱)身。基础与墙身使用不同材料时,位于设计室内地面高度≤±300 mm 时,以不同材料为分界线,高度>±300 mm时,以设计室内地面为分界线。因此,本题防潮层以下为砖基础,防潮层以上为墙身。

砖基础长:$(12+8)×2+(8-0.12×2)+(6-0.12×2)=53.52(\text{m})$。

砖基础高:$1.9-0.2-0.06×2+0.525$(砖基础大放脚折加高度 P$_{附1123}$)$=2.105(\text{m})$。

砖基础厚:0.24 m。

由此可以计算出砖基础体积为:$53.52×2.105×0.24-1.64$(扣构造柱所占体积)$=25.40(\text{m}^3)$。

砖基础分部分项工程量清单见表5-15。

表 5-15 分部分项工程量清单

序号	项目编码	项目名称	项目特征描述	计量单位	工程量
1	010401001001	砖基础	1. 砖品种、规格、强度等级:标准砖 2. 基础类型:条形基础 3. 砂浆强度等级、配合比:M7.5 水泥砂浆 4. 防潮层材料种类:C20 抗渗砼 P10 以内	m³	25.40

2. 按 2014 年计价定额计算规则计算砖基础和防潮层的定额工程量,并按2014 年计价定额组价,计算该砌筑工程的清单综合单价和合价,将相关数据列于综合单价分析表(见表5-16)中。

(1) 砖基础的定额工程量计算规则与清单工程量计算规则相同,故砖基础的定额工程量=清单工程量=25.40 m³。

套用 4-1 定额子目,但需要将定额中的 M5 水泥砂浆换算为 M7.5 水泥砂浆,因此 4-1 换 M7.5 水泥砂浆砌直形砖基础,计量单位为 m³,单价为 $406.25-43.65+44.10=406.70(\text{元}/\text{m}^3)$。

江苏省 2014 年计价定额 P$_{砌115}$注:基础深度自设计室外地面至砖基础底表面超过 1.5 m,其超过部分每 1 m³ 砌体增加人工 0.041 工日。而本题设计室外地面标高为-0.300 m,砖基础底表面标高为-1.700 m,基础深度未超过 1.5 m,因此不需要考虑该注释。

(2) 墙基防潮层:按墙基顶面水平宽度乘以长度以面积计算,有附垛时将其面积并入墙基内。

墙基防潮层工程量:$0.24×[53.52-0.24×14(根)-0.03×32(面)]=11.81(\text{m}^2)$。

套用 4-53 定额子目,无须进行换算。4-53 墙基防潮层防水混凝土 6 cm 厚,计量单位为 10 m² 投影面积,其单价为 276.41 元/10 m²。

砖基础分部分项工程量清单综合单价分析见表 5-16。

表 5-16 分部分项工程量清单综合单价分析表

项目编码		项目名称	计量单位	工程数量	综合单价	合价
010401001001		砖基础	m³	25.40	419.55	10 656.62
清单综合单价组成	定额号	子目名称	单位	数量	单价	合价
	4-1 换	M7.5 水泥砂浆砌直形砖基础	m³	25.40	406.70	10 330.18
	4-53	墙基防潮层防水混凝土 6 cm 厚	10 m²	1.181	276.41	326.44

【例 5-7】 某单层框架结构办公用房如图 5-28 所示,柱、梁、板均为现浇砼。外墙 190 mm 厚,采用页岩模数多孔砖(190 mm×240 mm×90 mm);内墙 200 mm 厚,采用蒸压灰加气砼砌块,属于无水房间、底无混凝土坎台。砌筑所用页岩模数多孔砖、蒸压灰加气混凝土砌块的强度等级均满足国家相关质量规范要求。内外墙均采用 M5 混合砂浆砌筑。外墙体中 C20 砼构造柱体积为 0.56 m³(含马牙槎),C20 砼圈梁体积 1.2 m³。内墙体中 C20 砼构造柱体积为 0.4 m³(含马牙槎),C20 砼圈梁体积 0.42 m³。圈梁兼做门窗过梁。基础与墙身使用不同材料,分界线位置为设计室内地面,标高为 ±0.000 m。已知门窗尺寸为 M1:1 200 mm×2 200 mm,M2:1 000 mm×2 200 mm,C1:1 200 mm×1 500 mm。

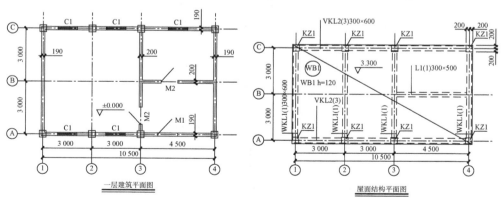

图 5-28 某单层框架结构办公用房

说明:1. 本层屋面板标高未注明者均为 H=3.3 m。2. 本层梁顶标高未注明者均为 H=3.3 m。3. 梁、柱定位未注明者均关于轴线居中设置。

题目根据 2014 年江苏省建设工程造价员资格考试土建试卷试题二改编。

【问题】

1. 按《房屋建筑与装饰工程工程量计算规范》(GB 50854—2013)计算规则计算该砌筑工程清单工程量,并编制相应的工程量清单。

2. 按 2014 年计价定额计算规则计算该砌筑工程的定额工程量,并按 2014 年计价定额组价,计算该砌筑工程的清单综合单价和合价。(计算结果保留小数点后两位)

3. 根据工程量清单按江苏省 2014 年计价定额和 2014 年费用定额(包括营改增后调整部分)的规定计算该砌筑工程总造价,并填入工程造价计价程序表中。已知本墙体工程中材料暂估价为 2 000 元,专业工程暂估价为业主拟单独发包的门窗,其中门按 320 元/m²(不含增值税可抵扣的进项税额),窗按 300 元/m²(不含增值税可抵扣的进项税额)暂列。建设方要求创建省级标准化工地,安全文明施工措施费现场考评费暂足额计取,脚手架费按 500 元(不含增值税可抵扣的进项税额)计算,临时设施费费率 2%,增值税采用一般计税方法,根据苏建函价〔2018〕298 号文,增值税率取 10%,社会保障费、公积金按 2014 年费用定额相应费率执行(其他未列项目不计取)。工程造价计价程序见表 5-17。

表 5-17　工程造价计价程序

序号	费用名称		计算公式	金额
一	分部分项工程费			
二	措施项目费			
	其中	单价措施项目费		
		总价措施项目费		
三	其他项目费			
1	材料暂估价			
2	专业工程暂估价			
2.1	彩色铝合金门			
2.2	彩色铝合金窗			
四	规费			
	其中	1. 工程排污费		
		2. 社会保险费		
		3. 住房公积金		
五	税　金			
六	工程造价			

【解析】

1. 该题涉及两条清单:多孔砖墙和砌块墙。根据《房屋建筑与装饰工程工程量计算规范》(GB 50854—2013):

(1) 010401004001 多孔砖墙,其清单工程量计算规则为按设计图示尺寸以体积计算。扣除门窗、洞口、嵌入墙内的钢筋混凝土柱、梁、圈梁、挑梁、过梁及凹进墙内的壁龛、管槽、暖气槽、消火栓箱所占体积。不扣除梁头、板头、檩头、垫木、木楞头、沿缘木、木砖、门窗走头、砖墙内加固钢筋、木筋、铁件、钢管及单个面积≤ 0.3 m^2 的孔洞所占体积。凸出墙面的腰线、挑檐、压顶、窗台线、虎头砖、门窗套的体积亦不增加。凸出墙面的砖垛并入墙体体积内计算。

① 墙长度:外墙按中心线、内墙按净长计算。

② 墙高度:

a. 外墙:斜(坡)屋面无檐口天棚者算至屋面板底;有屋架且室内外均有天棚者算至屋架下弦底另加 200 mm;无天棚者算至屋架下弦底另加 300 mm,出檐宽度超过 600 mm 时按实砌高度计算;与钢筋混凝土楼板隔层者算至楼板顶;平屋面算至钢筋混凝土板底。

b. 内墙:位于屋架下弦者,算至屋架下弦底;无屋架者算至天棚底另加 100 mm;有钢筋混凝土楼板隔层者算至楼板顶;有框架梁时算至梁底。

外墙页岩模数砖

外墙面积 $= [(10.5 - 0.4 \times 3) + (6 - 0.4)] \times 2 \times (3.3 - 0.6) - 1.2 \times 1.5 \times 5$(扣 C1)$- 1.2 \times 2.2$(扣 M1)$= 29.80 \times 2.70 - 11.64$(扣门窗)$= 80.46 - 9 - 2.64 = 68.82(\text{m}^2)$

外墙体积 $= 68.82 \times 0.19 - 0.56$(扣外墙构造柱)$- 1.2$(扣外墙上的圈梁)$= 13.08 - 0.56 - 1.2 = 11.32(\text{m}^3)$

(2) 010402001001 砌块墙,计量单位 m^3,其清单工程量计算规则与多孔砖墙工程量计算规则相同。

内墙加气砼砌块墙

内墙面积 $= [(6 - 0.4) \times (3.3 - 0.6)] + [(4.5 - 0.2 \div 2 - 0.19 \div 2) \times (3.3 - 0.5)] - 2 \times 1 \times 2.2$(扣 M2)$= 27.17 - 4.4 = 22.77(\text{m}^2)$

内墙体积 $= 22.77 \times 0.2 - 0.4$(扣内墙中的构造柱)$- 0.42$(扣内墙中的圈梁)$= 3.73(\text{m}^3)$

分部分项工程量清单见表 5-18。

表 5-18 分部分项工程量清单

序号	项目编码	项目名称	项目特征描述	计量单位	工程量
1	010401004001	多孔砖墙	1. 砖品种、规格、强度等级:页岩模数砖 190×240×90 2. 墙体类型:外墙 3. 砂浆强度等级、配合比:混合砂浆 M5	m^3	11.32

（续表）

序号	项目编码	项目名称	项目特征描述	计量单位	工程量
2	010402001001	砌块墙	1. 砌块品种、规格、强度等级：蒸压加气混凝土砌块 200 厚 2. 墙体类型：内墙 3. 砂浆强度等级：MS 混合砂浆	m³	3.73

2. 按 2014 年计价定额计算规则计算多孔砖墙和砌块墙的定额工程量,并按 2014 年计价定额组价,在增值税一般计税方法下,计算多孔砖墙和砌块墙的清单综合单价和合价。

（1）多孔砖墙的定额工程量计算规则与清单工程量计算规则相同,故其定额工程量＝清单工程量＝11.32 m³。

套用 4-32 定额子目,由于增值税采用一般计税方法,因此需要对材料费和机械费进行除税,还需要根据江苏省 2014 年费用定额营改增后调整内容,调整管理费率为 26%,利润率为 12%。人工费 94.30 元,材料费 $109.77 \times 2.08 + 61.74 \times 0.13 + 181.20 \times 0.151 + 4.57 \times 0.12 + 1 = 265.26$（元/m³）[$P_{附1059}$：M5 混合砂浆除税单价：$0.27 \times 202 + 67.39 \times 1.61 + 209.83 \times 0.08 + 4.57 \times 0.3 = 181.20$（元/m³）],机械费 $120.64 \times 0.03 = 3.62$ 元,因此 4-32 换 页岩模数多孔砖墙厚 190 mm（M5 混合砂浆）,其综合单价为$(94.30 + 3.62) \times (1 + 26\% + 12\%) + 265.26 = 400.39$（元/m³）。

（2）砌块墙的定额工程量计算规则与清单工程量计算规则相同,故其定额工程量＝清单工程量＝3.73 m³。

套用 4-7 定额子目,同样需要对材料费和机械费进行除税,还需要调整管理费率为 26%,利润率为 12%。人工费 86.92 元,材料费 $272 \times 0.051 + 191.23 \times 0.915 + 181.20 \times 0.095 + 4.57 \times 0.1 = 206.52$（元/m³）,机械费 $120.64 \times 0.019 = 2.29$（元）,因此 4-7 换 加气砼砌块墙 200 厚（M5 混合砂浆）,其综合单价为：$(86.92 + 2.29) \times (1 + 26\% + 12\%) + 206.52 = 329.63$（元/m³）。

分部分项工程量清单综合单价分析见表 5-19、表 5-20。

表 5-19　分部分项工程量清单综合单价分析表

项目编码		项目名称	计量单位	工程数量	综合单价	合价
010401004001		多孔砖墙	m³	11.32	400.39	4 532.41
清单综合单价组成	定额号	子目名称	单位	数量	单价	合价
	4-32 换	页岩模数多孔砖墙厚 190,M5 混合砂浆	m³	11.32	400.39	4 532.41

表 5-20 分部分项工程量清单综合单价分析表

项目编码		项目名称	计量单位	工程数量	综合单价	合价
010402001001		砌块墙	m³	3.73	329.63	1 229.52
清单综合单价组成	定额号	子目名称	单位	数量	单价	合价
	4-7 换	加气砼砌块墙 200 厚,M5 混合砂浆	m³	3.73	329.63	1 229.52

3. 根据工程量清单按江苏省 2014 年计价定额和 2014 年费用定额(包括营改增后调整部分)的规定计算该砌筑工程总造价。

根据 2014 年费用定额(包括营改增后调整部分)的规定,建设方要求创建省级标准化工地,安全文明施工措施费费率为 3.8%,故总价措施项目费＝安全文明施工措施费＋临时设施费＝(分部分项工程费＋单价措施费－除税工程设备费)×(3.8%＋2%)＝(5 761.93＋500)×(3.8%＋2%)＝363.19(元)。

措施项目费为 500＋363.19＝863.19 元。

材料暂估价在其他项目费中只列项,不汇总。

专业工程暂估价的计算:

M1:1 200 mm×2 200 mm, M2:1 000 mm×2 200 mm, C1:1 200 mm×1 500 mm

彩铝门窗中门的面积为 1.2×2.2＋1×2.2＝4.84(m²)。

窗的面积为 1.2×1.5×5＝9(m²)。

其他项目费(不含增值税可抵扣的进项税额)为 4.84×320＋9×300＝4 248.80(元)。

根据 2014 年费用定额(包括营改增后调整部分)的规定,社会保险费率为 1.3%,公积金费率为 0.24%。

工程造价计价程序见表 5-21。

表 5-21 工程造价计价程序

序号	费用名称		计算公式	金额
一	分部分项工程费			5 761.93
二	措施项目费			863.19
	其中	单价措施项目费	500	500
		总价措施项目费	(5 761.93＋500)×(3.8%＋2%)	363.19
三	其他项目费			4 248.80
1	材料暂估价		2 000	
2	专业工程暂估价			4 248.80

（续表）

序号	费用名称		计算公式	金额
2.1	彩色铝合金门			1 548.80
2.2	彩色铝合金窗			2 700
四	规 费			167.46
	其中	1. 工程排污费		
		2. 社会保险费	（5 761.93＋863.19＋ 4 248.80）×1.3％	141.36
		3. 住房公积金	（5 761.93＋863.19＋ 4 248.80）×0.24％	26.10
五	税 金		（5 761.93＋863.19＋ 4 248.80＋167.46）×10％	1 104.14
六	工程造价		5 761.93＋863.19＋4 248.80 ＋167.46＋1 104.14	12 145.52

本 章 习 题

【综合习题1】 某单层建筑,其一层建筑平面、屋面结构平面如图 5-29 所示,设计室内标高±0.00,层高 3.0 m,柱、梁、板均采用 C30 预拌泵送混凝土。柱基础上表面标高为－1.2 m,外墙采用 190 mm 厚 KM1 空心砖（190 mm×190 mm×90 mm）,内墙采用 190 mm 厚六孔砖（多孔砖,190 mm×190 mm×140 mm）,砌筑所用 KM1 砖、六孔砖的强度等级均满足国家相关质量规范要求,内外墙体均采用 M5 混合砂浆砌筑,砖基与墙体材料不同,砖基与墙身以±0.00 标高处为分界。外墙体中构造柱体积 0.28 m³,圈梁、过梁体积 0.32 m³;内墙体中圈梁、过梁体积 0.06 m³;门窗尺寸为 M1:1 200 mm×2 200 mm, M2:1 000 mm×2 100 mm, C1: 1 800 mm×1 500 mm, C2:1 500 mm×1 500 mm。(注:图中,墙、柱、梁均以轴线为中心线)

1. 分别按《房屋建筑与装饰工程工程量计算规范》(GB 50854—2013)和 2014 年计价定额计算内外墙体砌筑的分部分项清单工程量和定额工程量。

2. 根据《房屋建筑与装饰工程工程量计算规范》(GB 50854—2013)编制外墙砌体、内墙砌体的分部分项工程量清单。

3. 根据 2014 年计价定额组价,计算外墙砌体、内墙砌体的分部分项工程量清单的综合单价和合价。(要求管理费费率、利润费率标准按建筑工程三类标准执行)

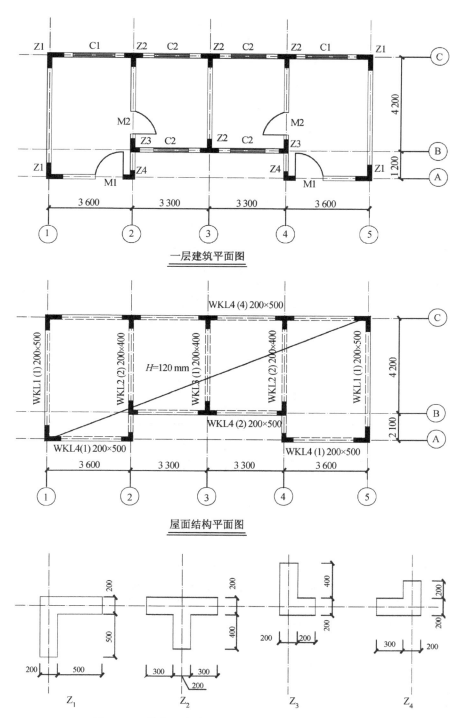

一层建筑平面图

屋面结构平面图

图 5-29 某单层建筑一层建筑平面、屋面结构平面图

表 5-22　工程量计算表

序号	项目名称	计算公式	计量单位	数量

表 5-23　分部分项工程量清单

序号	项目编码	项目名称	项目特征描述	计量单位	工程量
1		多孔砖墙	1. 砖品种、规格、强度等级 2. 墙体类型 3. 砂浆强度等级、配合比		
2		空心砖墙	1. 砖品种、规格、强度等级 2. 墙体类型 3. 砂浆强度等级、配合比		

表 5-24　分部分项工程量清单综合单价分析表

项目编码		项目名称	计量单位	工程数量	综合单价	合价
		多孔砖墙				
清单综合单价组成	定额号	子目名称	单位	数量	单价	合价

表 5-25　分部分项工程量清单综合单价分析表

项目编码		项目名称	计量单位	工程数量	综合单价	合价
		空心砖墙				
清单综合单价组成	定额号	子目名称	单位	数量	单价	合价

【综合习题 2】　某一层接待室为三类工程,砖混结构,平、剖面图如图 5-30 所

示。设计室外地坪标高为-0.300 m,设计室内地面标高为±0.000 m。平屋面板面标高为3.500 m。墙体中C20砼构造柱工程量2.39 m³(含马牙槎),墙体中C20砼圈梁工程量2.31 m³,平屋面屋面板砼标号C20,厚100 mm,门窗洞口上方设置砼过梁,工程量为0.81 m³,-0.06 m处设水泥砂浆防潮层,防潮层以上墙体为KP1多孔砖(240 mm×115 mm×90 mm),M5混合砂浆砌筑,防潮层以下为砼标准砖,门窗洞口尺寸见门窗表。

1. 分别按《房屋建筑与装饰工程工程量计算规范》(GB 50854—2013)和2014年计价定额计算内外墙体砌筑的分部分项清单工程量和定额工程量。

2. 根据《房屋建筑与装饰工程工程量计算规范》(GB 50854—2013)编制外墙砌体、内墙砌体的分部分项工程量清单。

3. 根据2014年计价定额组价,计算外墙砌体、内墙砌体的分部分项工程量清单的综合单价和合价。(要求管理费费率、利润费率标准按建筑工程三类标准执行)

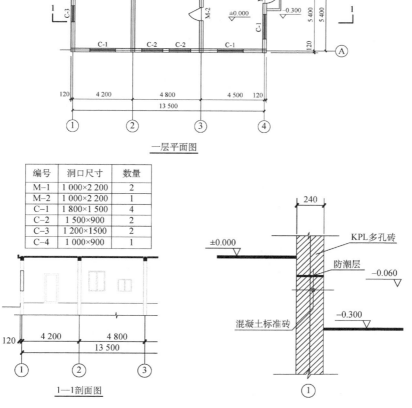

一层平面图

编号	洞口尺寸	数量
M-1	1 000×2 200	2
M-2	1 000×2 200	1
C-1	1 800×1 500	4
C-2	1 500×900	2
C-3	1 200×1500	2
C-4	1 000×900	1

1—1剖面图

图 5-30 某接待室平、剖面图

6 混凝土工程计量与计价

6.1 混凝土工程量清单编制

《房屋建筑与装饰工程工程量计算规范》(GB 50854—2013)将混凝土工程这一分部工程分为 14 个子分部工程,分为现浇构件和预制构件两大类。现浇构件包括现浇混凝土基础、柱、梁、墙、板、楼梯、其他构件(包括散水、坡道,室外地坪,电缆沟、地沟,台阶,扶手,压顶,化粪池、检查井等)、后浇带;预制构件包括预制混凝土柱、梁、屋架、板、楼梯、其他预制构件。本章重点讲解民用建筑中使用最为广泛的现浇混凝土构件,以 m³ 为主要计量单位,计算结果保留两位小数,混凝土工程量计算时不扣除构件内的钢筋、预埋铁件及墙板中 0.3 m² 以内的孔洞所占的体积。

现浇混凝土构件清单项目的工作内容为:①模板及支撑制作、安装、拆除、堆放、运输及清理模内杂物、刷隔离剂等;②混凝土制作、运输、浇筑、振捣、养护。现浇混凝土构件中除了"其他构件"外清单列项主要区分:①混凝土种类;②混凝土强度等级。混凝土种类是指清水混凝土、彩色混凝土、水下混凝土等,如在同一地区既使用商品混凝土,又允许现场搅拌混凝土时,也应注明是自拌混凝土还是商品混凝土,泵送还是非泵送。

1) 垫层(010501001)

(1) 该"垫层"只适用于混凝土垫层。混凝土基础垫层是指砖、石、混凝土、钢筋混凝土等基础下的混凝土垫层。

(2) 清单工程量计算(计量单位:m³)

垫层工程量按设计图示尺寸以体积计算,不扣除伸入承台基础的桩头所占体积。在计算垫层长度时,按外墙下垫层长度和内墙下垫层长度之和计算。当基础形式为带形基础时,外墙下垫层长度按照外墙中心线长度计算,内墙下垫层长度按照内墙下垫层净线长计算。

2) 带形基础(010501002)

(1) "带形基础"项目适用于各种带形基础,也称为条形基础,包括墙下的板式基础、浇筑在一字排桩上面的带形基础,可分为无肋带形基础(板式)(如图 6-1 所示)和有肋带形基础(梁板式)(见图 6-2),应分别编码列项,其中有肋带形基础应注明肋高。

(2) 清单工程量计算(计量单位:m³)

带形基础工程量按设计图示尺寸以体积计算,不扣除伸入承台基础的桩头所占

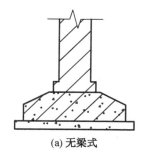

(a) 无梁式

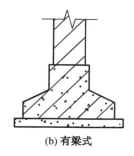

(b) 有梁式

图 6-1 带形基础

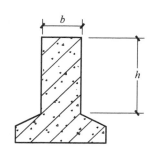

图 6-2 有肋带形基础

占体积。在计算带形长度时,按外墙下带形基础长度和内墙下带形基础长度之和计算。外墙下带形基础长度按照外墙中心线长度计算,内墙下带形基础长度按照内墙下带形基础净线长计算,有斜坡的按斜坡间的中心线长度计算,有梁部分按照梁的净线长计算,独立柱基间的带形基础按基底净长计算。有肋带形基础如图6-2所示,其肋高与肋宽之比 $h:b$ 在 $4:1$ 以内的,按肋的体积和基础的体积合并计算;当 $h:b$ 大于 $4:1$ 时肋的体积按照钢筋混凝土墙计算,下面按板式带形基础计算。

【例 6-1】 某三类工程的基础如图 6-3 所示,请根据《房屋建筑与装饰工程工程量计算规范》(GB 50854—2013)计算该带形基础的混凝土工程量。

【解析】

该工程有梁式条形基础可以分为三部分基础:直面部分、斜面部分、肋梁部分。

① 直面部分:

截面积:$0.9 \times 0.2 = 0.18(\text{m}^2)$。

外墙下基础中心线长度:$(3.8 \times 2 + 5) \times 2 = 25.2(\text{m})$。

内墙下基础净线长度:$5 - 0.45 \times 2 = 4.1(\text{m})$。

$$V_{直面} = 0.18 \times (25.2 + 4.1) = 5.274(\text{m}^3)$$

② 斜面部分:

截面积:$(0.4 + 0.9) \times 0.15 \div 2 = 0.097\,5(\text{m}^2)$。

外墙下基础中心线长:25.2 m。

内墙下基础净线长(取斜坡中心线长):$[(5 - 0.2 \times 2) + (5 - 0.45 \times 2)] \div 2 = 4.35(\text{m})$。

$$V_{斜面} = 0.097\,5 \times (25.2 + 4.35) = 2.881(\text{m}^3)$$

③ 肋梁部分:

截面积:$0.3 \times (0.24 + 0.08 \times 2) = 0.12(\text{m}^2)$。

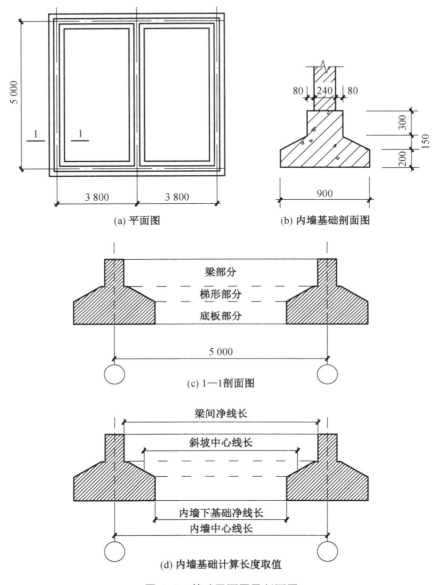

(a) 平面图　(b) 内墙基础剖面图

(c) 1—1剖面图

(d) 内墙基础计算长度取值

图6-3　基础平面图及剖面图

外墙下基础中心线长度:$(3.8 \times 2 + 5) \times 2 = 25.2(\text{m})$。

内墙下基础净线长度:$5 - 0.2 \times 2 = 4.6(\text{m})$。

$$V_{肋梁} = 0.12 \times (25.2 + 4.6) = 3.576(\text{m}^3)$$
$$V = 5.274 + 2.881 + 3.576 = 11.731(\text{m}^3)$$

3）独立基础(010501003)

(1)"独立基础"使用于块体柱基、杯基、柱下板式基础、壳体基础、电梯井基础等。

(2)清单工程量计算(计量单位:m³)

独立基础工程量按设计图示尺寸(见图6-4)以体积计算,不扣除伸入承台基础的桩头所占体积。

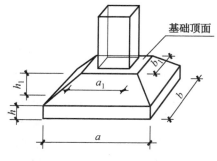

图 6-4 独立基础体积的计算

$$V = \frac{h_1}{6} \times [a_1b_1 + ab + \\ (a_1 + a)(b_1 + b)] + abh$$

式中:a、b——分别是基础四棱台底面的长与宽(m);

a_1、b_1——分别是基础四棱台顶面的长与宽(m);

h_1——基础四棱台的高度(m);

h——基础底部长方体的高度(m)。

【例 6-2】 某房屋建筑工程为二类工程,混凝土独立基础平面图和断面图如图 6-5 所示,独立基础采用 C20 商品混凝土泵送,请根据《房屋建筑与装饰工程工程量计算规范》(GB 50854—2013)编制 20 个独立基础的工程量清单。

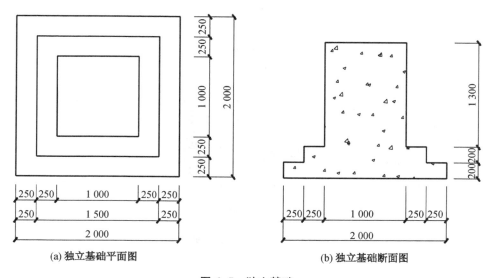

(a)独立基础平面图   (b)独立基础断面图

图 6-5 独立基础

【解析】

无筋混凝土独立基础工程量 $V = (2 \times 2 \times 0.2 + 1.5 \times 1.5 \times 0.2 + 1 \times 1 \times 1.3) \times 20 = 51.00(m^3)$。分部分项工程量清单见表 6-1。

表 6-1 分部分项工程量清单

序号	项目编码	项目名称	项目特征描述	计量单位	工程量
1	010501003001	独立基础	1. 混凝土种类:泵送商品砼 2. 混凝土强度等级:C20	m³	51.00

【例 6-3】 某三类建筑的基础平面图和现浇钢筋混凝土独立基础的断面图如图 6-6 所示。混凝土垫层强度等级为 C15,混凝土基础强度等级为 C20,按外购商品混凝土(泵送)考虑。请根据《房屋建筑与装饰工程工程量计算规范》(GB 50854—2013)编制该混凝土垫层和基础的工程量清单。

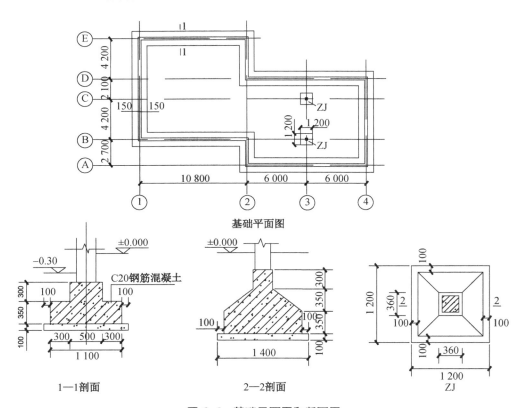

图 6-6 基础平面图和断面图

【解析】

本题涉及三条清单项目:垫层、带形基础和独立基础。

(1)垫层的清单工程量计算

①带形基础下的垫层(1—1 剖面)体积:

外墙下垫层的长度:(10.8+6×2+2.7+4.2×2+2.1)×2=72(m)。

$(1.1+0.1\times2)\times0.1\times72=9.36(m^3)$

② 独立柱基下的垫层体积为：

$(1.2+0.1\times2)\times(1.2+0.1\times2)\times0.1\times2(个)=0.39(m^3)$

垫层的清单工程量为 $9.36+0.39=9.75(m^3)$。

（2）有梁式带形基础的清单工程量计算

有梁式带形基础，其梁宽为 0.5 m，梁高为 0.3 m，有梁式带形基础其梁高与梁宽之比 $h:b$ 在 4∶1 以内的，按肋的体积和基础的体积合并计算。

有梁式带形基础（1—1 断面）的截面积为 $1.1\times0.35+0.5\times0.3=0.535(m^2)$。

外墙下有梁式带形基础的长度为 $(10.8+6\times2+2.7+4.2\times2+2.1)\times2=72(m)$。

有梁式带形基础的清单工程量为 $0.535\times72=38.52(m^3)$。

（3）独立基础的清单工程量计算

$$1/6\times0.35\times[1.2\times1.2+0.36\times0.36+(1.2+0.36)\times$$
$$(1.2+0.36)]=0.23(m^3)$$

独立基础的清单工程量为 $(1.2\times1.2\times0.35+0.23)\times2(个)=1.47(m^3)$。

分部分项工程量清单见表 6-2。

表 6-2　分部分项工程量清单

序号	项目编码	项目名称	项目特征描述	计量单位	工程量
1	010501001001	垫层	1. 混凝土种类：泵送商品砼 2. 混凝土强度等级：C15	m³	9.75
2	010501002001	有梁式带形基础	1. 混凝土种类：泵送商品砼 2. 混凝土强度等级：C20 3. 肋高：0.3 m	m³	38.52
3	010501003001	独立基础	1. 混凝土种类：泵送商品砼 2. 混凝土强度等级：C20	m³	1.47

说明：项目特征的描述，规范不作为强制条文要求，可根据规范，结合清单计价办法的规定，按照图纸和定额要求进行准确描述，便于施工单位准确地进行清单报价。

4）满堂基础（010501004）

（1）"满堂基础"适用于地下室的箱式基础底板、筏板基础等。用板梁墙柱组合浇筑而成的基础，称为满堂基础，也称为筏形基础或筏板形基础。一般有板式（也叫无梁式）满堂基础、梁板式（也叫片筏式）满堂基础和箱形满堂基础三种形式。满堂（板式）基础有梁式（包括反梁）、无梁式应分别列项。箱式满堂基础中柱、梁、墙、板应按相关项目分别编码列项；箱式满堂基础底板按满堂基础清单项目列项。有梁式满堂基础、无梁式满堂基础和箱式满堂基础见图 6-7 所示。

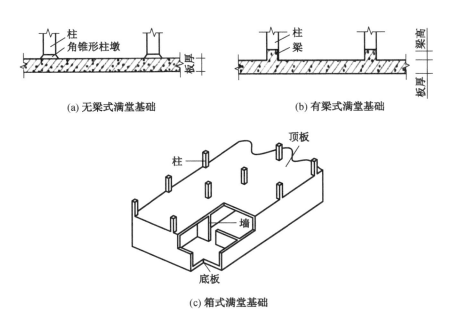

(a) 无梁式满堂基础　　　　　　(b) 有梁式满堂基础

(c) 箱式满堂基础

图 6-7　满堂基础的形式

（2）清单工程量计算（计量单位：m³）

满堂基础工程量按设计图示尺寸以体积计算，不扣除伸入承台基础的桩头所占体积。

【例 6-4】　某三类工程满堂整板基础如图 6-8 所示，垫层采用支模浇筑，底板、基础梁采用标准半砖侧模（M5 混合砂浆砌筑，1：2 水泥砂浆抹灰）施工，半砖侧模（厚度按 115 mm 计算）砌筑在垫层上。基础混凝土采用预拌防水 P6（泵送型）C30 砼，垫层采用预拌泵送 C15 砼。请根据《房屋建筑与装饰工程工程量计算规范》（GB 50854—2013）编制满堂基础的工程量清单。

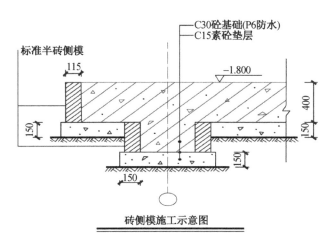

砖侧模施工示意图

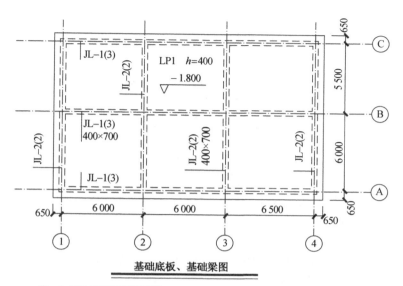

基础底板、基础梁图

注：1. 设计室外地坪标高为−0.3 m。
　　2. 除特别注明外，基础梁均以轴线为中心线。
　　3. 基础梁顶标高均为−1.8 m，基础底板LP1顶面与梁顶平。
　　4. 基础板LP1，基础梁JL−1、JL−2底均设150 mm厚C15素砼垫层，
　　　 垫层每边伸出基础、梁边150 mm。

图 6-8　某三类工程满堂整板基础

【解析】

从图 6-8 中可以看出，该基础为有梁式满堂基础，因此满堂基础体积由两部分构成：一部分是整板体积，另一部分是基础梁体积。需要注意的是，基础梁高 700 mm，包含整板的厚度 300 mm。

（1）整板基础

长边的长度为 6+6+6.5+0.65×2=19.8（m）。

短边的长度为 6+5.5+0.65×2=12.8（m）。

$$V_{整板基础} = 19.8 \times 12.8 \times 0.4 = 101.38（m^3）$$

（2）基础梁

外墙下基础梁中心线长为（18.5+11.5）×2=60（m）。

内墙下基础梁 JL−2 的净线长为（11.5−0.2×2）×2=22.2（m）。

JL−1 的净线长为（18.5−0.2×2−0.4×2）=17.3（m）。

（JL−2 与 JL−1 相交，可将 JL−2 视为整体，JL−1 算至 JL−2 的侧面，反之亦可。）

$$V_{基础梁} = 0.4(梁宽) \times [0.7 - 0.4(整板厚)] \times (60 + 22.2 + 17.3) = 11.94(\text{m}^3)$$

因此该有梁式满堂基础的体积为 101.38＋11.94＝113.32 m³。

分部分项工程量清单见表 6-3。

表 6-3　分部分项工程量清单

序号	项目编码	项目名称	项目特征描述	计量单位	工程量
1	010501004001	满堂基础	1. 混凝土种类:泵送商品砼 2. 混凝土强度等级:P6,C30	m³	113.32

【本题点睛】　该有梁式满堂基础的构造与有梁板的构造类似，只不过有梁式满堂基础在地面以下。

图 6-9　牛腿

5）矩形柱(010502001)、异形柱(010502003)

(1)"矩形柱"和"异形柱"适用于除"构造柱"外的各种类型柱。

(2)清单工程量计算(计量单位:m³)

"矩形柱"和"异形柱"工程量按设计图示尺寸以体积计算,依附柱上的牛腿(图 6-9)和升板的柱帽,并入柱身体积计算,混凝土柱上的钢牛腿按钢构件编码列项。框架结构的上部结构中,框架柱要承受框架梁传递过来的上部荷载,因此从结构受力的角度,框架柱相对于框架梁而言,框架柱是主要的受力构件,因此框架梁遇到框架柱就要断开,从而保持框架柱为一整体,框架柱柱高应自柱基上表面至柱顶高度计算。同理有梁板的柱高,应自柱基上表面(或楼板上表面)至上一层楼板上表面之间的高度计算;无梁板的柱高应自柱基上表面(或楼板上表面)至柱帽下表面之间的高度计算。注意柱帽的体积并入无梁板工程量中。柱高的示意图如图 6-10 所示。

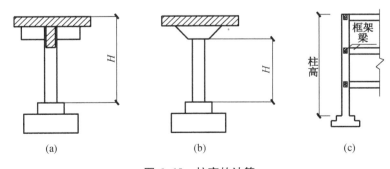

图 6-10　柱高的计算

(a)有梁板的柱高；(b)无梁板的柱高；(c)框架柱柱高

6）构造柱(010502002)

（1）"构造柱"是为加固墙体，先砌墙后浇筑混凝土的柱子。墙体应砌成马牙槎，马牙槎是用于抗震区设置构造柱时砖墙与构造柱相交处的砌筑方法，砌墙时在构造柱处沿墙全高每隔 300 mm 伸出 60 mm，同时按规定预留拉结钢筋，从而确保在浇筑构造柱时墙体与构造柱结合更牢固，更利于抗震，具体构造如图 6-11 所示。构造柱通常设置在楼梯间的休息平台处、纵横墙交接处、墙的转角处、墙长达到 5 m 的中间部位。在建筑物的结构体系中，构造柱不作为受力构件，不承担竖向荷载，而是承受抗剪力、抗震等横向荷载。

墙体与构造柱连接处砌成马牙槎，根据《砌体填充墙结构构造》(12G614—1)砌体填充墙结构构造，马牙槎伸入墙体 60 mm，且其高度恰好为砌体材料高度的一半。因此如果将马牙槎的高度折算成砌体全部高度，则平均嵌入

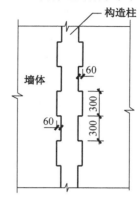

图 6-11 构造柱的构造示意图

度相当于是 60÷2＝30 mm，可将马牙槎宽度视为 30 mm，此时可以按构造柱的截面积与马牙槎截面积之和乘以构造柱高即可计算出构造柱的体积。

构造柱与墙体的连接一般有五种，即 L 形拐角、T 形接头、十字形交叉和长墙中的"一字形"、墙端部，如图 6-12 所示。

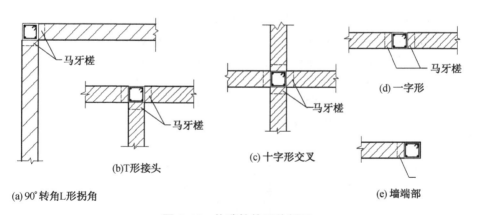

图 6-12 构造柱的五种断面

（2）清单工程量计算（计量单位：m³)

"构造柱"按全高计算，与砖墙嵌接部分（马牙槎）的体积并入柱身内体积计算。因此构造柱的体积可以分为两部分进行计算。

构造柱体积＝ 柱底面积×柱高
＝［(柱截面长＋马牙槎宽度×马牙槎面数)×墙厚］×柱高

【例 6-5】 某三类工程如图 3-6 所示,构造柱采用 C25 商品混凝土泵送,计算构造柱的清单工程量,并编列项目清单。

【解析】

砖基础中共有 14 根构造柱,其中 T 形接头(马牙槎 3 面)的构造柱有 4 根,L 形接头和一字形接头(马牙槎 2 面)共有 10 根,因此构造柱体积为:

$$0.24 \times 0.24 \times (1.9 - 0.2 - 0.06 \times 2) \times 14(根) + 0.24 \times 0.03 \times (1.9 - 0.2 - 0.06 \times 2) \times (10 \times 2 + 4 \times 3)(面) = 1.64(m^3)$$

分部分项工程量清单见表 6-4。

表 6-4 分部分项工程量清单

序号	项目编码	项目名称	项目特征描述	计量单位	工程量
1	010502002001	构造柱	1. 混凝土种类:泵送商品砼 2. 混凝土强度等级:C25	m³	1.64

7) 基础梁(010503001)、矩形梁(010503002)、异形梁(010503003)

(1)"基础梁""矩形梁""异形梁"清单项目适用于单梁的情形。对于有梁式筏形基础按满堂基础清单项目列项,不单列"基础梁"清单项目。

(2)清单工程量计算(计量单位:m³)

"基础梁""矩形梁""异形梁"均按设计图示尺寸以体积计算。伸入墙内的梁头、梁垫并入梁体积内。从结构受力的角度,框架柱相对于框架梁而言是一个整体,因此框架梁遇到框架柱就要断开,从而保持框架柱为一整体。由此可见,梁与柱连接时,梁长算至柱侧面。对于主梁和次梁而言,主梁相对于次梁是主要的受力构件,因此,主梁为一整体,次梁遇到主梁即断开,由此可见,主梁与次梁连接时,次梁长算至主梁侧面,梁长度计算如图 6-13 所示。

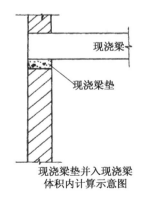

现浇梁垫并入现浇梁
体积内计算示意图

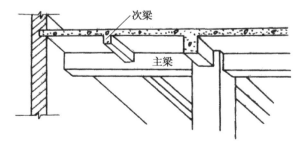

主梁、次梁示意图

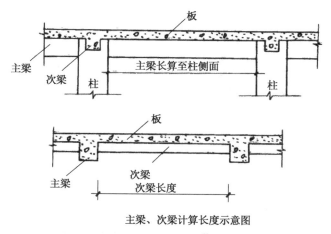

主梁、次梁计算长度示意图

图 6-13　主梁与次梁混凝土工程量计算

8) 圈梁(010503004)、过梁(010503005)

(1) 圈梁是沿建筑物外墙四周及部分内横墙设置的连续封闭的梁。其目的是为了增强建筑的整体刚度及墙身的稳定性。圈梁宜连续地设在同一水平面上,沿纵横墙方向应形成封闭状。当圈梁被门窗洞口截断时,应在洞口上部增设相同截面的附加圈梁。一般情况在墙高超过 3 m 时就要设置圈梁。

过梁通常在门洞或窗洞位置,传导由门洞上部砖墙传来的荷载。对于门窗洞口上方的过梁,其长度则按设计规定计算,设计无规定时,按门窗洞口宽度,两端各加 250 mm 计算,如图 6-14 所示。

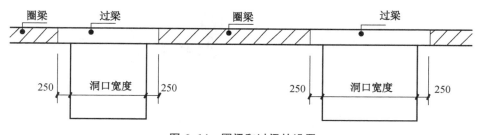

图 6-14　圈梁和过梁的设置

(2) 清单工程量计算(计量单位:m³)

"圈梁""过梁"均按设计图示尺寸以体积计算。

【例 6-6】　某三类工程,建筑物外墙中心线长度为 24 m,内墙净长度为 5.56 m,内外墙共设 3 个洞口宽度为 1.5 m 的窗户及两个洞口宽度为 1 m 的门。已知圈梁与过梁连接在一起,断面尺寸为 240 mm×300 mm,采用 C20 泵送商品混凝土,请根据《房屋建筑与装饰工程工程量计算规范》(GB 50854—2013)编制圈梁和过梁的工程量清单。

【解析】

（1）过梁的清单工程量

$$V_{过梁} = S_{梁断面} \times L_{梁} = 0.24 \times 0.3 \times (1.5 + 0.5) \times 3 + 0.24 \times 0.3 \times (1 + 0.5) \times 2$$
$$= 0.432 + 0.216 = 0.65(m^3)$$

（2）圈梁的清单工程量

$$V_{圈梁} = S_{梁断面} \times L_{梁} - V_{过梁} = 0.24 \times 0.3 \times (L_{中} + L_{内}) - 0.648$$
$$= 2.128 - 0.648 = 1.48(m^3)$$

分部分项工程量清单见表 6-5。

表 6-5　分部分项工程量清单

序号	项目编码	项目名称	项目特征描述	计量单位	工程量
1	010503005001	过梁	1. 混凝土种类:泵送商品混凝土 2. 混凝土强度等级:C20	m³	0.65
2	010503004001	圈梁	1. 混凝土种类:泵送商品混凝土 2. 混凝土强度等级:C20	m³	1.48

9）直形墙（010504001）、弧形墙（010504002）、短肢剪力墙（010504003）

（1）"直形墙""弧形墙"项目也适用于电梯井。选用清单项目时,应注意剪力墙和柱的区别。短肢剪力墙是指截面厚度不大于 300 mm、各肢截面高度与厚度之比的最大值大于 4 但不大于 8 的剪力墙;各肢截面高度与厚度之比的最大值不大于 4 的剪力墙按照柱项目编码列项。图 6-15（a）中墙净线长为 500 + 300 =

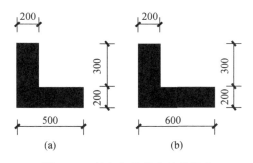

图 6-15　柱与短肢剪力墙的区分

800 mm,800/200（墙厚）=4,应按"柱"列项计算;图 6-15（b）中墙净线长为 600 + 300 = 900 mm, 900/200（墙厚）=4.5,应按"短肢剪力墙"列项计算。

（2）清单工程量计算（计量单位:m³）

"直形墙""弧形墙""短肢剪力墙"按设计图示尺寸以体积计算。扣除门窗洞口及单个面积＞0.3 m² 的孔洞所占体积,墙垛及凸出墙面部分并入墙体体积内计算。

10）有梁板（010505001）、无梁板（010505002）、平板（010505003）、拱板

（010505004）、薄壳板（010505005）、栏板（010505006）

（1）"有梁板"是指梁和板连成一体的板，适用于现浇框架结构，包括现浇密肋板、井字梁板（即由同一平面内相互正交或斜交的梁与板所组成的结构构件）。有梁板示意图如图 6-16(a)所示，图中 h 表示板厚，H 表示梁腹板高度。对于既有框架梁又有板的构件，按有梁板清单项目编码列项，而不是将其分为矩形梁和平板两个清单项目列项。

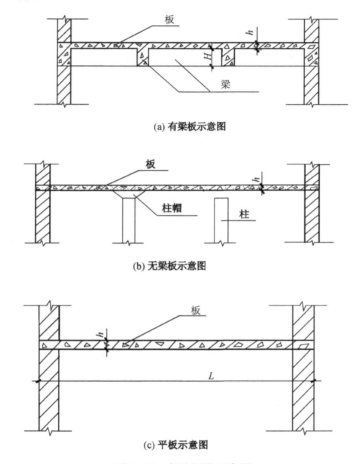

(a) 有梁板示意图

(b) 无梁板示意图

(c) 平板示意图

图 6-16　各种板的示意图

"无梁板"是指直接支撑在柱上的板，如图 6-16(b)所示。"平板"是指直接支撑在墙上的板，如图 6-16(c)所示。

"栏板"适用于阳台和挑檐等的竖向栏板。

（2）清单工程量计算（计量单位：m³）

按设计图示尺寸以体积计算。不扣除构件内钢筋、预埋铁件及单个 0.3 m² 以内的孔洞所占体积,有梁板(包括主、次梁与板)按梁、板体积之和计算,无梁板按板和柱帽体积之和计算,各类板伸入墙内的板头并入板体积计算,薄壳板的肋、基梁并入薄壳体积内计算。

【例 6-7】 某建筑为三类工程,全现浇框架主体结构,如图 6-17 所示。图中轴线为柱中,现浇砼均为 C25 泵送商品混凝土,板厚 100 mm,请根据《房屋建筑与装饰工程工程量计算规范》(GB 50854—2013)编制柱、梁、板工程量清单。

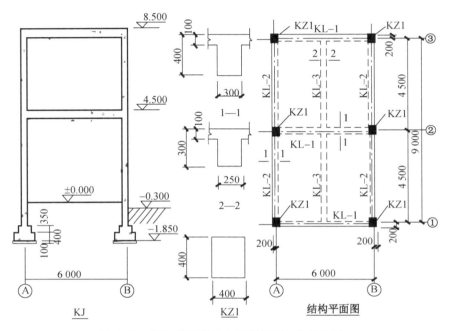

图 6-17 某三类建筑的全现浇框架主体结构图

【解析】

按工程量计算规范规定计算混凝土框架柱、有梁板的工程量。

① 矩形柱:$0.4 \times 0.4 \times (8.5 + 1.85 - 0.4 - 0.35) \times 6$(根)$= 9.22$(m³)。

② 有梁板:

KL-1:$0.3 \times [0.4 - 0.1$(板厚)$] \times [6 - 0.2 \times 2$(梁算至柱侧面)$] \times 3$(根)$= 1.512$(m³)。

KL-2:$0.3 \times (0.4 - 0.1) \times (4.5 - 0.2 \times 2) \times 4$(根)$= 1.476$(m³)。

KL-3:$0.25 \times (0.3 - 0.1) \times (4.5 \times 2 - 0.1 \times 2 - 0.3) = 0.425$(m³)。

板:$(6 + 0.2 \times 2) \times (9 + 0.2 \times 2) \times 0.1 = 6.016$(m³)。

因此有梁板体积为$(1.512 + 1.476 + 0.425 + 6.016) \times 2$(层)$= 18.86$(m³)。

分部分项工程量清单见表 6-6。

表 6-6　分部分项工程量清单

序号	项目编码	项目名称	项目特征描述	计量单位	工程量
1	010502001001	矩形柱	1. 混凝土种类:泵送商品砼 2. 混凝土强度等级:C25	m^3	9.22
2	010505001001	有梁板	1. 混凝土种类:泵送商品砼 2. 混凝土强度等级:C25	m^3	18.86

【本题点睛】 需要注意的是:①在计算框架柱工程量时,柱高自柱基上表面算至柱顶(有梁板板顶)高度;②在计算有梁板工程量时,主梁长度算至柱侧面,次梁长度算至主梁侧面;③图中轴线为框架柱的中心线,注意 KL-3 长度的准确计算;④有梁板的体积采用板的体积与梁(腹板)体积之和计算较为简便。

11) 天沟(檐沟)、挑檐板(010505007)

(1)"天沟(檐沟)、挑檐板"指的是天沟、檐沟和挑檐的底板。其栏板另按栏板清单项目编码列项。

(2)清单工程量计算(计量单位:m^3)

"天沟(檐沟)、挑檐板"按设计图示尺寸以体积计算。现浇挑檐、天沟板与板(包括屋面板、楼板)连接时,以外墙外边线为分界线;与圈梁(包括其他梁)连接时,以梁外边线为分界线。外边线以外为挑檐、天沟,如图 6-18 所示。

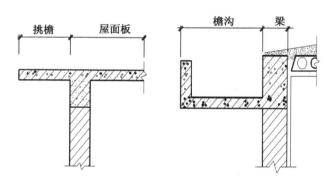

图 6-18　现浇天沟、挑檐与梁、板的分界线

12) 雨篷、悬挑板、阳台板(010505008)

(1)"阳台板"指的是阳台的底板,其栏板另按栏板清单项目编码列项。

(2)清单工程量计算(计量单位:m^3)

按设计图示尺寸以墙外部分体积计算。包括伸出墙外的牛腿和雨篷反挑檐的体积(如图 6-19 所示)。现浇雨篷、阳台与板(包括屋面板、楼板)连接时,以外墙外边线为分界线;与圈梁(包括其他梁)连接时,以梁外边线为分界线。外边线以外为雨篷或阳台。

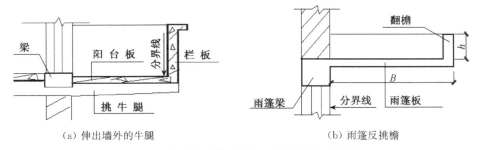

（a）伸出墙外的牛腿   （b）雨篷反挑檐

图 6-19　伸出墙外的牛腿和雨篷反挑檐示意图

阳台板混凝土清单工程量 ＝ 墙、梁外部分体积 ＋ 伸出墙外的牛腿体积
阳台栏板混凝土工程量 ＝ 栏板实际长度×栏板高度×栏板厚度
雨篷板混凝土工程量 ＝ 墙、梁外部分体积 ＋ 雨篷反挑檐体积

【例 6-8】　某单层厂房，檐口高度 6 m，现浇雨篷如图 6-20 所示，共 10 个，工程类别为三类工程，砼采用泵送商品砼，砼标号为 C30。请根据《房屋建筑与装饰工程工程量计算规范》(GB 50854—2013)编制雨篷的工程量清单。

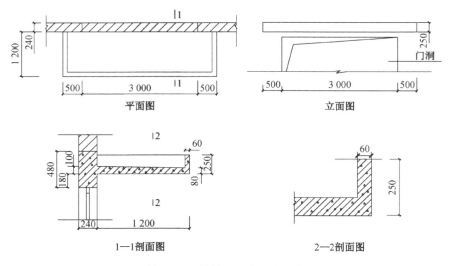

图 6-20　某单层厂房现浇雨篷

【解析】

本题涉及两条清单：圈梁(雨篷梁套圈梁清单项目)和雨篷。根据《房屋建筑与装饰工程工程量计算规范》(GB 50854—2013)：

(1) 010503004001 雨篷梁，其清单工程量计算规则为按设计图示尺寸以体积计算。雨篷梁的清单工程量为 $0.48×0.24×(3+0.5×2)×10＝4.61(m^3)$。

（2）010505008001 雨篷，计量单位：m³，其清单工程量计算规则为按设计图示尺寸以墙外部分体积计算，包括伸出墙外的雨篷反挑檐的体积。雨篷的清单工程量计算：

① 雨篷底板剖面为梯形，其体积为：

$$(0.08+0.1)\times1.2\div2\times(3+0.5\times2)\times10=4.32(m^3)$$

② 前沿侧板的体积：$(0.25-0.08)\times0.06\times(3+0.5\times2)\times10=0.41(m^3)$

③ 侧沿板剖面为梯形，其体积为：

$$[(0.25-0.08)+(0.25-0.1)]\times(1.2-0.06)\div2\times0.06\times2(侧)\times10=0.22(m^3)$$

因此雨篷的清单工程量为 $4.32+0.41+0.22=4.95(m^3)$。

分部分项工程量清单见表 6-7。

表 6-7　分部分项工程量清单

序号	项目编码	项目名称	项目特征描述	计量单位	工程量
1	010503004001	雨篷梁	1. 混凝土种类：泵送商品砼 2. 混凝土强度等级：C30	m³	4.61
2	010505008001	雨篷	1. 混凝土种类：泵送商品砼 2. 混凝土强度等级：C30	m³	4.95

13）直形楼梯（010506001）、弧形楼梯（010506002）

（1）单跑楼梯的工程量的计算与直形楼梯、弧形楼梯的工程量计算相同，单跑楼梯如无中间休息平台时，应在工程量清单中进行描述。

（2）清单工程量计算（计量单位：m²、m³）

整体楼梯（包括直形楼梯、弧形楼梯）有两种工程量计算规则：①以 m² 为计量单位时，按设计图示尺寸以水平投影面积（包括休息平台、平台梁、斜梁和楼梯的连接梁）计算，不扣除宽度≤500 mm 的楼梯井，伸入墙内部分不计算。楼梯与楼板连接时，楼梯算至楼梯梁外侧面。当现浇楼板无梯梁连接时，以楼梯的最后一个踏步边缘加 300 mm 为界。②以 m³ 为计量单位时，按设计图示尺寸以体积计算。需要注意的是，同一份清单整体楼梯只能确定一种计量单位和工程量计算规则进行编制。图 6-21 中整体楼梯以 m² 作为计量单位时，若 $Y\leq500$ mm，则整体楼梯的清单工程量 $=A\times L$；若 $Y>500$ mm 时，则整体楼梯的清单工程量 $=A\times L-X\times Y$。X 表示楼梯井的长度；Y 表示楼梯井的宽度；A 表示楼梯间净宽度；L 表示楼梯间长度。

当整体楼梯采用 m² 为计量单位时，混凝土的设计用量与定额用量不同时，需要调整混凝土的用量，其余不变。具体的调整方式如下：

混凝土定额用量 = 整体楼梯工程量 × 定额子目的混凝土含量

混凝土实际用量＝混凝土设计用量×（1＋1.5％），其中 1.5％ 为整体楼梯的损耗量。

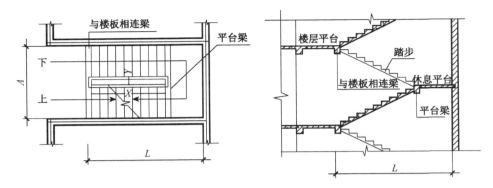

图 6-21　楼梯示意图

若混凝土定额用量＞混凝土实际用量时候,混凝土用量需要调减;若混凝土定额用量＜混凝土实际用量时,混凝土用量需要调增。

需要指出的是,整体楼梯的混凝土设计用量包括现浇梯梁、梯柱、楼梯板、踏步、斜梁、休息平台、平台梁等在内的外露及伸入墙内部分的设计图示混凝土量。

【例 6-9】　某三类工程,其现浇混凝土楼梯建筑平面图和结构平面图如图 6-22所示,采用 C20 自拌混凝土,楼梯间四周墙体厚度为 240 mm,轴线居中。请

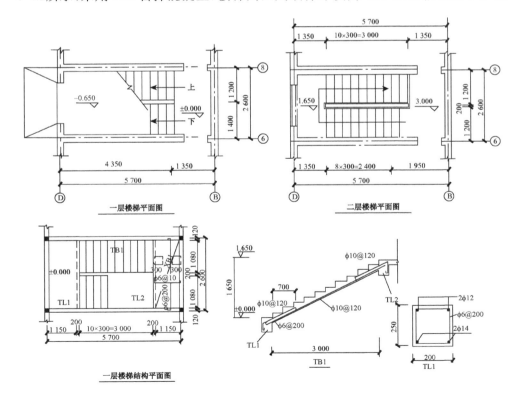

一层楼梯平面图　　二层楼梯平面图

一层楼梯结构平面图

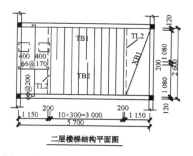 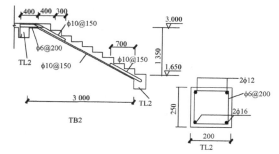

二层楼梯结构平面图

说明:踏步板厚度为110 mm,平台板厚度为70mm。

注:图中未注明的钢筋为φ6@200。

图 6-22 某现浇混凝土楼梯

资料来源:刘钦,闫瑾.建筑工程计量与计价[M].北京:机械工业出版社,2014:294.

根据《房屋建筑与装饰工程工程量计算规范》(GB 50854—2013)编制整体楼梯的工程量清单(要求以 m² 为计量单位)。

【解析】

整体楼梯的清单工程量为(5.7−1.15−0.12)×(2.6−0.12×2)=10.45(m²)。

由此编制整体楼梯的工程量清单见表 6-8。

表 6-8 分部分项工程量清单

序号	项目编码	项目名称	项目特征描述	计量单位	工程量
1	010506001001	直形楼梯	1. 混凝土种类:自拌混凝土 2. 混凝土强度等级:C20	m²	10.45

14) 散水、坡道(010507001)、室外地坪(010507002)

(1)"散水、坡道""室外地坪"的工作内容为:①地基夯实;②铺设垫层;③模板及支撑制作、安装、拆除、堆放、运输及清理模内杂物、刷隔离剂等;④混凝土制作、运输、浇筑、振捣、养护;⑤变形缝填塞。

(2)"散水、坡道"的项目特征需要表述:①垫层材料种类、厚度;②面层厚度;③混凝土种类;④混凝土强度等级;⑤变形缝填塞材料种类。"室外地坪"的项目特征需要表述:①地坪厚度;②混凝土强度等级。

(3)清单工程量计算(计量单位:m²)

按设计图示尺寸以水平投影面积计算。不扣除单个≤0.3 m²的孔洞所占面积。

15)台阶(010507004)

(1)架空式混凝土台阶另按现浇楼梯相应项目编码列项。

(2)清单工程量计算(计量单位:m²、m³)

台阶有两种工程量计算规则:①以 m² 为计量单位时,按设计图示尺寸以水平投影面积计算;②以 m³ 为计量单位时,按设计图示尺寸以体积计算。

16) 扶手、压顶(010507005)

(1) 钢筋混凝土构件的截面积小于等于 120 mm×100 mm 的构件为混凝土扶手,截面积大于 120 mm×100 mm 的构件为混凝土压顶。

(2) 清单工程量计算(计量单位:m、m³)

扶手和压顶有两种工程量计算规则:①以 m 为计量单位时,按设计图示的中心线延长米计算;②以 m³ 为计量单位时,按设计图示尺寸以体积计算。

17) 后浇带(010508001)

(1) "后浇带"项目适用于梁、墙、板的后浇带。后浇带是在建筑施工中为防止现浇钢筋混凝土结构由于自身收缩不均或沉降不均可能产生的有害裂缝,按照设计或施工规范要求,在基础底板、墙、梁相应位置留设的临时施工缝,该缝需根据设计要求保留一段时间后再浇筑,将整个结构连成整体。

(2) 清单工程量计算(计量单位:m³)

后浇带按设计图示尺寸以体积计算。

6.2 混凝土工程量清单计价

1) 混凝土工程套定额需要注意的主要问题

江苏省 2014 年计价定额中混凝土构件分为自拌混凝土构件、商品混凝土泵送构件、商品混凝土非泵送构件三部分,各部分又包括了现浇构件、现场预制构件、加工厂预制构件、构筑物等。

(1) 混凝土的供应方式(自拌混凝土、商品混凝土)以招标文件确定。定额中已列出常用混凝土强度等级,设计要求与定额不同时可以进行换算。

(2) 混凝土石子粒径取定:设计有规定的按设计规定,无设计规定按表 6-9 规定计算。

表 6-9　混凝土构件石子粒径表

石子粒径	构件名称
5～16 mm	预制板类构件、预制小型构件
5～31.5 mm	现浇构件:矩形柱(构造柱除外)、圆柱、多边形柱(L、T、十形柱除外)、框架梁、单梁、连续梁、地下室防水混凝土墙; 预制构件:柱、梁、桩
5～20 mm	除以上构件外均用此粒径
5～40 mm	基础垫层、各种基础、道路、挡土墙、地下室墙、大体积混凝土

（3）毛石混凝土中的毛石掺量是按 15％计算的,构筑物中毛石混凝土的毛石掺量是按 20％计算的,如设计要求不同时,可按比例换算毛石、混凝土数量,其余不变。

（4）现浇柱、墙定额中,均已按规范规定综合考虑了底部铺垫 1∶2 水泥砂浆的用量。

（5）室内净高超过 8 m 的现浇柱、梁、墙、板（各种板）的人工工日分别乘以下列系数:净高在 12 m 以内乘以 1.18;净高在 18 m 以内乘以 1.25。

（6）小型混凝土构件,系指单体体积在 0.05 m³ 以内的未列出定额的构件。

（7）泵送混凝土定额中已综合考虑了输送泵车台班、布拆管及清洗人工、泵管摊销费、冲洗费。当输送高度超过 30 m（含 30 m 以内）时,输送泵车台班乘以1.10;输送高度超过 50 m（含 50 m 以内）时,输送泵车台班乘以 1.25;输送高度超过 100 m（含 100 m 以内）时,输送泵车台班乘以 1.35;输送高度超过 150 m（含150 m 以内）时,输送泵车台班乘以 1.45;输送高度超过 200 m（含 200 m 以内）时,输送泵车台班乘以 1.55。

（8）现场集中搅拌混凝土按现场集中搅拌混凝土配合比执行,混凝土拌和的费用另行计算。

2）混凝土工程定额工程量计算规则

江苏省 2014 年计价定额中混凝土工程的定额工程量计算规则与清单工程量计算规则基本一致,只有雨篷和阳台的计算规则不一样,因此此处不再赘述。

对于雨篷和阳台的工程量计算,按《房屋建筑与装饰工程工程量计算规范》（GB 50854—2013）,雨篷、阳台按设计图示尺寸以墙外部分体积计算。包括伸出墙外的牛腿和雨篷反挑檐的体积。按江苏省 2014 年计价定额,阳台、雨篷,按伸出墙外的板底水平面积计算,伸出墙外的牛腿不另行计算。

【续例 6-2】 请结合相应的工程量清单,根据《江苏省建筑与装饰工程计价定额》（2014 年）,套用计价定额相应定额子目进行独立基础工程量清单计价。

【解析】

独立基础的定额工程量＝清单工程量＝51.00 m³

二类工程,商品混凝土泵送,C20 独立基础,套 6-185 定额子目,定额中也是按C20 等级的混凝土计算的,因此无须进行混凝土等级的换算,但需要根据工程类别,调整企业管理费率为 28％,利润率为 12％。

6-185 换 C20 商品混凝土泵送独立基础

（24.60＋13.19）×（1＋28％＋12％）＋354.06 ＝ 406.97（元 /m³）

独立基础清单项目合价为 406.97×51.00＝20 755.47（元）。

垫层清单项目综合单价为 406.97 元/m³。

分部分项工程量清单综合单价分析见表 6-10。

表 6-10　分部分项工程量清单综合单价分析表

项目编码		项目名称	计量单位	工程数量	综合单价	合价
010501003001		独立基础	m³	51.00	406.97	20 755.47
清单综合单价组成	定额号	子目名称	单位	数量	单价	合价
	6-185 换	C20 泵送商品混凝土独立基础	m³	51.00	406.97	20 755.47

【本题点睛】《江苏省房屋建筑与装饰工程计价定额》(2014 年)是按三类工程标准编制的,建筑工程企业管理费和利润的取费基数为人工费和施工机具使用费之和,企业管理费率取 25%,利润率取 12%。如果实际工程类别是一类或二类,则需要调整管理费率和利润率。一般建筑工程二类工程企业管理费率为 28%,利润率为 12%。

【续例 6-3】 坑槽底面施工组织设计拟采用人工原土打底夯,请结合相应的工程量清单,根据《江苏省房屋建筑与装饰工程计价定额》(2014 年),套用计价定额相应定额子目进行垫层、带形基础和独立基础工程量清单计价。

【解析】

(1) 垫层的定额工程量=清单工程量=9.75 m³

三类工程,商品混凝土泵送,C15 垫层,套 6-178 定额子目,定额中是按 C10 等级的混凝土计算的,因此需要将混凝土等级换算为 C15。

6-178 换　C15 商品混凝土泵送垫层

$$409.10 - 333.94 + 336.98 = 412.14(元/m³)$$

垫层还需要进行原土底夯,施工组织设计拟采用人工原土打底夯,因此套用定额子目 1-100,计量单位 10 m²,基槽(坑)原土打底夯的综合单价为 15.08 元/10 m²。

基槽(坑)原土打底夯工程量:9.75÷0.1×10 = 9.75(10 m²)

垫层清单项目合价为 412.14×9.75 + 15.08×9.75 = 4 165.40(元)。

垫层清单项目综合单价为 427.22 元/m³。

(2) 有梁式带形基础的定额工程量=清单工程量=38.52 m³

三类工程,商品混凝土泵送,C20 有梁式条形基础,套 6-181 定额子目,定额中是按 C20 等级的混凝土计算的,因此无须进行混凝土等级的换算。

6-181　C20 商品混凝土泵送有梁式条形基础　407.16 元/m³

有梁式带形基础清单项目合价为 407.16×38.52 = 15 683.80(元)。

有梁式带形基础清单项目综合单价为 407.16 元/m³。

(3) 独立基础的定额工程量=清单工程量=1.47 m³

三类工程,商品混凝土泵送,C20独立基础,套6-185定额子目,定额中是按C20等级的混凝土计算的,因此无须进行混凝土等级的换算。

6-185 C20商品混凝土泵送独立基础 405.83元/m³

独立基础清单项目合价为405.83×1.47＝596.57(元)。

独立基础清单项目综合单价为405.83元/m³。

垫层、带形基础和独立基础工程量清单综合单价见表6-11。

表6-11 分部分项工程量清单综合单价分析表

项目编码		项目名称	计量单位	工程数量	综合单价	合价
010501001001		垫层	m³	9.75	427.22	4 165.40
清单综合单价组成	定额号	子目名称	单位	数量	单价	合价
	6-178 换	C15泵送商品混凝土垫层	m³	9.75	412.14	4 018.37
	1-100	人工基槽(坑)原土打底夯	10 m²	9.75	15.08	147.03
项目编码		项目名称	计量单位	工程数量	综合单价	合价
010501002001		有梁式带形基础	m³	38.52	407.16	15 683.80
清单综合单价组成	定额号	子目名称	单位	数量	单价	合价
	6-181	C20泵送商品混凝土有梁式条形基础	m³	38.52	407.16	15 683.80
项目编码		项目名称	计量单位	工程数量	综合单价	合价
010501003001		独立基础	m³	1.47	405.83	596.57
清单综合单价组成	定额号	子目名称	单位	数量	单价	合价
	6-185	C20泵送商品混凝土独立基础	m³	1.47	405.83	596.57

【本题点睛】 江苏省2014年计价定额将混凝土工程区分为自拌混凝土、商品泵送混凝土和商品非泵送混凝土三种。当混凝土设计强度等级与定额不同时,需要进行定额换算。

【续例6-4】 请结合相应的工程量清单,根据《江苏省建筑与装饰工程计价定额》(2014年),套用计价定额相应定额子目进行有梁式满堂基础工程量清单计价。

【解析】

有梁式满堂基础的定额工程量＝清单工程量＝113.32 m³

商品混凝土泵送,C30,P6,套6-184定额子目,定额中是按C20等级的混凝土计算的,而本工程中混凝土是 C30,P6,因此需要进行混凝土等级的换算。

6-184 换　C30,P6 商品混凝土泵送满堂基础

$404.70 - 1.02 \times 342 + 1.02 \times 374(2014 年计价定额 P_{附1106}) = 437.34(元/m^3)$

独立基础清单项目合价为 $437.34 \times 113.32 = 49\ 559.37(元)$。

垫层清单项目综合单价为 437.34 元/m^3。

满堂基础工程量清单综合单价分析见表 6-12。

表 6-12　分部分项工程量清单综合单价分析表

项目编码		项目名称	计量单位	工程数量	综合单价	合价
010501004001		满堂基础	m^3	113.32	437.34	49 559.37
清单综合单价组成	定额号	子目名称	单位	数量	单价	合价
	6-184 换	C30,P6 泵送商品混凝土有梁式满堂基础	m^3	113.32	437.34	49 559.37

【本题点睛】　若仅带有边肋者,则按无梁式满堂基础套用定额。

【续例 6-5】　C25 泵送商品混凝土的预算价格按 352 元/m^3 计算,请结合相应的工程量清单,根据《江苏省建筑与装饰工程计价定额》(2014 年),并套用计价定额相应定额子目进行构造柱工程量清单计价。

【解析】

构造柱的定额工程量=清单工程量=1.64 m^3

商品混凝土泵送,C25 构造柱,套 6-190 定额子目,定额中是按 C30 等级的混凝土计算的,而构造柱的混凝土等级为 C25,因此需要进行混凝土等级的换算。

6-190 换　C25 商品混凝土泵送构造柱

$$488.12 - 0.99 \times 362 + 0.99 \times 352 = 478.22(元/m^3)$$

独立基础清单项目合价为 $478.22 \times 1.64 = 784.28(元)$。

垫层清单项目综合单价为 478.22 元/m^3。

构造柱工程量清单综合单价分析见表 6-13。

表 6-13　分部分项工程量清单综合单价分析表

项目编码		项目名称	计量单位	工程数量	综合单价	合价
010502002001		构造柱	m^3	1.64	478.22	784.28
清单综合单价组成	定额号	子目名称	单位	数量	单价	合价
	6-190 换	C25 泵送商品混凝土构造柱	m^3	1.64	478.22	784.28

【续例 6-6】　请结合相应的工程量清单,根据《江苏省建筑与装饰工程计价定额》(2014 年),并套用计价定额相应定额子目进行过梁和圈梁工程量清单计价。

【解析】

(1)过梁的定额工程量＝清单工程量＝0.65 m³

三类工程,商品混凝土泵送,C20 过梁,套 6-197 定额子目,定额中也是按 C20 等级的混凝土计算的,因此无须进行混凝土等级的换算。

6-197　C20 泵送商品混凝土过梁　499.97 元/m³

过梁清单项目合价为 499.97×0.65＝324.98(元)。

垫层清单项目综合单价为 499.97 元/m³。

(2)圈梁的定额工程量＝清单工程量＝1.48 m³

三类工程,商品混凝土泵送,C20 圈梁,套 6-196 定额子目,定额中也是按 C20 等级的混凝土计算的,因此无须进行混凝土等级的换算。

6-196　C20 泵送商品混凝土圈梁　473.04 元/m³

过梁清单项目合价为 473.04×1.48＝700.10(元)。

垫层清单项目综合单价为 473.04 元/m³。

过梁和圈梁工程量清单综合单价分析见表 6-14。

表 6-14　分部分项工程量清单综合单价分析表

项目编码		项目名称	计量单位	工程数量	综合单价	合价
010503005001		过梁	m³	0.65	499.97	324.98
清单综合单价组成	定额号	子目名称	单位	数量	单价	合价
	6-197	C20 泵送商品混凝土过梁	m³	0.65	499.97	324.98
项目编码		项目名称	计量单位	工程数量	综合单价	合价
010503004001		圈梁	m³	1.48	473.04	700.10
清单综合单价组成	定额号	子目名称	单位	数量	单价	合价
	6-196	C20 泵送商品混凝土圈梁	m³	1.48	473.04	700.10

【续例 6-7】　C25 泵送商品混凝土的预算价格按 352 元/m³ 计算,请结合相应的工程量清单,根据《江苏省建筑与装饰工程计价定额》(2014 年),套用计价定额相应定额子目进行矩形柱和有梁板工程量清单计价。

【解析】

(1)矩形柱的定额工程量＝清单工程量＝9.22 m³

三类工程,商品混凝土泵送,C25,套 6-190 定额子目,定额中是按 C30 等级的混凝土计算的,因此需要将混凝土等级换算为 C25。

6-190 换　C25 商品混凝土泵送矩形柱

$$488.12 - 0.99 \times 362 + 0.99 \times 352 = 478.22(元/m^3)$$

矩形柱清单项目合价为 478.22×9.22＝4 409.19(元)。

矩形柱清单项目综合单价为 478.22 元/m^3。

（2）有梁板的定额工程量＝清单工程量＝18.86 m^3

三类工程，商品混凝土泵送，C25，套 6-207 定额子目，定额中是按 C30 等级的混凝土计算的，因此需要将混凝土等级换算为 C25。

6-207 换　C25 商品混凝土泵送有梁板

$$461.46 - 1.02 \times 362 + 1.02 \times 352 = 451.26(元/m^3)$$

矩形柱清单项目合价为 451.26×18.86＝8 510.76(元)。

矩形柱清单项目综合单价为 451.26 元/m^3。

矩形柱和有梁板工程量清单综合单价分析见表 6-15。

表 6-15　分部分项工程量清单综合单价分析表

项目编码		项目名称	计量单位	工程数量	综合单价	合价
010502001001		矩形柱	m^3	9.22	478.22	4 409.19
清单综合单价组成	定额号	子目名称	单位	数量	单价	合价
	6-190 换	C25 泵送商品混凝土矩形柱	m^3	9.22	478.22	4 409.19
项目编码		项目名称	计量单位	工程数量	综合单价	合价
010505001001		有梁板	m^3	18.86	451.26	8 510.76
清单综合单价组成	定额号	子目名称	单位	数量	单价	合价
	6-207 换	C25 泵送商品混凝土有梁板	m^3	18.86	451.26	8 510.76

【续例 6-8】　请结合相应的工程量清单，根据《江苏省建筑与装饰工程计价定额》(2014 年)，套用计价定额相应定额子目进行雨篷工程量清单计价。

【解析】

（1）雨篷梁（圈梁）的定额工程量计算规则与清单工程量计算规则相同，故其定额工程量＝清单工程量＝4.61 m^3。

套用 6-196 定额子目，但需要将混凝土强度等级换算为 C30，6-196 换　C30 雨篷梁，计量单位 m^3，其综合单价为：

$$473.04 - 1.02 \times 342 + 1.02 \times 362 = 493.44(元/m^3)$$

（2）雨篷的定额工程量计算：

① 根据 2014 年计价定额，雨篷按伸出墙外的板底水平投影面积计算，伸出墙

外的牛腿不另计算,因此套用6-216复式雨篷,计量单位为10 m² 水平投影面积,其工程量为 $1.2 \times (3 + 0.5 \times 2) \times 10 \div 10 = 4.8 (10 \text{ m}^2)$。

② 套取定额。套用 6-216 定额子目,将混凝土强度等级换算为 C25,故 6-216 换 C30 复式雨篷,其单价为

$$548.64 - 1.116 \times 342 + 1.116 \times 362 = 570.96 (\text{元} / 10 \text{ m}^2)$$

③ $P_{混236}$ 注 3:雨篷的混凝土按设计用量加 1.5% 的损耗按相应定额进行调整。

含损耗雨篷砼实际用量为 $4.95 \text{ m}^3 \times (1 + 1.5\%) = 5.02 (\text{m}^3)$。

雨篷砼计价定额用量为 $4.8 (\text{计量单位}: 10 \text{ m}^2) \times 1.116 (\text{计量单位}: \text{m}^3 / 10 \text{ m}^2) = 5.36 (\text{m}^3)$。

因此应调雨篷砼含量为 $5.02 - 5.36 = -0.34 (\text{m}^3)$。

套用定额 6-218 并进行混凝土强度等级的换算:6-218 换 雨篷混凝土含量每增减 1 m³,其单价为 $478.11 - 1.005 \times 342 + 1.005 \times 362 = 498.21 (\text{元} / \text{m}^3)$。

因此,该雨篷的合价为 $570.96 \times 4.8 - 498.21 \times 0.34 = 2\ 571.22 (\text{元})$。

雨篷清单项目综合单价为 $2\ 571.22 \div 4.95 = 519.44 (\text{元} / \text{m}^3)$。

雨篷工程量清单综合单价分析见表 6-16。

表 6-16 分部分项工程量清单综合单价分析表

项目编码		项目名称	计量单位	工程数量	综合单价	合价
010503004001		雨篷梁	m³	4.61	493.44	2 274.76
清单综合单价组成	定额号	子目名称	单位	数量	单价	合价
	6-196 换	C30 雨篷梁	m³	4.61	493.44	2 274.76
项目编码		项目名称	计量单位	工程数量	综合单价	合价
010505008001		雨篷	m³	4.95	519.44	2 571.22
清单综合单价组成	定额号	子目名称	单位	数量	单价	合价
	6-216 换	C30 复式雨篷	10 m²	4.8	570.96	2 740.61
	6-218 换	C30 雨篷混凝土含量每增减 1 m³	m³	−0.34	498.21	−169.39

【续例 6-9】 请结合相应的工程量清单,根据《江苏省房屋建筑与装饰工程计价定额》(2014 年),套用计价定额相应定额子目进行直形楼梯工程量清单计价。

【解析】

(1) 现浇混凝土楼梯混凝土设计用量:

TL1: $0.2 \times 0.25 \times (2.6 - 0.12 \times 2) = 0.118 (\text{m}^3)$

TL2: $0.2 \times 0.25 \times (2.6 - 0.12 \times 2) \times 2 (根)($标高 1.650 m 和 3.000 m 各一根$) = 0.236 (\text{m}^3)$

休息平台:$(1.15-0.12) \times (2.6-0.12 \times 2) \times 0.07 = 0.170 (\text{m}^3)$(标高 1.650 m 处)

踏步:$0.3 \times 0.15 \div 2 \times (10+9) \times 1.08 + 0.3 \times 1.08 \times 0.07 = 0.484 (\text{m}^3)$

在读图时需要特别注意的是,$\pm 0.000 \sim 1.650$ m 踏步共 10 级(最上面一步为 TL2);$1.650 \sim 3.000$ m 踏步共 9 级,但需要注意的是,最上面一级踏步其宽度比其他级踏步宽 300 mm。

踏步板:

$$\sqrt{3^2 + (1.65-0.15)^2} \times 1.08 \times 0.11 + \sqrt{(3-0.3)^2 + 1.35^2} \times$$
$$1.08 \times 0.11 = 0.757 (\text{m}^3)$$

踏步板在计算的时候需要看清图纸,$\pm 0.000 \sim 1.650$ m 梯段的 TB1,这 1.65 m 的高度中包含了最上面一级以 TL2 作为踏步的 150 mm,因此踏步垂直高度为 $1.65 - 0.15 = 1.5 (\text{m})$;$1.650 \sim 3.000$ m 梯段的 TB2,水平方向总长度 3 m 中包含了最上面一级踏步超宽的 300 mm。

因此混凝土设计用量为 $0.118 + 0.236 + 0.170 + 0.484 + 0.757 = 1.765 (\text{m}^3)$。

该直形楼梯混凝土实际用量为 $1.765 \times (1+1.5\%) = 1.791 (\text{m}^3)$。

(2)套定额,计算该直形楼梯的合价

6-45　C20 直形楼梯 1 026.32 元/10 m² 水平投影面积

混凝土定额用量为 $2.06 \times 1.045 = 2.153 (\text{m}^3)$。

因此混凝土用量调减:$2.153 - 1.791 = 0.362 (\text{m}^3)$。

6-50　楼梯混凝土含量每调减 1 m³　499.41 元/m³

因此该直形楼梯的合价为 $1 026.32 \times 1.045 - 499.41 \times 0.362 = 891.72$(元)。

该直形楼梯的清单综合单价为:$891.72/10.45 = 85.33$(元/m²),据此编制直形楼梯的分部分项工程量清单综合单价分析表(见表 6-17)。

表 6-17　分部分项工程量清单综合单价分析表

项目编码		项目名称	计量单位	工程数量	综合单价	合价
010406001001		直形楼梯	m²	10.45	85.33	891.72
清单综合单价组成	定额号	子目名称	单位	数量	单价	合价
	6-45	C20 直形楼梯	10 m²	1.045	1 026.32	1 072.51
	6-50	直形楼梯混凝土每调减 1 m³	m³	0.362	−499.41	−180.79

6.3　混凝土工程计量与计价综合案例分析

【例 6-10】　某工业厂房 $\pm 0.00 \sim 3.27$ m 结构图如图 6-23 所示,柱、剪力墙砼

为 C35,梁、板砼为 C30,柱和剪力墙底标高－2.5 m(基础顶面标高),室外设计标高－0.3 m,板厚均为 120 mm。(π 取值 3.14;柱、剪力墙砼工程量从基础顶面标高起算;施工时柱分两次浇筑;砼采用商品砼泵送)

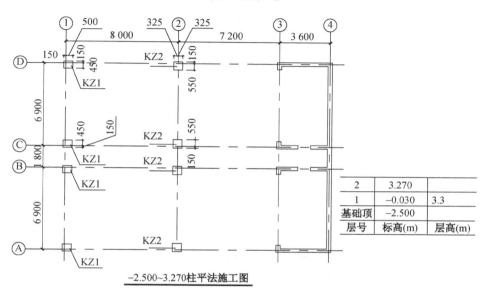

－2.500~3.270 柱平法施工图

2	3.270	
1	−0.030	3.3
基础顶	−2.500	
层号	标高(m)	层高(m)

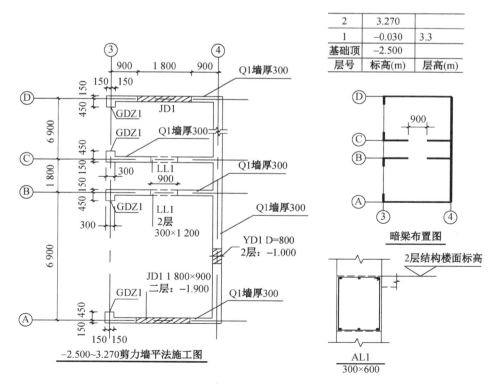

－2.500~3.270 剪力墙平法施工图

暗梁布置图

AL1
300×600

图 6-23 某工业厂房±0.00～3.27 m 结构图

问题：

1. 按《房屋建筑与装饰工程工程量计算规范》(GB 50854—2013)计算规则计算柱、墙和有梁板的清单工程量，并编制相应的工程量清单。

2. 按 2014 年计价定额中的计算规则计算柱、墙和有梁板的定额工程量。

3. 按 2014 年计价定额组价，计算混凝土柱、剪力墙和有梁板的清单综合单价和合价。（计算结果保留小数点后两位）

【解析】

1. 该题涉及三条清单：矩形柱、直形墙和有梁板。根据《房屋建筑与装饰工程工程量计算规范》(GB 50854—2013)，清单工程量计算如下：

(1) 矩形柱

KZ1：0.65×0.6×(2.5+3.27)×4(根)＝9.00(m³)

KZ2：0.65×0.7×(2.5+3.27)×4(根)＝10.50(m³)

因此矩形柱的清单工程量＝9.00＋10.50＝19.50(m³)

(2) 直形墙

外墙中心线长：(6.9×2+1.8)+3.6×2+0.45×2+0.6×2＝24.9(m)

内墙净线长：(3.6－0.15×2)×2＝6.6(m)

墙高：2.5+3.27－0.12＝5.65(m)

墙厚：0.3 m

$(24.9+6.6)\times5.65\times0.3-1.8\times0.9\times0.3\times2(\text{JD1})-3.14\times0.4^2\times0.3$
$(\text{YD1})-0.9\times2.1\times0.3\times2(\text{LL1 下的门洞})+(3.6+6.9-0.15\times2-1.5)\times0.3$
$\times0.12(\text{补})=51.45(\text{m}^3)$

（3）有梁板

KL1：$0.3\times[0.7-0.12(\text{板厚})]\times(8+7.2-0.5-0.65-0.15)\times4=9.67(\text{m}^3)$。

KL2：$0.3\times[0.7-0.12(\text{板厚})]\times(6.9\times2+1.8-0.45\times2-0.6\times2)=2.35(\text{m}^3)$。

KL3：$0.25\times[0.6-0.12(\text{板厚})]\times(6.9\times2+1.8-0.55\times2-0.7\times2)=$
$1.57(\text{m}^3)$。

KL4：$0.3\times[0.6-0.12(\text{板厚})]\times(6.9\times2+1.8-0.45\times2-0.6\times2)=1.94(\text{m}^3)$。

L1：$0.3\times(0.55-0.12)\times(7.2-0.15-0.125)=0.89(\text{m}^3)$。

L2：$0.25\times(0.45-0.12)\times(6.9-1.8-0.15\times2)=0.40(\text{m}^3)$。

板：$[(15.6+0.3)\times(8+7.2+0.3)+(6.9+1.8+0.15+1.5+0.15)\times3.6]\times$
$0.12-(0.65\times0.6\times4+0.65\times0.7\times4)\times0.12(\text{扣单个面积超过 0.3 的柱所占体}$
$\text{积})=33.70(\text{m}^3)(\text{L3 属于楼梯，不计入有梁板中})$。

有梁板清单工程量小计为 50.52 m³。

矩形柱、直形墙和有梁板工程量清单见表 6-18。

表 6-18　分部分项工程量清单

序号	项目编码	项目名称	项目特征描述	计量单位	工程量
1	010502001001	矩形柱	1. 混凝土种类：泵送商品砼 2. 混凝土强度等级：C30	m³	19.50
2	010504001001	直形墙	1. 混凝土种类：泵送商品砼 2. 混凝土强度等级：C30	m³	51.45
3	010505001001	有梁板	1. 混凝土种类：泵送商品砼 2. 混凝土强度等级：C30	m³	50.52

2. 按 2014 年计价定额中的计算规则计算柱、墙和有梁板的定额工程量。

2014 年计价定额中柱、墙和有梁板的工程量计算规则与《房屋建筑与装饰工程工程量计算规范》(GB 50854—2013)中的工程量计算规则相同，故定额工程量＝清单工程量。

3. 按 2014 年计价定额组价，计算柱、墙和有梁板的清单综合单价和合价，并将相关数据列入下列综合单价分析表中。（计算结果保留小数点后两位）

2014 年计价定额中混凝土等级是按 C30 计算的，且管理费和利润也是按三类工程取定，故无须进行定额换算。

矩形柱、直形墙和有梁板工程量清单综合单价分析见表 6-19。

表 6-19　分部分项工程量清单综合单价分析表

项目编码		项目名称	计量单位	工程数量	综合单价	合价
010502001001		矩形柱	m³	19.50	488.12	9 518.34
清单综合单价组成	定额号	子目名称	单位	数量	单价	合价
	6-190	矩形柱	m³	19.50	488.12	9 518.34
项目编码		项目名称	计量单位	工程数量	综合单价	合价
010504001001		直形墙	m³	51.45	473.65	24 369.29
清单综合单价组成	定额号	子目名称	单位	数量	单价	合价
	6-202	地上直形墙厚200 mm外	m³	51.45	473.65	24 369.29
项目编码		项目名称	计量单位	工程数量	综合单价	合价
010505001001		有梁板	m³	50.52	461.46	23 312.96
清单综合单价组成	定额号	子目名称	单位	数量	单价	合价
	6-207	有梁板	m³	50.52	461.46	23 312.96

本 章 习 题

【综合习题 1】　某钢筋混凝土圆形烟囱基础设计尺寸如图 6-24 所示。其中基础垫层采用 C15 混凝土,圆形满堂基础采用 C30 混凝土,地基土壤类别为三类土。土方开挖底部施工所需的工作面宽度为 300 mm,放坡系数为 1∶0.33,放坡自垫层上表面计算。

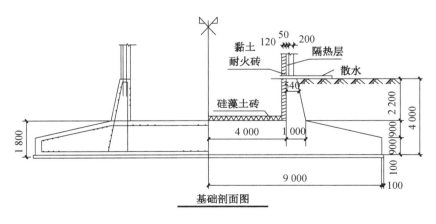

基础剖面图

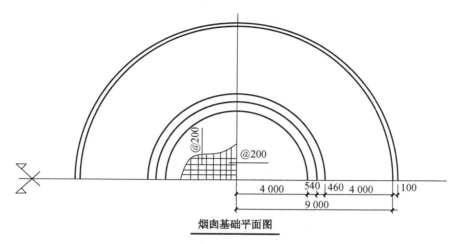

烟囱基础平面图

图 6-24　某烟囱基础平面图和剖面图

【问题】

1. 根据上述条件,按《建设工程工程量清单计价规范》(GB 50500—2013)的计算规则,列式计算该烟囱基础的挖基础土方、垫层、混凝土基础工程量、土方回填和余方弃置的清单工程量。圆台体体积计算公式为:

$$V = \frac{1}{3} \times h \times \pi \times (r_1^2 + r_2^2 + r_1 r_2)$$

表 6-20　清单工程量计算表

序号	项目名称	计算公式	计量单位	数量

2. 施工方案规定,土方按 90% 反铲挖掘机(斗容量 1 m³)、10% 人工开挖,用于回填的土方在 20 m 内就近堆存,余土运往 5 000 m 范围内指定地点堆放。请编制挖基坑土方、土方回填、C15 混凝土垫层、C30 混凝土满堂基础以及余方弃置的工程量清单以及工程量清单综合单价分析表。

表 6-21   分部分项工程量清单

序号	项目编码	项目名称	项目特征描述	计量单位	工程量

表 6-22   分部分项工程量清单综合单价分析表

项目编码		项目名称	计量单位	工程数量	综合单价	合价
		挖基坑土方				
	定额号	子目名称	单位	数量	单价	合价
清单综合单价组成						

表 6-23   分部分项工程量清单综合单价分析表

项目编码		项目名称	计量单位	工程数量	综合单价	合价
		回填方				
	定额号	子目名称	单位	数量	单价	合价
清单综合单价组成						

表 6-24   分部分项工程量清单综合单价分析表

项目编码		项目名称	计量单位	工程数量	综合单价	合价
		垫层				
清单综合单价组成	定额号	子目名称	单位	数量	单价	合价

表 6-25   分部分项工程量清单综合单价分析表

项目编码		项目名称	计量单位	工程数量	综合单价	合价
		满堂基础				
清单综合单价组成	定额号	子目名称	单位	数量	单价	合价

表 6-26   分部分项工程量清单综合单价分析表

项目编码		项目名称	计量单位	工程数量	综合单价	合价
		余方弃置				
清单综合单价组成	定额号	子目名称	单位	数量	单价	合价

【综合习题 2】   某二层砖混结构宿舍楼,基础为标准砖砌筑,在一0.06 m 处设置地圈梁,地圈梁上内外墙均为 M7.5 混合砂浆砌 240 mm 厚加气混凝土砌块,首层平面图如图 6-25 所示,二层平面图除 M1 的位置变为 C1 外,其他均与首层平面图相同。层高均为 3.00 m,室外地坪为一0.45 m,室内地坪标高为+0.00 m,构造

表 6-27   门窗表

门窗代号	尺寸(宽 mm×高 mm)	备注
C1	1 800×1 800	窗台高 900 mm
C2	1 500×1 500	窗台高 1 200 mm
M1	1 200×2 700	
M2	900×2 100	
M3	800×2 100	

柱、圈梁(有墙部分均设置)、过梁、楼板均为现浇 C20 钢筋混凝土,圈梁 240 mm×300 mm,过梁(M2、M3 上)240 mm×120 mm×(门洞净宽+500)mm,楼板和屋面板厚度为 100 mm,门窗洞口尺寸见表 6-27。请根据《建设工程工程量清单计价规范》(GB 50500—2013)计算首层圈梁、过梁、构造柱、外墙砌体、二层楼面现浇板[楼梯间(墙体内净尺寸)、M1 门外部分不计算]的工程量。

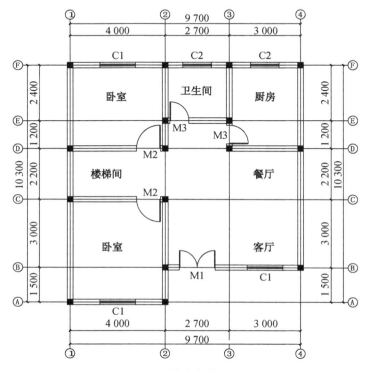

图 6-25 某宿舍楼平面图

7 钢筋工程的计量与计价

钢筋广泛应用于现代的房屋建筑工程中。作为建筑三大材料之一,钢筋工程费在工程造价中占有较高比重,它是建筑中的主要受力构件,如基础、梁、板、柱、剪力墙和楼梯。对钢筋工程进行准确的计量和计价是合理控制工程造价的重要措施之一。

7.1 钢筋工程工程量清单编制

《房屋建筑与装饰工程工程量计算规范》(GB 50854—2013)将钢筋工程这一分部工程分为 10 个清单项目:现浇构件钢筋、预制构件钢筋、钢筋网片、钢筋笼、先张法预应力钢筋、后张法预应力钢筋、预应力钢丝、预应力钢绞线、支撑钢筋(铁马)和声测管,计量单位均为 t,工程计量时每两项目汇总时应保留小数点后三位数字,第四位小数四舍五入。10 个清单项目中,声测管的工程量计算规则为按设计图示以质量计算,钢筋网片的工程量计算规则为按设计图示钢筋网面积乘以单位理论质量计算,其余 8 个清单项目的工程量计算规则均为按设计图示长度乘以单位理论质量进行计算。

《房屋建筑与装饰工程工程量计算规范》(GB 50854—2013)将螺栓、铁件这一分部工程分为螺栓、预埋铁件和机械连接这三个清单项目。螺栓和预埋铁件按照设计图纸尺寸以质量计算,机械连接按数量计算。这里的铁件是指质量在 50 kg 以内的预埋铁件。

根据钢筋的单位理论质量(kg/m)=直径(mm)×直径(mm)×0.006 17,可以计算出不同种类不同规格钢筋的单位理论质量,具体见表 7-1 所示。也可以通过下面的公式进行计算。

$$钢筋每米长质量(kg) = 0.006\,165d^2 (d\ \text{以 mm 为单位})$$

表 7-1 圆钢单位理论质量

圆钢直径 d (mm)	理论质量 (kg/m)	圆钢直径 d (mm)	理论质量 (kg/m)	圆钢直径 d (mm)	理论质量 (kg/m)
6	0.222	12	0.888	20	2.47
6.5	0.26	14	1.21	22	2.986
8	0.395	16	1.58	25	3.856
10	0.617	18	1.999	28	4.837

对于钢筋长度的计算,预应力钢筋按设计图纸规定的预应力钢筋预留孔道长度,区别不同锚具类型,分别按下列规定计算:

(1)低合金钢筋两端均采用螺栓锚具时钢筋长度按孔道长度减 0.35 m 计算,螺杆另行计算。

(2)低合金钢筋一端采用墩头插片、另一端采用螺杆锚具时,钢筋长度按孔道长度计算,螺杆另行计算。

(3)低合金钢筋一端采用墩头插片、另一端采用帮条锚具时,钢筋长度按孔道长度增加 0.15 m 计算;两端均采用帮条锚具时,钢筋长度按孔道长度增加 0.3 m 计算。

(4)低合金钢筋采用后张混凝土自锚时,钢筋长度按孔道长度增加 0.35 m 计算。

(5)低合金钢筋(钢绞线)采用 JM、XM、QM 型锚具,孔道长度在 20 m 以内时,钢筋长度按孔道长度增加 1 m 计算;孔道长度在 20 m 以外时,钢筋(钢绞线)长度按孔道长度增加 1.8 m 计算。

(6)碳素钢丝采用锥形锚具,孔道长度在 20 m 以内时,钢丝束长度按孔道长度增加 1 m 计算,孔道长度在 20 m 以外时,钢丝束长度按孔道长度增加 1.8 m 计算。

(7)碳素钢丝束采用墩头锚具时,钢丝束长度按孔道长度增加 0.35 m 计算。

在计算钢筋工程量的时候,需要注意以下几点:

(1)现浇构件中伸出构件的锚固钢筋应并入钢筋工程量内。除设计(包括规范规定)标明的搭接外,其他施工搭接不计算工程量,在综合单价中综合考虑。

(2)现浇构件中固定位置的支撑钢筋、双层钢筋用的"铁马"、螺栓、预埋铁件和机械连接接头在编制工程量清单时,其工程数量可为暂估量,结算时按现场签证数量计算。

(3)预制混凝土构件或预制钢筋混凝土构件,如施工图设计标注做法见标准图集时,项目特征注明标准图集的编码、页号及节点大样即可。

(4)现浇或预制混凝土和钢筋混凝土构件,不扣除构件内钢筋、螺栓、预埋铁件、张拉孔道所占体积,但应扣除劲性骨架的型钢所占体积。

7.2 钢筋工程工程量清单计价

钢筋工程以钢筋的不同规格、不同品种,按现浇构件钢筋、现场预制构件钢筋、加工厂预制构件钢筋、预应力构件钢筋、点焊网片分别编制定额项目。

1)钢筋工程定额子目总说明

(1)钢筋工程内容包括除锈、平直、制作、绑扎(点焊)、安装以及浇灌混凝土时维护钢筋用工。

（2）钢筋搭接所耗用的电焊条、电焊机、铅丝和钢筋余头损耗已包括在定额内，设计图纸注明的钢筋接头长度以及未注明的钢筋接头按规范的搭接长度应计入设计钢筋用量中。

（3）先张法预应力构件中的预应力、非预应力钢筋工程量应合并计算，按预应力钢筋相应项目执行；后张法预应力构件中的预应力钢筋、非预应力钢筋应分别套用定额。

（4）预制构件点焊钢筋网片已综合考虑了不同直径点焊在一起的因素，如点焊钢筋直径粗细比在两倍以上时，其定额工日按该构件中主筋的相应子目乘以系数 1.25，其他不变（主筋是指网片中最粗的钢筋）。

（5）粗钢筋接头采用电渣压力焊、直螺纹、套管接头等接头者，应分别执行钢筋接头定额。计算了钢筋接头的不能再计算钢筋搭接长度。

（6）非预应力钢筋不包括冷加工，设计要求冷加工时应另行处理。预应力钢筋设计要求人工时效处理时，应另行计算。

（7）后张法钢筋的锚固是按钢筋帮条焊 V 形垫块编制的，如采用其他方法锚固时应另行计算。

（8）钢筋、铁件在加工厂制作时，由加工厂至现场的运输费应另列项目计算。在现场制作的不计算此项费用。

（9）管桩与承台连接所用钢筋和钢板分别按钢筋笼和铁件执行。

2）钢筋工程定额工程量计算规则

编制预算时，钢筋工程量可暂按构件体积（或水平投影面积、外围面积、延长米）×钢筋含量计算，详见 2014 年计价定额 P$_{附996}$。结算工程量计算应按设计图示、标准图集和规范要求计算，当设计图示、标准图集和规范要求不明确时按下列规则计算：

（1）钢筋工程应区别现浇构件、预制构件、加工厂预制构件、预应力构件、点焊网片等以及不同规格，分别按设计展开长度（展开长度、保护层、搭接长度应符合规范规定）乘单位理论质量计算。

（2）计算钢筋工程量时，搭接长度按规范规定计算。当梁、板（包括整板基础）$\phi 8$ 以上的通筋未设计搭接位置时，预算书暂按 9 m 一个双面电焊接头考虑，结算时应按钢筋实际定尺长度调整搭接个数，搭接方式按已审定的施工组织设计确定。

（3）先张法预应力构件中的预应力和非预应力钢筋工程量应合并按设计长度计算，按预应力钢筋定额（梁、大型屋面板、F 板执行 $\phi 5$ 外的定额，其余均执行 $\phi 5$ 内定额）执行。后张法预应力钢筋与非预应力钢筋分别计算，预应力钢筋按设计图规定的预应力钢筋预留孔道长度，区别不同锚具类型，分别计算。

（4）电渣压力焊、直螺纹、冷压套管挤压等接头以"个"计算。预算书中，底板、梁暂按 9 m 长一个接头的 50% 计算;柱按自然层每根钢筋 1 个接头计算。结算时应按钢筋实际接头个数计算。

（5）地脚螺栓制作、端头螺杆螺帽制作按设计尺寸以质量计算。

（6）植筋按设计数量以根数计算。

（7）桩顶部破碎混凝土后主筋与底板钢筋焊接分为灌注桩、方桩(离心管桩、空心方桩按方桩)以桩的根数计算。每根桩端焊接钢筋根数不调整。

（8）在加工厂制作的铁件(包括半成品铁件)、已弯曲成型钢筋的场外运输以质量计算。各种砌体内的钢筋加固分绑扎、不绑扎以质量计算。

（9）混凝土柱中埋设的钢柱,其制作、安装应按相应的钢结构制作、安装定额执行。

（10）基础中钢支架、铁件的计算:

① 基础中,多层钢筋的型钢支架、垫铁、撑筋、马凳等按已审定的施工组织设计合并用量计算,按金属结构的钢平台、走道制、安定额执行。现浇楼板中设置的撑筋按已审定的施工组织设计用量与现浇构件钢筋用量合并计算。

② 铁件按设计尺寸以质量计算,不扣除孔眼、切肢、切角、切边的质量。在计算不规则或多边形钢板质量时均以矩形面积计算。

③ 预制柱上钢牛腿按铁件以质量计算。

7.3 钢筋混凝土结构平法图集

1) 钢筋的构造要求

（1）混凝土保护层

混凝土保护层是指混凝土构件中起到保护钢筋避免钢筋直接裸露的那一部分混凝土,最小保护层厚度是指从混凝土表面到最外层钢筋公称直径外边缘之间的最小距离。最小保护层厚度应符合设计图中的要求。

现行国家标准《混凝土结构设计规范》(GB 50010—2010)规定,构件中受力钢筋的保护层厚度不应小于钢筋的公称直径 d;设计使用年限为 50 年的混凝土结构,最外层钢筋的保护层厚度应符合表 7-2 的规定;设计使用年限为 100 年的混凝土结构,最外层钢筋的保护层厚度不应小于表 7-2 中数值的 1.4 倍。混凝土结构的环境类别划分见表 7-3。

表 7-2 混凝土保护层最小厚度(mm)

环境类别	板、墙、壳	梁、柱、杆
一	15	20
二 a	20	25

环境类别	板、墙、壳	梁、柱、杆
二 b	25	35
三 a	30	40
三 b	40	50

注:1. 混凝土强度等级不大于 C25 时,表中保护层厚度数值应增加 5 mm。

2. 钢筋混凝土基础宜设置混凝土垫层,基础钢筋的混凝土保护层厚度应从垫层顶面算起,且不应小于 40 mm。

表 7-3　混凝土结构的环境类别

环境类别	条　件
一	室内干燥环境;无侵蚀性静水浸没环境
二 a	室内潮湿环境;非严寒和非寒冷地区的露天环境;非严寒和非寒冷地区与无侵蚀性的水或土壤直接接触的环境;严寒和寒冷地区的冰冻线以下与无侵蚀性的水或土壤直接接触的环境
二 b	干湿交替的环境;水位频繁变动环境;严寒和寒冷地区的露天环境;严寒和寒冷地区冰冻线以上与无侵蚀性的水或土壤直接接触的环境
三 a	严寒和寒冷地区冬季水位变动区环境;受除冰盐影响的环境;海风环境
三 b	盐渍土环境;受除冰盐作用环境;海岸环境
四	海水环境
五	受人为或自然的侵蚀性物质影响的环境

（2）钢筋的连接方式

由于钢筋的定尺长度是一定的,因此当单根钢筋长度不能满足要求时,需要对两根钢筋进行连接。钢筋的连接方式分为绑扎、焊接和机械连接三种。施工规范规定:受力钢筋的接头应优先采用焊接连接和机械连接。焊接的方法有闪光对焊、电弧焊、电渣压力焊等,机械连接方法有钢筋套筒挤压连接和锥螺纹套筒连接。

计算钢筋工程量时,设计已规定(即图纸固定或规范规定)钢筋搭接长度的,按搭接长度计算(表 7-4);设计未规定钢筋搭接长度的(如焊接接头长度,双面焊接 $5d$,单面焊接 $10d$),已包含在钢筋的损耗率之内,不另计算搭接长度。钢筋电渣压力焊接、直螺纹、冷压套管挤压等接头以"个"计算。纵向受拉钢筋绑扎搭接接头的抗震搭接长度如表 7-4 所示。

表 7-4　纵向受拉钢筋绑扎搭接接头的抗震搭接长度 l_{lE}

钢筋种类及同一区段内搭接钢筋面积百分比			混凝土强度等级								
			C20	C25		C30		C35		C40	
			$d\leqslant25$	$d\leqslant25$	$d>25$	$d\leqslant25$	$d>25$	$d\leqslant25$	$d>25$	$d\leqslant25$	$d>25$
一、二级抗震等级	HPB300	≤25%	54d	47d	—	42d		38d	—	35d	
		50%	63d	55d		49d		45d		41d	
	HRB335	≤25%	53d	46d		40d		37d		35d	
	HRBF335	50%	62d	53d		4d		43d		41d	
	HRB400	≤25%	—	55d	61d	48d	54d	44d	48d	40d	44d
	HRBF400	50%	—	64d	71d	56d	63d	52d	56d	46d	52d
	HRB500	≤25%	—	66d	73d	59d	65d	54d	59d	49d	55d
	HRBF500	50%	—	77d	85d	69d	76d	63d	69d	57d	64d
三级抗震等级	HPB300	≤25%	49d	43d	—	38d	—	35d	—	31d	—
		50%	57d	50d	—	45d	—	41d	—	36d	—
	HRB335	≤25%	48d	42d	—	36d	—	34d	—	31d	—
	HRBF335	50%	56d	49d	—	42d	—	39d	—	36d	—
	HRB400	≤25%	—	50d	55d	44d	49d	41d	44d	36d	41d
	HRBF400	50%	—	59d	64d	52d	57d	48d	52d	42d	48d
	HRB500	≤25%	—	60d	67d	54d	59d	49d	54d	46d	50d
	HRBF500	50%	—	70d	78d	63d	69d	57d	63d	53d	59d

注：1. 表中数值为纵向受拉钢筋绑扎搭接接头的搭接长度。

2. 两根不同直径钢筋搭接时，表中 d 取较细钢筋直径。

3. 任何情况下，搭接长度不应小于 300 mm。

4. 四级抗震时，$l_{lE}=l_l$。

（3）钢筋的锚固长度

钢筋的锚固长度一般指梁、板、柱等构件的受力钢筋伸入支座或基础中的总长度，包括直线及弯折部分。抗震设计时受拉钢筋基本锚固长度 l_{abE} 和受拉钢筋抗震锚固长度 l_{aE} 分别见表 7-5 和表 7-6。

表 7-5 抗震设计时受拉钢筋基本锚固长度 l_{abE}

钢筋种类		混凝土强度等级								
		C20	C25	C30	C35	C40	C45	C50	C55	≥C60
HPB300	一、二级	45d	39d	35d	32d	29d	28d	26d	25d	24d
	三级	41d	36d	32d	29d	26d	25d	24d	23d	22d
HRB335 HRBF335	一、二级	44d	38d	33d	31d	29d	26d	25d	24d	24d
	三级	40d	35d	31d	28d	26d	24d	23d	22d	22d
HRB400 HRBF400	一、二级	—	46d	40d	37d	33d	32d	31d	30d	29d
	三级	—	42d	37d	34d	30d	29d	28d	27d	26d
HRB500 HRBF500	一、二级	—	55d	49d	45d	41d	39d	37d	36d	35d
	三级	—	50d	45d	41d	38d	36d	34d	33d	32d

注:1. 四级抗震时,$l_{abE} = l_{ab}$。

2. 当锚固钢筋的保护层厚度不大于 5d 时,锚固钢筋长度范围内应设置横向构造钢筋,其直径不应小于 $d/4$(d 为锚固钢筋的最大直径);对梁、柱等构件间距不应大于 5d,对板、墙等构件间距不应大于 10d,且均不应大于 100 mm(d 为锚固钢筋的最小直径)。

表 7-6 受拉钢筋抗震锚固长度 l_{aE}

钢筋种类 及抗震等级		混凝土强度等级								
		C20	C25		C30		C35		C40	
		$d≤25$	$d≤25$	$d>25$	$d≤25$	$d>25$	$d≤25$	$d>25$	$d≤25$	$d>25$
HPB300	一、二级	45d	39d	—	35d	—	32d		29d	
	三级	41d	36d	—	32d	—	29d		26d	—
HRB335 HRBF335	一、二级	44d	38d	—	33d		31d		29d	
	三级	40d	35d	—	30d		28d		26d	
HRB400 HRBF400	一、二级	—	46d	51d	40d	45d	37d	40d	33d	37d
	三级	—	52d	46d	37d	41d	34d	37d	30d	34d
HRB500 HRBF500	一、二级	—	55d	61d	49d	54d	45d	49d	41d	46d
	三级	—	50d	56d	45d	49d	41d	45d	38d	42d

注:1. 四级抗震时,$l_{aE} = l_a$。

2. 受拉钢筋的锚固长度 l_{aE}、l_a 计算值不应小于 200 mm。

2) 平法图集

平法的创始人是山东大学陈青来教授,"平法"系指混凝土结构施工图平面整体表示方法,目前采用的最新平法图集为 16G101-1、16G101-2 和 16G101-3。其中 16G101-1 为《混凝土结构施工图平面整体表示方法制图规则和构造详图(现浇混凝土框架、剪力墙、梁、板)》,16G101-2 为《混凝土结构施工图平面整体表示方法制图规则和构造详图》(现浇混凝土板式楼梯),16G101-3 为《混凝土结构施工图平面整体表示方法制图规则和构造详图》(独立基础、条形基础、筏形基础、桩基础)。

"平法"是我国对混凝土结构施工图设计表示方法所进行的一项重大改革,它改变了传统的那种将构件从结构平面布置图中索引出来,再逐个绘制配筋详图的繁琐方法。由于它把构件尺寸和配筋直接表达在各类构件的结构平面布置图上,使其结构施工图的数量大大减少,这不但减少了绘图的工作量,而且使得结构设计的后期计算,如每根钢筋形状和尺寸的具体计算、工程钢筋表的绘制等也都免去而不做了。平法精简了混凝土结构施工图的设计(绘图)程序,极大地减轻了结构设计师的繁重劳动,加快了结构设计的步伐,在一定程度上提高了结构设计的质量。

平法视全部设计过程与施工过程为一个完整的主系统,主系统由多个子系统构成,平法包括以下几个子系统:(1)基础结构;(2)柱墙结构;(3)梁结构;(4)板结构。各子系统有明确的层次性、关联性和相对完整性。所谓层次性即基础→柱、墙→梁→板,无论从设计过程还是从施工过程,都是按照这个流程完成,层次非常清晰,具有很强的内在逻辑性。所谓关联性即基础→柱、墙(以基础为支座),柱→梁(以柱为支座),梁→板(以梁为支座),构件的关联其实也就是力的传递路径问题。板的荷载传递给梁,梁的荷载传递给柱、墙,柱、墙的荷载传递给基础。节点通常关系到多个构件的连接,它不可能单独存在。其次确定主次,即谁是支承体系,构件节点关联,最后可判断谁是谁的支座。基础应在支承柱的位置保持连续,柱应在其支承梁的位置保持连续,梁应在其支承板的位置保持连续。相对完整性:基础自成体系,无柱或墙的设计内容;柱墙自成体系,无梁的设计内容。

3) 梁平法施工图的表示方法

在梁平面布置图上,分别在不同编号的梁中各选一根梁,用在其上注写截面尺寸和配筋具体数值的方式来表达梁平法施工图。平面注写包括集中标注与原位标注,集中标注表达梁的通用数值,原位标注表达梁的特殊数值。当集中标注中的某项数值不适用于梁的某部位时,则将该项数值进行原位标注,施工时,原位标注取值优先。接下来以图 7-1 中的 KL2 为例讲解梁钢筋的集中标注与原位标注。

(1) 集中标注

梁集中标注的内容,有五项必注值和一项选注值(集中标注可以从梁的任意一跨引出),规定如下:

① 梁编号,该项为必注值。

以柱为支座的梁称为框架梁,用字母 KL 来表示;以框架梁为支座的梁称为非框架梁,用字母 L 来表示。梁的编号见表 7-7 所示。

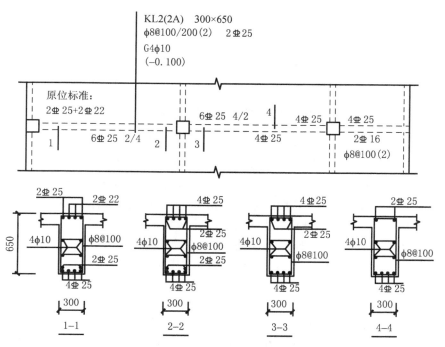

图 7-1　梁平面注写方式示例

表 7-7　梁编号

梁类型	代号	序号	跨数及是否带有悬挑
楼层框架梁	KL	××	(××)、(××A)或(××B)
屋面框架梁	WKL	××	(××)、(××A)或(××B)
框支梁	KZL	××	(××)、(××A)或(××B)
非框架梁	L	××	(××)、(××A)或(××B)
悬挑梁	XL	××	(××)、(××A)或(××B)
井字梁	JZL	××	(××)、(××A)或(××B)

　　如果框架梁有悬挑端,一端悬挑用 A 表示,两端悬挑用 B 表示,悬挑不计入跨数。图 7-2 中 KL1(2A)表示 1 号框架梁,两跨,一端悬挑;KL1(2B)表示 1 号框架梁,两跨,两端悬挑。

　　② 梁截面尺寸,该项为必注值。

　　当为等截面梁时,用 $b×h$ 表示。b 表示梁的宽度,h 表示梁的高度。图 7-1 中 KL2(2A)集中标注的第一行表示的是 2 号框架梁,两跨,一端悬挑,梁的宽度为 300 mm,梁的高度为 650 mm。

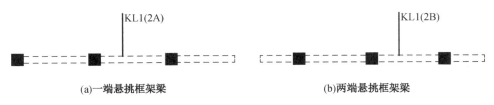

图 7-2　有悬挑端的框架梁表示方法

③ 梁箍筋,该项为必注值。

梁箍筋包括钢筋级别、直径、加密区与非加密区间距及肢数。箍筋加密区与非加密区的不同间距及肢数需用斜线"/"分隔;当梁箍筋为同一种间距及肢数时,则不需用斜线;当加密区与非加密区的箍筋肢数相同时将肢数注写一次;箍筋肢数应写在括号内。加密区范围见相应抗震级别的标准构造详图(16G101-1)。图 7-1 中 KL2(2A)集中标注的第二行 $\phi8@100/200(2)$ 表示箍筋为直径 8 mm 的 HPB300 级钢筋,双肢箍,其加密区间距为 100 mm,非加密区间距为 200 mm。

④ 梁上部通长筋或架立筋配置,该项为必注值。

当同排纵筋中既有通长筋又有架立筋时,应用加号"+"将通长筋和架立筋相联。注写时需将角部纵筋写在加号的前面,架立筋写在加号后面的括号内,以示不同直径与通长筋的区别。当全部采用架立筋时,则将其写入括号内。所谓架立筋是起架立箍筋的作用,当梁上部没有上部通长筋的时候,一般需要设置架立筋。

当梁的上部纵筋和下部纵筋均为通长筋,且多数跨配筋相同时,此项可加注下部纵筋的配筋值,用分号";"将上部与下部纵筋配筋值分隔开来。图 7-1 中 KL2(2A)集中标注的第二行中 2 Φ 25 表示上部通长钢筋为 2 根直径 25 mm 的 HRB400 级钢筋。

⑤ 梁侧纵向构造钢筋或受扭钢筋配置,该项为必注值。

当梁侧面需配置纵向构造钢筋时,以大写字母 G 打头,接续注写设置在梁两个侧面的总配筋值,且对称配置。其搭接与锚固长度可取为 $15d$。

当梁侧面需配置受扭纵向钢筋时,以大写字母 N 打头,接续注写配置在梁两个侧面的总配筋值,且对称配置。布置受扭纵向钢筋时不再重复配置纵向构造钢筋。其搭接长度为 l_l 或 l_{lE}(抗震),其锚固长度为 l_a 或 l_{aE}(抗震)。

图 7-1 中 KL2(2A)集中标注的第三行 $4\phi10$ 在 KL2 梁的两侧面,沿高度中部,各设 2 根直径 10 mm 的 HPB300 级钢筋。

⑥ 梁顶面标高高差,该项为选注值。

梁顶面标高高差,系指相对于结构层楼面标高的高差值,对于位于结构夹层的梁,则指相对于结构夹层楼面标高的高差。有高差时,需将其写入括号内,无高差时不注。图 7-1 中 KL2(2A)集中标注的第四行(-0.100)表示 KL2 相对于结构层楼面标高低 0.100 m。

（2）原位标注

① 梁支座上部纵筋,该部位含通长筋在内的所有纵筋。

a. 当上部纵筋多于一排时,用斜线"/"将各排纵筋自上而下分开。

b. 当同排纵筋有两种直径时,用加号"+"将两种直径的纵筋相联,注写时将角部纵筋写在前面。

c. 当梁中间支座两边的上部纵筋不同时,须在支座两边分别标注;当梁中间支座两边的上部纵筋相同时,可仅在支座的一边标注配筋值,另一边省去不注。

图 7-1 中 KL2(2A)原位标注上部钢筋中第一跨左端支座处的 2 Φ 25+2 Φ 22,前面的 2 Φ 25 即为集中标注的上部通长钢筋,位于 KL2 的角部,2 Φ 22 表示的是第一跨左端支座的第一排支座负筋。第一跨右支座没有标注支座负筋,但第二跨左侧标注了 6 Φ 25 4/2,则表示该支座左右两侧的上部支座负筋是相同的,即第一跨右支座第一排为 2 Φ 25(另外 2 Φ 25 属于上部通长钢筋),第二排为 2 Φ 25。第二跨左侧支座负筋同之。第二跨的右侧支座的 4 Φ 25 与悬挑端的 4 Φ 25,其中 2 Φ 25 为上部通长筋,其余 2 Φ 25 为在第 2 跨左侧支座以及悬挑端处贯通。

需要注意的是,对于支座两边不同配筋值的上部纵筋,宜尽可能选用相同直径(不同根数),使其贯穿支座,避免支座两边不同直径的上部纵筋均在支座内锚固。对于以边柱、角柱为端支座的屋面框架梁,当能够满足配筋截面面积要求时,其梁的上部钢筋应尽可能只配置一层,以避免梁柱纵筋在柱顶处因层数过多、密度过大导致不方便施工和影响混凝土浇筑质量。

② 梁下部纵筋:

a. 当下部纵筋多于一排时,用斜线"/"将各排纵筋自上而下分开。

b. 当同排纵筋有两种直径时,用加号"+"将两种直径的纵筋相联,注写时角筋写在前面。

c. 当梁下部纵筋不全部伸入支座时,将梁支座下部纵筋减少的数量写在括号内。

d. 当梁的集中标注中已按规定分别注写了梁上部和下部均为通长的纵筋值时,则不需在梁下部重复做原位标注。

图 7-1 中 KL2(2A)原位标注下部钢筋中第一跨 6 Φ 25 2/4 表示第 1 跨的第一排下部钢筋为 2 Φ 25,第二排下部钢筋为 4 Φ 25。第 2 跨下部钢筋中的 4 Φ 25 表示下部钢筋只有一排,为 4 Φ 25;悬挑端下部钢筋中的 2 Φ 16 表示下部钢筋只有一排,为 2 Φ 16,ϕ8@100(2)表示悬挑端箍筋为直径 8 mm 的 HPB235 级钢筋,双肢箍,悬挑端箍筋全部加密,加密区间距为 100 mm。

③ 附加箍筋或吊筋,将其直接画在平面图中的主梁上,用线引注总配筋值(附

加箍筋的肢数注在括号内)。

4）板平法施工图的表示方法

板的钢筋设置总体上有两种：一种是双层双向设置，即面筋（X 方向和 Y 方向）和底筋（X 方向和 Y 方向），这种钢筋信息一般为集中标注；另一种是底筋（X 方向和 Y 方向）采用集中标注方式，而面筋采用负筋和分布筋的形式，其中负筋又包括支座负筋和中间支座负筋，一般采用原位标注，而对于分布筋，由于其仅起固定负筋的作用，因此一般采用在图纸下面注释的方式进行标注，而不直接在图纸上标注。分布筋的设置如图 7-3 所示。板的面筋用字母 T 表示，底筋用字母 B 来表示，其分别为 top 和 bottom 的英文首字母大写。

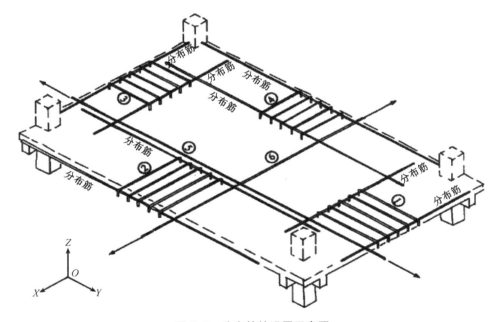

图 7-3　分布筋的设置示意图

在结构楼板中配置双层钢筋时，底筋的弯钩应向上或向左，面筋的弯钩则向下或向右，如图 7-4 所示。

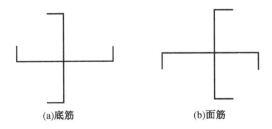

(a)底筋　　　　　　　　(b)面筋

图 7-4　楼板双层钢筋中底筋和面筋的表示方法

5）柱平法施工图的表示方法

绘制柱平法施工图时在柱平面布置图上采用列表注写方式或截面注写方式表达。柱中的钢筋构造如图7-5所示。

柱构件纵向钢筋（受力筋）工程量的计算需要区分三大块：基础插筋、首层中间层纵筋和顶层柱纵筋。这里需要特别注意的是，顶层柱纵筋根据其所处位置不同可以区分为边柱、角柱和中柱。这三种柱其柱顶钢筋锚固长度不同，因此需要分别计算。

（1）顶层边（角）柱纵向钢筋锚固长度。顶层边（角）柱的纵向钢筋构造如图7-6所示。图中1号钢筋为柱外侧纵向钢筋，需锚入框架梁内 $1.5l_{aE}$，2号和3号钢筋为柱内侧钢筋，其锚固形式与中柱纵向钢筋柱顶构造相同，有两种锚固形式：直锚和弯锚。若梁的高度超过 l_{aE}，此时采用直锚的方式，锚固长度为 l_{aE}。否则采用弯锚形式，弯锚长度为梁高－保护层厚度＋12d。柱内侧纵筋锚固原则为能直锚则直锚，不能直锚则弯锚。

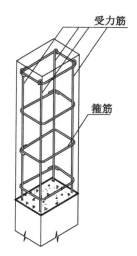

图 7-5 柱筋构造

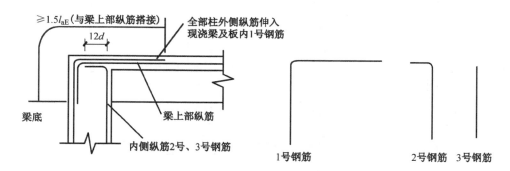

图 7-6 框架柱边柱和角柱柱顶纵向钢筋构造

（2）顶层中柱锚固长度如图7-7所示。顶层中柱的钢筋构造有四种形式，如图所示。

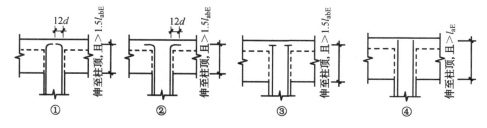

（当柱顶有不小于100厚的现浇板）柱纵向钢筋端头加锚头（锚板）（当直锚长度＞ l_{aE} 时）

图 7-7 框架柱中柱柱顶纵向钢筋构造

7.4 钢筋工程量清单计价综合案例分析

【**例 7-1**】 某工业建筑为全现浇框架结构,设计三级抗震,柱、梁、板均采用非泵送预拌 C30 砼。已知柱截面尺寸均为 600 mm×600 mm,轴线尺寸为柱中心线尺寸,KL3 配筋如图 7-8 所示,钢筋定尺长度为 9 m,钢筋均采用绑扎连接。框架梁钢筋保护层 20 mm(为最外层钢筋外边缘至混凝土表面的距离)。请根据图示构造要求(依据国家建筑标准设计图集 16G101-1)以及本题给定要求,计算 C 轴框架梁 KL3 钢筋总用量,并编制钢筋工程量清单。(计算结果保留小数点后 2 位)

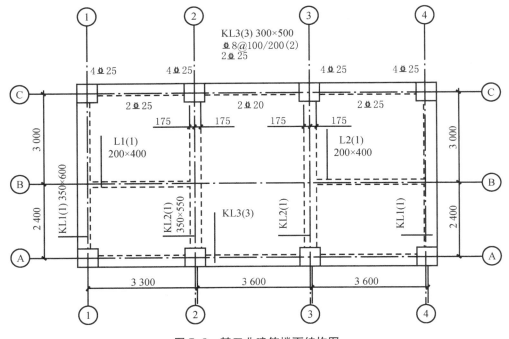

图 7-8 某工业建筑楼面结构图

【**解析**】

1. 梁钢筋平法识图

图中 KL3 采用的是混凝土平面整体表示法,框架梁的平面表示法分为集中标注和原位标注,集中标注表达梁的通用数值,原位标注表达梁的特殊数值。当集中标注中的某项数值不适用于梁的某部位时,则将该项数值进行原位标注,施工时,原位标注取值优先。

KL3 平面注写方式表示的含义是:①到④轴之间有一道框架梁,集中标注第一行 KL3(3)350×500 表示框架梁的编号为 3,总跨数为 3,其截面宽度为 350 mm,

截面高度为 500 mm,集中标注第二行表示箍筋为直径 8 mm 的 HRB400 级钢筋,箍筋加密区间距为 100 mm,非加密区间距为 200 mm,双肢箍;集中标注第三行表示框架梁的上部通长筋为两根直径 25 mm 的 HRB400 级钢筋。原位标注中:①轴支座上部 4 Φ 25 表示支座上部有 4 根直径 25 mm 的 HRB400 级钢筋,其中包含集中标注中的 2 Φ 25 的上部通长筋,因此其余 2 Φ 25 为上部支座负筋,只有一排,第一排支座附近伸出支座边 $l_n/3$ 位置(l_n 为本跨净跨长)。对于中间支座,l_n 为支座两边较大一跨的净跨长。②轴、③轴、④轴支座上部的 4 Φ 25,与①轴表示的含义相同。①到②轴下部的 2 Φ 25 表示第一跨支座下部为两根直径 25 mm 的 HRB400 级钢筋。第二跨、第三跨的下部钢筋含义同第一跨。

通过上述分析可以看出 KL3 的钢筋计算包括上部通长筋、上部支座负筋(第一排,且只有一排)、下部钢筋、箍筋。

2. KL3 钢筋工程量的计算

楼层框架梁纵向钢筋构造如图 7-9 所示。

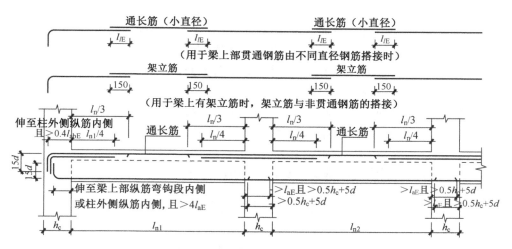

图 7-9 楼层框架梁纵向钢筋构造

(1)上部通长筋 2 Φ 25

对于上部通长筋的计算,一方面由于钢筋的定尺长度为 9 m,因此往往需要考虑钢筋的连接方式,从而确定搭接长度,另一方面需要确定其端支座锚固长度。

① 根据题意,纵向钢筋采用绑扎连接,结合表 7-4 可得知搭接长度为 52d。

② 框架梁纵向钢筋端支座锚固长度的确定。梁纵向钢筋端支座锚固原则上是能直锚则直锚,不能直锚则弯锚。将柱沿着框架梁方向的尺寸计为 h_c,柱保护层厚度用 c 表示,规范规定,直锚长度除了要达到 l_{aE} 之外,还必须伸过柱中心线 5 倍的直径长度,因此直锚长度取 l_{aE} 和 $0.5h_c+5d$ 之间较大的值。根据表 7-6 受拉钢筋抗震锚固长度确定直锚长度 $l_{aE}=37d=37\times0.025=0.925$ m,而支座宽(柱宽)为

0.6 m,显然支座宽度是不够直锚的,因而采用弯锚的方式。从图7-9中可以看出,弯锚长度分为两段:水平段和垂直段。垂直段长度为15d。水平段要求伸入柱外侧纵筋内侧,同时还必须$\geq 0.4 l_{abE}$。如果达不到这个要求,那么则需要对钢筋进行相应的代换,使其达到这个要求。因此弯锚的长度:水平段长度为$h_c - c$,垂直段长度为15d。由此可以确定KL3纵向钢筋端支座锚固长度为$h_c - c + 15d$。

上部通长筋 2Φ25:{(3.3+3.6+3.6−0.6)(总净跨长)+[0.6(支座沿着框架梁方向的宽度)−0.02(柱保护层厚度)+15×0.025](端支座锚固长度)×2+52×0.025(搭接长度,考虑1个绑扎搭接接头)}×2(根)=26.22(m)。

(2)上部支座负筋

第一跨左端上部支座负筋 2Φ25:{(3.3−0.6)(支座间净跨长)/3+[0.6−0.02(柱保护层厚度)+15×0.025](端支座锚固长度)}×2(根)=3.71(m)。

轴上部支座负筋 2Φ25:[(3.6−0.6)(取相邻两跨中支座间净跨长较大者)×2/3+0.6(支座宽)]×2(根)=5.20(m)。

轴上部支座负筋 2Φ25:5.20 m(同②轴)。

第三跨右端上部支座负筋 2Φ25:{(3.6−0.6)(支座间净跨长)/3+[0.6−0.02(柱保护层厚度)+15×0.025](端支座锚固长度)}×2(根)=3.91(m)。

(3)下部纵向钢筋(端支座锚固同上部纵向钢筋,中间支座直锚,锚固长度为l_{aE}且超过柱中心线5d)

第一跨下部纵向钢筋 2Φ25:{(3.3−0.6)(净跨长)+[0.6−0.02(柱保护层厚度)+15×0.025](端支座锚固长度)+37×0.025(中间支座锚固)}×2(根)=9.16(m)。

第二跨下部纵向钢筋 2Φ20:[(3.6−0.6)(净跨长)+37×0.020(中间支座锚固)×2]×2(根)=8.96(m)。

第三跨下部纵向钢筋 2Φ25:{(3.6−0.6)(净跨长)+37×0.025(中间支座锚固)+[0.6−0.02(柱保护层厚度)+15×0.025](端支座锚固长度)}×2(根)=9.76(m)。

(4)箍筋Φ8@100/200(2)

双肢箍示意图如图7-10所示,当箍筋平直部分为10d时,梁箍筋单根长度=(梁高−2×保护层厚度+梁宽−2×保护层厚度)×2+24×箍筋直径。

框架梁箍筋的加密区的设置范围见图7-11所示,箍筋加密区长度为本框架梁

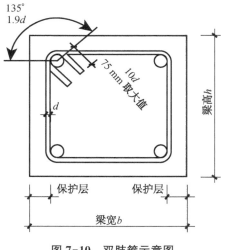

图 7-10 双肢箍示意图

梁高的 1.5 倍。h_b 表示梁截面高度。箍筋根数计算公式分别为：

加密区箍筋根数 ＝（加密区长度－50)/ 加密间距＋1(逢小数进 1)

注意:距支座边 50 mm 设第一道箍筋。

非加密区箍筋根数＝（非加密区长度/非加密间距－1)(逢小数进 1)

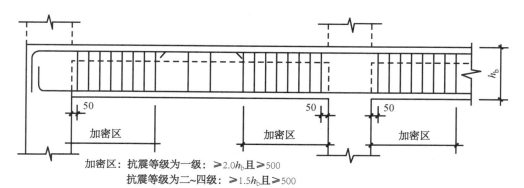

加密区: 抗震等级为一级: ≥2.0h_b且≥500
抗震等级为二~四级: ≥1.5h_b且≥500

图 7-11　框架梁箍筋加密区范围

① 箍筋的单根长度:[0.35(梁宽)－0.02(梁保护层厚度)×2＋0.5(梁高)－0.02(梁保护层厚度)×2]×2＋24×0.008＝1.73(m)

② 箍筋根数计算

a. 第一跨

支座左端加密区长度为 1.50×0.5(梁高)＝0.75(m)。

加密区箍筋根数:[0.75－0.05(距支座边 50 mm 设第一道箍筋)]/0.1＋1＝8(根)。

非加密区长度为 3.3－0.6－0.75×2＝1.2(m)。

非加密区箍筋根数:(3.3－0.6－0.75×2)/0.2－1＝5(根)。

因此第一跨箍筋根数为 8×2(支座两端均为箍筋加密区)＋5＝21(根)。

b. 第二跨

支座左端加密区长度为 1.50×0.5(梁高)＝0.75(m)。

加密区箍筋根数:[0.75－0.05(距支座边 50 mm 设第一道箍筋)]/0.1＋1＝8(根)。

非加密区长度为:3.6－0.6－0.75×2＝1.5(m)。

非加密区箍筋根数:(3.6－0.6－0.75×2)/0.2－1＝7(根)(逢小数进 1)。

因此第二跨箍筋根数为 8×2(支座两端均为箍筋加密区)＋7＝23(根)。

c. 第三跨箍筋根数:23 根(同第二跨)

由此可见,箍筋总根数为 21＋23＋23＝67(根)

箍筋总长度为 $1.73 \times 67 = 115.91$(m)。

结合上述分析,可以计算出 KL3 的钢筋工程量如表 7-8 所示,并编制出钢筋工程的工程量清单(表 7-9)。

表 7-8　钢筋质量计算表

序号	直径	总长(m)	理论质量(kg/m)	总质量(kg)
1	8	115.91	0.395	45.78
2	20	8.96	2.466	22.10
3	25	63.16	3.85	243.17
合计				311.05 kg

表 7-9　分部分项工程量清单

序号	项目编码	项目名称	项目特征描述	计量单位	工程量
1	010515001001	现浇构件钢筋	1. 钢筋种类、规格:直径 12 mm 以内	t	0.046
2	010515001002	现浇构件钢筋	1. 钢筋种类、规格:直径 25 mm 以内	t	0.265

【例 7-2】　某现浇 C25 砼有梁板楼板平面配筋图如图 7-12 所示,请根据《混凝土结构施工图平面整体表示方法制图规则和构造详图(现浇混凝土框架、剪力墙、梁、板)》(国家建筑标准设计图集 16G101-1)有关构造要求以及本题给定条件,计算该楼面板钢筋总用量,其中板厚 100 mm,钢筋保护层厚度 15 mm,钢筋锚固长度 $l_{ab} = 35d$;板底部设置双向受力筋,板支座上部非贯通纵筋原位标注值为支座中线向跨内的伸出长度;板受力筋排列根数=[(L-100 mm)/设计间距]+1,其中 L 为梁间板净长;分布筋长度为轴线间距离,分布筋根数为布筋范围除以板筋间距。板筋计算根数时如有小数,均为向上取整计算根数(如 4.1 取 5 根)。钢筋长度计算保留三位小数;质量保留两位小数。温度筋、马凳筋等不计。

【解析】

板底部设置双向受力筋,板支座上部非贯通纵筋原位标注值为支座中线向跨内的伸出长度;板受力筋排列根数=(L-100 mm)/设计间距]+1,其中 L 为梁间板净长(100 mm 是指每端距离支座边 50 mm 设置第一根受力筋);分布筋长度为轴线间距离,分布筋根数为布筋范围除以板筋间距。板筋计算根数时如有小数,均为向上取整计算根数(如 4.1 取 5 根)。

(1)板底部设置双向受力筋

板受力筋可分为 X 方向和 Y 方向,当两向轴网正交布置时,图面从左至右为 X 向,从下至上为 Y 向。

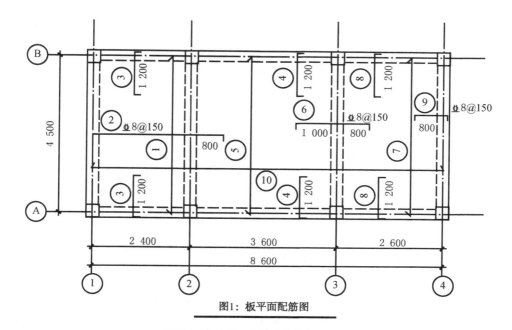

图1：板平面配筋图

说明：1. 板底筋、负筋受力筋未注明均为⊈8@200。
2. 未注明梁宽均为250 mm,高600 mm。
3. 未注明板支座负筋分布钢筋为φ6@200。

钢筋理论质量：φ6=0.222 kg/m,⊈8=0.395 kg/m

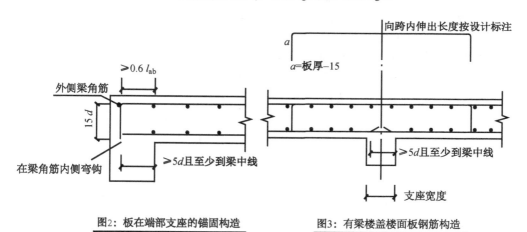

图2：板在端部支座的锚固构造　　图3：有梁楼盖楼面板钢筋构造

图 7-12　某现浇有梁板楼板平面配筋图和 16G101-1 板筋相关构造要求

① 1 号筋:⊈8@200(第一跨 Y 方向板底受力筋)

长度:4.5 m(A 到 B 轴之间的中心线长度)。

根数:(2.4－0.125×2－0.1)/0.2＋1＝12(根)。

② 5 号筋：ϕ8@200（第二跨 Y 方向板底受力筋）

长度：4.5 m（A 到 B 轴之间的中心线长度）。

根数：(3.6－0.125×2－0.1)/0.2+1=18（根）。

③ 7 号筋：ϕ8@200（第三跨 Y 方向板底受力筋）

长度：4.5 m（A 到 B 轴之间的中心线长度）。

根数：(2.6－0.125×2－0.1)/0.2+1=13（根）。

④ 10 号筋：ϕ8@200（X 方向板底受力筋）

长度：2.4+3.6+2.6=8.6 m（1 到 4 轴之间的中心线长度）。

根数：(4.5－0.125×2－0.1)/0.2+1=22（根）。

（2）板面

① 2 号筋：ϕ8@150 负筋受力筋

单根长度：2.4－0.125（梁半宽）+(0.6l_{ab}+15d)（端支座锚固长度）+0.8+[0.1－0.015（板保护层厚度）]=3.448(m)。

根数：[4.5－0.125×2－0.1（两端起步距离）]/0.15+1=29（根）。

注意：支座负筋弯折长度如果是预算算法可以减去一个保护层，但施工下料减去两个保护层，因为钢筋加工过程中会有误差，弯折长度过长容易露筋，并且浪费钢筋，因此要控制负筋的保护层可以在负筋弯折下加垫块。

ϕ6@200　分布筋 1

单根长度：4.5 m（A 到 B 轴之间的中心线长度）。

根数：[2.4－0.25（梁宽）]/0.2=11 根（向上取整）。

ϕ6@200　分布筋 2

单根长度：4.5 m（A 到 B 轴之间的中心线长度）。

根数：[0.800－0.125（梁半宽）]/0.2=4 根（向上取整）。

② 3 号筋：ϕ8@200 端支座负筋

单根长度：1.2－0.125+(0.6l_{ab}+15d)+(0.1－0.015)=1.448(m)。

根数：[(2.4－0.125×2－0.1)/0.2+1]×2=24（根）。

ϕ6@200　分布筋

用 2 号筋代替，不计。

注意：楼板上的分布筋一般垂直于受力主筋，用以固定主筋，起到构造作用。对板的负筋，当双向布置时，纵横向重合的部分不再设置分布筋，当单向布置或在纵横向负筋不重合的部位，设置分布筋。

③ 4 号筋：ϕ8@200 端支座负筋

单根长度：1.2－0.125+(0.6l_{ab}+15d)+(0.1－0.015)=1.448(m)。

根数：[(3.6－0.125×2－0.1)/0.2+1]×2=36（根）。

ϕ6@200　分布筋

长度:3.6 m。

根数:$(1.2-0.125)/0.2\times2=12$(根)(向上取整)

④ 6 号筋:ϕ8@150 支座负筋

长度:$1+0.8+(0.1-0.015)\times2=1.970$(m)。

根数:$(4.5-0.125\times2-0.1)/0.15+1=29$(根)。

ϕ6@200　分布筋 1

长度:4.5 m。

根数:$(1-0.125)/0.2=5$ 根(向上取整)。

ϕ6@200　分布筋 2

长度:4.5 m。

根数:$(0.8-0.125)/0.2=4$ 根(向上取整)。

⑤ 8 号筋:ϕ8@200 支座负筋

长度:$1.2-0.125+(0.6l_{ab}+15d)+(0.1-0.015)=1.448$(m)。

根数:$[(2.6-0.125\times2-0.1)/0.2+1]\times2=26$(根)。

ϕ6@200　分布筋

长度:2.6 m。

根数:$(1.2-0.125)/0.2\times2=12$(根)(向上取整)。

⑥ 9 号筋:ϕ8@150 支座负筋

长度:$0.8-0.125+(0.6l_{ab}+15d)+(0.1-0.015)=1.048$(m)。

根数:$(4.5-0.125\times2-0.1)/0.15+1=29$(根)。

ϕ6@200　分布筋

长度:4.5 m。

根数:$(0.8-0.125)/0.2=4$(根)(向上取整)。

由此可汇总板的钢筋工程量,如表 7-10 所示。

表 7-10　钢筋质量计算表

序号	直径	总长(m)	理论质量(kg/m)	总质量(kg)
1	8	694.742	0.395	274.42
2	6	200.400	0.222	44.49
合计				318.91 kg

【例 7-3】 某建筑工程,全现浇框架剪力墙结构,地上 3 层,无地下室,独立基础。柱、梁、墙、板等混凝土结构均采用泵送预拌 C30 砼,模板采用复合木模板。其中屋面层结构如图 7-13 所示。(要求管理费费率、利润费率标准按建筑工程三类标准执行)

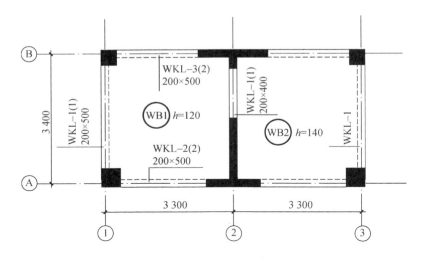

标高8.950梁平施工图

注：除特别注明外，本层梁梁顶标高为8.950。

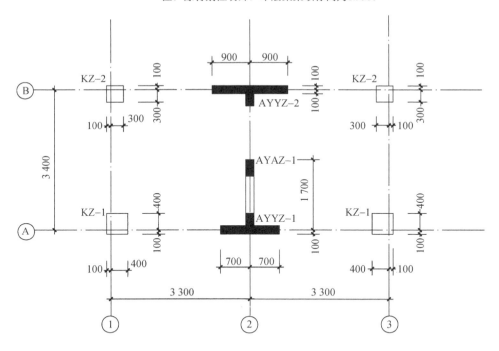

基础顶~8.950剪力墙、框架柱平法施工图

注：1) 除特别注明外，混凝土墙体一般厚度为200。
2) 除特别注明外，图中混凝土墙体均以轴线为中心线。
3) 除特别注明外，图中混凝土墙体上没有门窗、孔洞。

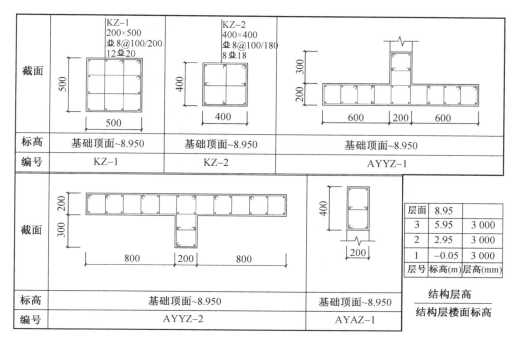

图 7-13 某建筑工程的屋面层结构图

根据国家建筑标准设计图集(16G101-1、2、3 等)以及本题给定要求,计算该工程 A 轴和 1 轴相交处框架柱 KZ-1 的钢筋用量。KZ1 的纵向钢筋由 12 Φ 20 设计变更为 12 Φ 25。

已知设计三级抗震,框架柱、梁钢筋保护层厚度为 20 mm,独立基础钢筋保护层厚度为 40 mm,钢筋定尺 9 m,柱钢筋连接均采用电渣压力焊,抗震受拉钢筋锚固长度 $l_{aE}=37d$,各层柱、梁、板结构尺寸同标高 8.950 m 结构平面图。独立基础高度为 800 mm,独立基础底板设置双向受力配筋,钢筋直径均为 25 mm。本工程框架柱嵌固部位为独立基础顶面,独立基础顶面标高为 −1.500 m。

柱筋插至独立基础底部并支在底板钢筋网上,弯折长度为 150 mm(基础内柱纵筋长度为基础高度−基础保护层厚度−2×基础纵筋直径+弯折长度)。柱在基础内箍筋为 3 根。

KZ1 位于角部,对于顶层角柱纵筋采用"梁包柱"式构造,梁纵筋与柱外侧钢筋竖向搭接为 $1.7l_{aE}$,柱外侧纵筋钢筋计算长度为伸至柱顶截断,柱内侧纵筋钢筋计算长度为伸至柱顶后弯折 12d。同时根据平法规范要求,在柱宽范围内的柱箍筋内侧设置 4 根 φ10 角部附加钢筋。

柱外侧箍筋长度 =(柱边长−2×保护层厚度+柱边长−2×保护层厚度)×2+24×箍筋直径

柱内侧箍筋长度＝[(柱边长－2×保护层厚度－2×箍筋直径－柱纵筋直径)/3＋柱纵筋直径＋2×箍筋直径＋(柱边长－2×保护层厚度)]×2＋24×箍筋直径

柱嵌固部位基础顶面箍筋加密区长度为 $\dfrac{H_n}{3}$(H_n为所在楼层的柱净高),柱上部及柱下部加密区长度为 $\max(H_n/6,500,$柱长边尺寸)。

箍筋根数计算逢小数进位取整,按结构楼层分别计算并汇总,其公式分别为:

柱加密区箍筋根数 ＝ 加密区长度 / 加密间距＋1
梁高范围加密区箍筋根数 ＝ (梁高－保护层厚度)/ 加密间距
非加密区箍筋根数 ＝ 非加密区长度 / 非加密间距－1

其余钢筋构造要求不予考虑。

(钢筋理论质量:$\Phi25＝3.850$ kg/m,$\Phi20＝2.466$ kg/m,$\Phi8＝0.395$ kg/m,$\phi10＝0.617$ kg/m,计算结果保留小数点后 2 位。)

【解析】

结合 16G101-1 图集关于混凝土柱的制图规则,根据柱的平面定位图,框架柱可以分为角柱和中柱两种,其钢筋的构造有所不同。

KZ1 属于角柱,角柱柱顶纵向钢筋外侧和内侧的构造和计算方法是不同的,因此要区分柱外侧纵向钢筋和柱内侧纵向钢筋,其判断的方法是:跟梁接触的一侧是柱纵向钢筋内侧。既可以划为外侧,又可以划为内侧的纵筋,统一按外侧纵筋处理。由此可见,图 7-14 中柱纵向钢筋中 7 根为柱外侧纵向钢筋,5 根为柱内侧纵向钢筋。

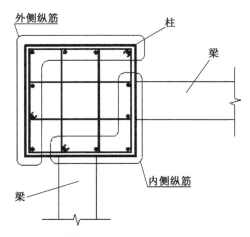

图 7-14　框架柱外侧和内侧纵向钢筋的区分

（1）柱外侧纵向钢筋（7 Φ 25）

① 基础内柱纵筋长度为：基础高度－基础保护层厚度－2×基础纵筋直径＋弯折长度＝0.8－0.04×2－2×0.025（基础纵向钢筋直径）＋0.15＝0.82（m）。

② 基础顶面至柱顶（角柱柱顶外侧纵向钢筋构造）：伸至柱顶截断

$$8.95＋1.5－0.02 = 10.43(m)$$

因此柱外侧纵向钢筋总长度：（0.82＋10.43）×7＝78.75（m）。

（2）柱内侧纵向钢筋（5 Φ 25）

① 基础内柱纵筋长度为：基础高度－基础保护层厚度－2×基础纵筋直径＋弯折长度＝0.8－0.04×2－2×0.025＋0.15＝0.82（m）。

② 基础顶面至柱顶（角柱柱顶内侧纵向钢筋构造）：伸至柱顶后弯折 12d

$$8.95＋1.5－0.02＋12×0.025 = 10.73(m)$$

因此柱内侧纵向钢筋总长度：（0.82＋10.73）×5＝57.75（m）。

纵向钢筋总长度为 78.75＋57.75＝136.50（m）。

（3）附加角筋（4ϕ10）

平法图集规定，当柱纵向钢筋直径大于等于 25 mm 时，在柱宽范围内侧设置角部附加钢筋。从图 7-15 中可以看出附加钢筋的单根长度为 0.6 m。

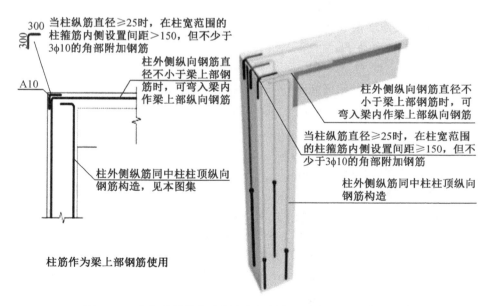

图 7-15　当角柱柱筋作为梁上部钢筋使用时柱纵向钢筋的构造

因此附加角筋的长度为 $0.6 \times 4 = 2.4$(m)。

（4）箍筋的计算（$\Phi 8@100/200$）

KZ1 箍筋的复合形式为 4×4，如图 7-16 所示，因此箍筋长度计算分为外侧箍筋长度和内侧箍筋长度（内侧箍筋长度分为横向和纵向）。

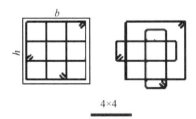

图 7-16 4×4 箍筋复合形式

① 箍筋单根长度计算

a. 柱外侧箍筋单根长度＝（柱边长－2×保护层厚度＋柱边长－2×保护层厚度）×2＋24×箍筋直径＝$(0.5 - 2 \times 0.02 + 0.5 - 2 \times 0.02) \times 2 + 24 \times 0.008 = 2.032$(m)。

b. 柱内侧横向箍筋单根长度＝[（柱边长－2×保护层厚度－2×箍筋直径－柱纵筋直径）/3＋柱纵筋直径＋2×箍筋直径＋（柱边长－2×保护层厚度）]×2＋24×箍筋直径＝$[(0.5 - 2 \times 0.02 - 2 \times 0.008 - 0.025)/3 + 0.025 + 2 \times 0.008 + (0.5 - 2 \times 0.02)] \times 2 + 24 \times 0.008 = 1.473$(m)。

c. 柱内侧纵向箍筋单根长度＝柱内侧横向箍筋单根长度＝1.473(m)。

因此箍筋单根长度合计为 $2.032 + 1.473 \times 2 = 4.978$(m)。

② 箍筋根数计算

抗震框架柱箍筋加密区范围如图 7-17 所示。

a. 基础内箍筋根数：3 根。

b. 框架首层箍筋根数（标高－1.5 m 到 2.95 m）。

所在楼层的柱净高 $H_n = 1.5 + 2.95 - 0.5$(梁高)$= 3.95$(m)。

柱根加密区长度 $H_n/3 = [1.5 + 2.95 - 0.5$(梁高)$]/3 = 1.32$(m)。

根数：$1.32 \div 0.1$(加密区间距)$+ 1 = 15$(根)（逢小数向上取整）。

梁下部加密区长度：$\max(H_n/6, 500,$ 柱长边尺寸$) = \max(658, 500, 500) = 0.658$ m。

根数：$0.658 \div 0.1$(加密区间距)$+ 1 = 8$(根)（逢小数向上取整）。

梁高部位加密区长度：0.5 m。

梁高范围内加密区箍筋根数＝$[0.5$(梁高)$- 0.02$(保护层厚度)$] \div 0.1 = 5$(根)。

非加密区长度＝$1.5 + 2.95 - (15 + 8 + 5) \times 0.1$(首层加密区总长度)$= 1.65$(m)。

非加密区箍筋根数：$1.65 \div 0.2$(非加密区间距)$- 1 = 8$(根)。

首层箍筋根数合计：$15 + 8 + 5 + 8 = 36$(根)。

c. 框架二层（2.95 m 到 5.95 m）、框架三层（5.95 m 到 8.95 m）箍筋根数

所在楼层的柱净高 $H_n = 5.95 - 2.95 - 0.5$(梁高)$= 2.5$(m)。

柱根加密区长度：$\max(H_n/6, 500,$ 柱长边尺寸$) = \max(417, 500, 500) = 0.5$(m)。

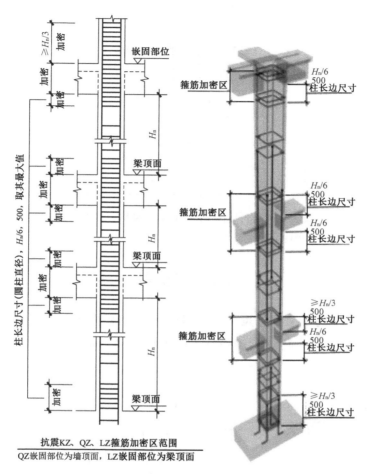

图 7-17 抗震 KZ 箍筋加密区范围

根数:0.5÷0.1(加密区间距)+1=6(根)。

梁下部加密区长度:max($H_n/6$,500,柱长边尺寸)=max(417,500,500)=0.5(m)。

根数:0.5÷0.1(加密区间距)+1=6(根)。

梁高部位加密区长度:0.5 m。

梁高范围内加密区箍筋根数=[0.5(梁高)−0.02(保护层厚度)]÷0.1=5(根)。

非加密区长度为:(5.95−2.95)−(6+6+5)×0.1=1.3(m)。

非加密区箍筋根数:1.3÷0.2(非加密区间距)−1=6(根)。

二层和三层箍筋根数合计:(6+6+5+6)×2(层)=46(根)。

因此 KZ1 的箍筋总根数为:3+36+46=85(根)。

箍筋总长度为：单根长度×总根数＝4.978×85＝423.13（m）。

钢筋工程量如表 7-11 所示。

表 7-11　钢筋质量计算表

序号	直径	总长度(m)	理论质量(kg/m)	总质量
1	8	423.13	0.395	167.14
2	10	2.4	0.617	1.48
3	25	136.50	3.850	525.53
合计：694.15 kg				

【本题点睛】　本题考核的是角柱的钢筋工程量计算，注意，如果是边柱的话，其柱外侧纵向钢筋柱顶构造有所不同。

本 章 习 题

【综合习题 1】　某框架梁如图 7-18 所示，请根据国家建筑标准设计图集 16G101-1 以及其他本题给定条件，计算该框架梁钢筋总用量。

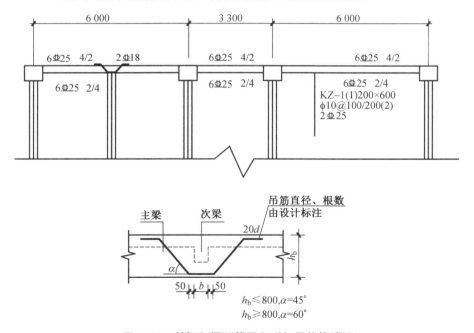

图 7-18　某框架梁配筋图和附加吊筋构造图

已知框架梁为 C30 现浇砼,设计三级抗震,柱的断面均为 $400\ mm \times 400\ mm$,次梁断面 $200\ mm \times 400\ mm$。框架梁和柱钢筋保护层 20 mm,为最外层钢筋外边缘至混凝土表面的距离。钢筋定尺为 9 m,钢筋连接均选用绑扎连接。抗震受拉钢筋锚固长度 $l_{aE} = 37d$,上下部纵筋及支座负筋伸至边柱对边扣减一个保护层厚度另加弯折长度 $15d$,下部非贯通纵筋伸入中间支座长度为 l_{aE}。纵向抗震受拉钢筋绑扎搭接长度 $l_{lE} = 52d$。

主次梁相交处在主梁上设 2 根附加吊筋,附加吊筋长度计算公式为:2×平直段长度+2×斜段长度+次梁宽度+2×50。

本框架梁箍筋长度计算公式为:(梁高-2×保护层厚度+梁宽-2×保护层厚度)×2+24×箍筋直径,箍筋加密区长度为本框架梁梁高的 1.5 倍,箍筋根数计算公式分别为:{(加密区长度-50)/加密间距}+1 及(非加密区长度/非加密间距-1)。纵向受力钢筋搭接区箍筋构造不予考虑。(钢筋理论质量:Φ25=3.850 kg/m,Φ18=1.998 kg/m,φ10=0.617 kg/m,计算结果保留小数点后 2 位。)

【综合习题 2】 某框架柱如图 7-19 所示,本工程结构标高如下表所示,请根据国家建筑标准设计图集 16G101-1 以及其他本题给定条件,计算单根 KZ1 的钢筋总用量。

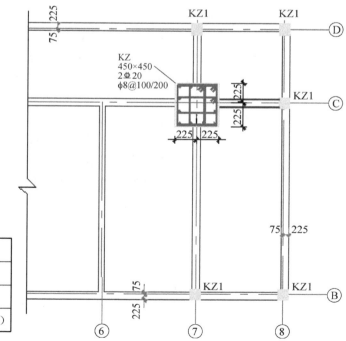

表 7-12 本工程结构标高表

层数	标高(m)	层高(m)
屋面	8.700	
2	4.760	3.94
1	−1.800	6.56

图 7-19 柱配筋图

8 屋面及防水、保温隔热工程计量与计价

屋面工程通常由采用不同材料做成各种外形的屋面、屋面保温层、隔热层和屋面排水等四部分组成。屋面覆盖在房屋的最上层，直接与外界接触，其作用是抗雨、雪、风、雹等的侵袭，因此，屋面必须具有保温、隔热、防水等性能。

屋面一般按其坡度的不同分为坡屋面（屋面排水坡度大于 10% 的屋面）和平屋面（屋面排水坡度小于 10% 的屋面）两大类。

8.1 屋面及防水、保温隔热工程量清单编制

《房屋建筑与装饰工程工程量计算规范》（GB 50854—2013）将屋面及防水工程这一分部工程分为 4 节共 21 个子分部工程，包括瓦、型材屋面，屋面防水，墙面防水、防潮和楼（地）面防水、防潮。

编制工程量清单前，应首先对屋面及防水工程的设计图纸进行分析，结合工程量计算规范中的清单项目名称和工作内容，将需计算的图纸工程内容合理划分，纳入相应的清单项目中，并按相应的计算规则进行清单工程量的计算，对于该清单下附带的其他工作内容中的工程项目，则应当按定额计算规则进行计算，纳入组价。本节仅对房屋建筑工程中最常用的工程量清单进行讲解。

1）瓦屋面（010901001）

（1）瓦屋面铺防水层，按计量规范"屋面防水及其他"中相关项目编码列项。

（2）项目特征描述：①瓦品种、规格；②粘结层砂浆的配合比。注意若是在木基层上铺瓦，瓦屋面项目特征不必描述粘结层砂浆的配合比。

（3）工作内容包括：①砂浆制作、运输、摊铺、养护；②安瓦、作瓦脊。

（4）清单工程量计算（计量单位：m²）

按设计图示尺寸以斜面积计算。不扣除房上烟囱、风帽底座、风道、小气窗、斜沟等所占面积，小气窗的出檐部分不增加面积。

在计算瓦屋面斜面积时，首先要了解屋面坡度的概念。屋面坡度即屋面的倾斜程度，用 i 表示，其最常用的表示方法为 $i = H/(L/2)$，即用屋顶的高度与屋顶的半跨之比来表示，如图 8-1 所示。屋面的斜面与水平面的夹角用 θ 来表示，因此 $i = \tan\theta$。

由于瓦屋面具有一定的坡度，因此屋面的斜面积与其水平投影面积不相等，为了便于计算，引入屋面坡度延长系数 C 的概念。其斜面积可以按瓦屋面设计图示尺

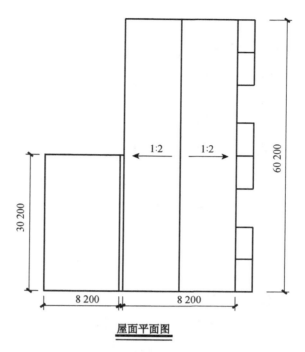

屋面平面图

图 8-1 屋面坡度的表示方法

寸的水平投影面积乘以屋面坡度延长系数 C 来计算,屋面坡度延长系数 C 见表 8-1,其中 $C = 1/\cos\theta$。在计算屋面斜面积时,不论单坡、双坡、三坡、四坡或多坡屋面,均可利用整个屋面的水平投影面积乘以其坡度延长系数计算。

表 8-1 屋面坡度延长系数

坡度比例	角度 θ	延长系数 C	隅延长系数 D
1：1	45°	1.414 2	1.732 1
1：1.5	33°40′	1.201 5	1.562 0
1：2	26°34′	1.118 0	1.500 0
1：2.5	21°48′	1.077 0	1.469 7
1：3	18°26′	1.054 1	1.453 0

【例 8-1】 某别墅屋顶外檐尺寸如图 8-2 所示,屋面板上铺 420 mm×370 mm 水泥彩瓦,1：2 水泥砂浆粉挂瓦条,断面 20 mm×30 mm,间距 345 mm,水泥脊瓦规格为 432 mm×228 mm,请根据《房屋建筑与装饰工程工程量计算规范》(GB 50854—2013)编制瓦屋面的工程量清单。

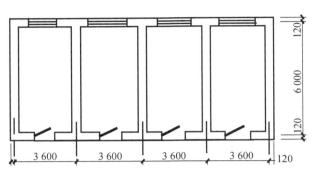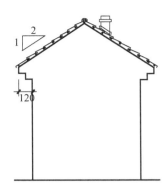

图 8-2 某别墅屋顶

【解析】

水泥彩瓦屋面的清单工程量为$(6.00+0.24+0.12\times2)\times(3.6\times4+0.24)\times1.118$(延长系数)$=106.06(\text{m}^2)$。

水泥彩瓦屋面工程量清单见表 8-2。

表 8-2　分部分项工程量清单

序号	项目编码	项目名称	项目特征描述	计量单位	工程量
1	010901001001	瓦屋面	420 mm×370 mm 水泥彩瓦， 1：2 水泥砂浆粉挂瓦条	m²	106.06

2）屋面卷材防水（010902001）

（1）项目特征描述：①卷材品种、规格、厚度；②防水层数；③防水层做法。

（2）工作内容包括：①基层处理；②刷底油；③铺油毡卷材、接缝。

（3）清单工程量计算（计量单位：m²）

按设计图示尺寸以面积计算。

① 斜屋顶（不包括平屋顶找坡）按斜面积计算，平屋顶按水平投影面积计算。

② 不扣除房上烟囱、风帽底座、风道、屋面小气窗和斜沟所占面积。

③ 屋面的女儿墙、伸缩缝和天窗等处的弯起部分，并入屋面工程量内。

④ 屋面防水搭接及附加层用量不另行计算，在综合单价中考虑。

【例 8-2】 某建筑屋面排水示意图如图 8-3 所示，女儿墙轴线居中，屋面采用 4 mm 厚 SBS 卷材防水，水泥砂浆找平层，请根据《房屋建筑与装饰工程工程量计算规范》（GB 50854—2013）编制相关的工程量清单。

【解析】

（1）SBS 卷材防水层：

女儿墙内周长为$(30-0.12\times2+20-0.12\times2)\times2=99.04(\text{m})$。

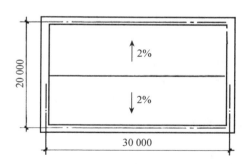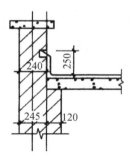

图 8-3 某建筑屋面排水示意图

SBS 卷材防水清单工程量为：

$$(30-0.12\times2)\times(20-0.12\times2)+99.04\times$$
$$0.25(女儿墙弯起部分)=612.82(m^2)$$

（2）屋面找平层按楼地面装饰工程中的"平面砂浆找平层"项目编码列项。

水泥砂浆找平层清单工程量 = SBS 卷材防水清单工程量 = 612.82 m^2

卷材防水和砂浆找平层工程量清单见表 8-3。

表 8-3 分部分项工程量清单

序号	项目编码	项目名称	项目特征描述	计量单位	工程量
1	010902001001	屋面卷材防水	4 mm 厚 SBS 卷材防水	m^2	612.82
2	011101006001	平面砂浆找平层	水泥砂浆屋面找平层	m^2	612.82

3）屋面刚性层（010902003）

（1）项目特征描述：①刚性层厚度；②混凝土种类；③混凝土强度等级；④嵌缝材料种类；⑤钢筋规格、型号。若屋面刚性层无钢筋，则钢筋项目特征不必描述。

（2）工作内容包括：①基层处理；②混凝土制作、运输、铺筑、养护；③钢筋制作安装。

（3）清单工程量计算（计量单位：m^2）

按设计图示尺寸以面积计算。不扣除房上烟囱、风帽底座、风道等所占面积。

4）屋面排水管（010902004）

（1）该清单项目适用于各种排水管材（PVC 管、玻璃钢管、铸铁管等）。

（2）项目特征描述：①排水管品种、规格；②雨水斗、山墙出水口品种、规格；③接缝、嵌缝材料种类；④油漆品种、刷漆遍数。

（3）工作内容包括：①排水管及配件安装、固定；②雨水斗、山墙出水口、雨水算子安装；③接缝、嵌缝；④刷漆。

（4）清单工程量计算（计量单位：m）

按设计图示尺寸以长度计算。如设计未标注尺寸，以檐口至设计室外散水上表面垂直距离计算。

【例8-3】 某屋面檐口三根 PVC 塑料水落管如图 8-4 所示，檐口标高为 20.8 m，散水上表面标高为—0.8 m，请根据《房屋建筑与装饰工程工程量计算规范》(GB 50854—2013)编制相关的工程量清单。屋面采用 ϕ110PVC 塑料水管、ϕ110PVC 雨水斗和 ϕ100 铸铁落水口（带罩）。

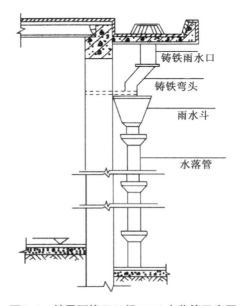

铸铁雨水口
铸铁弯头
雨水斗
水落管

图8-4　某屋面檐口三根 PVC 水落管示意图

【解析】

屋面排水管清单工程量为(20.8＋0.8)×3＝64.80(m)。

屋面排水管工程量清单见表 8-4。

表 8-4　分部分项工程量清单

序号	项目编码	项目名称	项目特征描述	计量单位	工程量
1	010902004001	屋面排水管	1. 排水管品种、规格、颜色：ϕ110PVC 增强塑料管 2. 雨水口：ϕ100 铸铁（带罩） 3. 雨水斗：ϕ110PVC	m	64.80

5）屋面天沟、檐沟(010902007)

（1）项目特征描述：①材料品种、规格；②接缝、嵌缝材料种类。

（2）工作内容包括：①天沟材料铺设；②天沟配件安装；③接缝、嵌缝；④刷防护材料。

（3）清单工程量计算（计量单位：m²）

按设计图示尺寸以展开面积计算。

6）保温隔热屋面（011001001）

（1）屋面保温找坡层按"保温隔热屋面"项目编码列项。

（2）项目特征描述：①保温隔热材料品种、规格、厚度；②隔气层材料品种、厚度；③粘结材料种类、做法；④防护材料种类、做法。

（3）工作内容包括：①基层清理；②刷粘结材料；③铺粘保温层；④铺、刷（喷）防护材料。

（4）清单工程量计算（计量单位：m²）

按设计图示尺寸以面积计算。扣除面积＞0.3 m²孔洞及占位面积。

7）平面砂浆找平层（011101006）

（1）屋面找平层按楼地面装饰工程中的"平面砂浆找平层"项目编码列项。

（2）项目特征：找平层厚度、砂浆配合比。

（3）工作内容：①基层清理；②抹找平层；③材料运输。

（4）清单工程量计算（计量单位：m²）

按设计图示尺寸以面积计算。

【例 8-4】 某保温平屋面尺寸如图 8-5 所示，做法如下：空心板上 1：3 水泥砂浆找平 20 mm 厚，沥青隔气层一遍，1：8 现浇水泥珍珠岩最薄处 60 mm 厚，1：3 水泥砂浆找平 20 mm 厚，SBS 卷材防水，墙体厚度为 240 mm。请根据《房屋建筑与装饰工程工程量计算规范》（GB 50854—2013）编制相关的工程量清单。

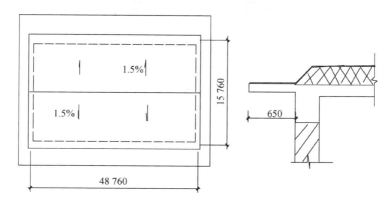

图 8-5 某保温平屋面尺寸图

【解析】

本题涉及三条清单：保温隔热屋面、屋面卷材防水和平面砂浆找平层（保温层下以及防水层下）。

（1）保温隔热屋面

$$(48.76 + 0.24) \times (15.76 + 0.24) = 784.00 (\text{m}^2)$$

（2）屋面卷材防水

$$(48.76 + 0.24 + 0.65 \times 2) \times (15.76 + 0.24 + 0.65 \times 2) = 870.19 (\text{m}^2)$$

（3）平面砂浆找平层（保温层下以及防水层下）：

$$784.00 + 870.19 = 1\ 654.19 (\text{m}^2)$$

保温隔热屋面、屋面卷材防水和平面砂浆找平层工程量清单见表 8-5。

表 8-5　分部分项工程量清单

序号	项目编码	项目名称	项目特征描述	计量单位	工程量
1	011001001001	保温隔热屋面	1. 保温隔热材料品种、规格、厚度：1∶8 现浇水泥珍珠岩最薄处 60 mm 厚 2. 隔气层材料品种、厚度：沥青隔气层一遍	m²	784.00
2	010902001001	屋面卷材防水	SBS 卷材防水	m²	870.19
3	011101006001	平面砂浆找平层	20 mm 厚 1∶3 水泥砂浆屋面找平层	m²	1 654.19

8.2　屋面及防水、保温隔热工程量清单计价

1）屋面及防水、保温、隔热工程套定额需要注意的主要问题

（1）屋面防水分为瓦、卷材、刚性、涂膜四部分。

① 瓦材规格与定额不同时，瓦的数量可以换算，其他不变。换算公式：

$$\frac{10\ \text{m}^2}{\text{瓦有效长度} \times \text{有效宽度}} \times 1.025 (\text{操作损耗})$$

② 油毡卷材屋面包括刷冷底子油一遍，但不包括天沟、泛水、屋脊、檐口等处的附加层在内，其附加层应另行计算。其他卷材屋面均包括附加层。

③ 本节以石油沥青、石油沥青玛碲脂为准，设计使用煤沥青、煤沥青玛碲脂，材料调整。

④ 冷胶"二布三涂"项目，其"三涂"是指涂膜构成的防水层数，并非指涂刷遍数，每一涂层的厚度必须符合规范（每一涂层刷二至三遍）要求。

⑤ 高聚物、高分子防水卷材粘贴,实际使用的粘结剂与本定额不同,单价可以换算,其他不变。

(2) 在粘结层上单撒绿豆砂者(定额中已包括绿豆砂的项目除外),每 10 m² 铺洒面积增加 0.066 工日,绿豆砂 0.078 t。

(3) 伸缩缝、盖缝项目中,除已注明规格可调整外,其余项目均不调整。

(4) 无分隔缝的屋面找平层按"楼地面工程"相应子目执行。

2) 屋面及防水、保温、隔热工程定额工程量计算规则

(1) 瓦屋面按图示尺寸的水平投影面积乘以屋面坡度延长系数 C 计算(瓦出线已包括在内),不扣除房上烟囱、风帽底座、风道、屋面小气窗、斜沟等所占面积,屋面小气窗的出檐部分也不增加。

(2) 瓦屋面的屋脊、蝴蝶瓦的檐口花边、滴水应另列项目按延长米计算,山墙泛水长度=$A×C$,其中 A 表示檐口总宽度。瓦穿铁丝、钉铁钉、水泥砂浆粉挂瓦条按每 10 m² 斜面积计算。屋面坡度大于 45°时,按设计斜面积计算。图 8-6(a)(b)分别为等两坡和等四坡屋面示意图。

等两坡正山脊的工程量计算公式如下:

等两坡正山脊工程量 = 檐口总长度＋檐口总宽度×延长系数×山墙端数

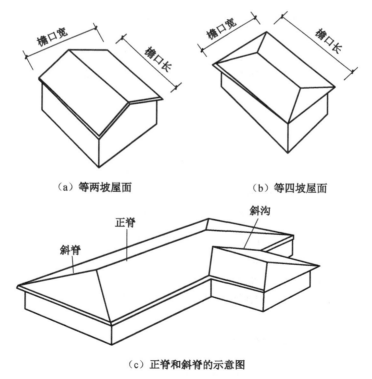

(a) 等两坡屋面　　　　　　　(b) 等四坡屋面

(c) 正脊和斜脊的示意图

图 8-6　屋面示意图

计算四坡屋面的斜脊长度需要用到表 8-1 中的隔延长系数 D。四坡屋面斜脊长度为图 8-7 中的 S 乘以隔延长系数 D 以延长米计算。

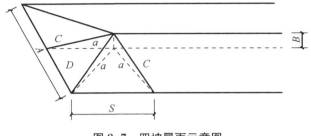

图 8-7　四坡屋面示意图

等四坡正斜脊的工程量计算公式如下：

等四坡正斜脊工程量 = 檐口总长度 − 檐口总宽度 + 檐口总宽度 × 隔延长系数 × 2

表 8-1 列出了常用的屋面延长系数 C 及隔延长系数 D，可直接查表应用。当各坡的坡度不同或当设计坡度表中查不到时，应利用以下公式计算相应的 C、D 值：

$$C = \frac{1}{\cos\theta} = \sqrt{1 + \tan^2\theta}$$

$$D = \sqrt{2 + \tan^2\theta} \ 或 \ D = \sqrt{1 + C^2}$$

（3）彩钢夹芯板、彩钢复合板屋面按设计图示尺寸以面积计算，支架、槽铝、角铝等均包含在定额内。

（4）彩板屋脊、天沟、泛水、包角、山头按设计长度以延长米计算，堵头已包含在定额内。

（5）卷材屋面工程量按以下规定计算：

① 卷材屋面按图示尺寸的水平投影面积乘以规定的坡度系数计算，但不扣除房上烟囱、风帽底座、风道、屋面小气窗和斜沟所占面积。女儿墙、伸缩缝、天窗等处的弯起高度按图示尺寸计算并入屋面工程量内；如图纸无规定时，伸缩缝、女儿墙的弯起高度按 250 mm 计算，天窗弯起高度按 500 mm 计算并入屋面工程量内；檐沟、天沟按展开面积并入屋面工程量内。

② 油毡屋面均不包括附加层在内，附加层按设计尺寸和层数另行计算。

③ 其他卷材屋面已包括附加层在内，不另行计算；收头、接缝材料已列入定额内。

（6）屋面刚性防水按设计图示尺寸以面积计算，不扣除房上烟囱、风帽底座、风道等所占面积。

（7）屋面涂膜防水工程量计算同卷材屋面。

（8）伸缩缝、盖缝、止水带按延长米计算，外墙伸缩缝在墙内、外双面填缝者，工程量应按双面计算。

（9）屋面排水工程量：玻璃钢、PVC、铸铁水落管、檐沟，均按图示尺寸以延长米计算。水斗、女儿墙弯头、铸铁落水口（带罩），均按只计算。

（10）保温隔热层按隔热材料净厚度（不包括胶结材料厚度）乘以设计图示面积按体积计算。

屋面保温层定额工程量 = 保温层设计长度×设计宽度×平均厚度

这里的平均厚度是指保温层兼作找坡层时，保温层的厚度按平均厚度计算。

① 双坡屋面保温层

双坡屋面如图 8-8 所示，双坡屋面保温层平均厚度 $h_\text{平} = A \times a\%$（坡度）$\div 2 + h$（最薄处厚度）。

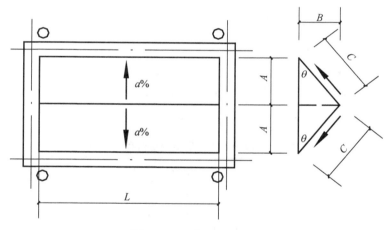

图 8-8   双坡屋面保温层

因此 $V_\text{保温层} = L \times 2A \times h_\text{平}$。

② 单坡屋面保温层

单坡屋面如图 8-9 所示，单坡屋面保温层平均厚度＝保温层宽度×坡度÷2＋最薄处厚度。

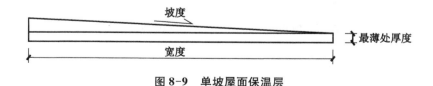

图 8-9   单坡屋面保温层

【续例 8-1】 请结合相应的工程量清单，根据《江苏省建筑与装饰工程计价定额》(2014 年),套用计价定额相应定额子目进行瓦屋面工程量清单计价。

【解析】

实际采用的水泥彩瓦规格为 420 mm×370 mm,水泥脊瓦规格为 432 mm×228 mm,与定额相同,因此无须调整水泥彩瓦的用量,直接套用 10-7 和 10-8 定额子目。

(1) 10-7　水泥彩瓦,铺瓦　368.70 元/10 m²

　　　　其定额工程量为 106.06÷10 = 10.606

(2) 10-8　水泥彩瓦,脊瓦　298.36 元/10 m

其定额工程量为[9.48 − 6.48 + 6.48×1.5(隔延长系数)×2]÷10 = 2.244

(3) 10-5　1:2 水泥砂浆粉挂瓦条断面 20 mm×30 mm,间距 345 mm　68.93 元/10 m²

　　　　其定额工程量为 106.06÷10 = 10.606

故瓦屋面清单合价为:

368.70×10.606 + 298.36×2.244 + 68.93×10.606 = 5 311.02(元)

由此可计算出瓦屋面清单综合单价为 5 311.02÷68.68 = 50.08(元/m²)。

瓦屋面工程量清单综合单价分析见表 8-6。

表 8-6　分部分项工程量清单综合单价分析表

项目编码		项目名称	计量单位	工程数量	综合单价	合价
010901001001		瓦屋面	m²	106.06	50.08	5 311.02
清单综合单价组成	定额号	子目名称	单位	数量	单价	合价
	10-7	水泥彩瓦,铺瓦	10 m²	10.606	368.70	3 910.43
	10-8	水泥彩瓦,脊瓦	10 m	2.244	298.36	669.52
	10-5	水泥砂浆粉挂瓦条,断面 20 mm×30 mm,间距 345 mm	10 m²	10.606	68.93	731.07

【续例 8-3】　请结合相应的工程量清单,根据《江苏省建筑与装饰工程计价定额》(2014 年),套用计价定额相应定额子目进行屋面排水管的工程量清单计价。

【解析】

(1) ϕ110PVC 塑料水管

10-202　PVC 塑料水管　364.58 元/10 m

　　　　定额工程量为(20.8 + 0.8)×3÷10 = 6.48

（2）ϕ110PVC 雨水斗

10-206　PVC 雨水斗　422.04 元/10 只

定额工程量为 0.3

（3）ϕ100 铸铁落水口（带罩）

10-214　铸铁落水口（带罩）　458.09 元/10 只

定额工程量为 0.3

故屋面排水管的清单合价为：

$$364.58 \times 6.48 + 458.09 \times 0.3 + 422.04 \times 0.3 = 2\,626.52（元）$$

由此可计算出屋面排水管的清单综合单价为 2 626.52÷64.80＝40.53（元/m²）。

屋面排水管工程量清单综合单价分析见表 8-7。

表 8-7　分部分项工程量清单综合单价分析表

项目编码		项目名称	计量单位	工程数量	综合单价	合价
010902004001		屋面排水管	m	64.80	40.53	2 626.52
清单综合单价组成	定额号	子目名称	单位	数量	单价	合价
	10-202	PVC 塑料水管 ϕ110	10 m	6.48	364.58	2 362.48
	10-214	铸铁落水口（带罩）ϕ100	10 只	0.3	458.09	137.43
	10-206	PVC 雨水斗 ϕ110	10 只	0.3	422.04	126.61

【续例 8-4】　请结合相应的工程量清单，根据《江苏省建筑与装饰工程计价定额》（2014 年），套用计价定额相应定额子目进行屋面工程量清单计价。

（1）保温隔热屋面

① 石油沥青一遍（含冷底子油）平面：784.00 m²

10-104　平面刷石油沥青一遍（含冷底子油）　175.99 元/10 m²

② 1∶8 现浇水泥珍珠岩最薄处 60 mm 厚

双坡屋面保温层平均厚度＝保温层宽度÷2×坡度÷2+最薄处厚度

$$= (15.76 + 0.24) \div 2 \times 0.015 \div 2 + 0.06 = 0.12（m）$$

屋面保温层定额工程量为 $(48.76 + 0.24) \times (15.76 + 0.24) \times 0.12 = 94.08（m^3）$。

11-6　1∶8 水泥珍珠岩屋面保温层　356.69 元/m³

因此保温隔热屋面清单合价为 784.00×17.599＋94.08×356.69＝47 355.02（元）

清单综合单价为 47 355.02÷784.00＝60.40（元/m²）

（2）SBS 卷材防水

$$定额工程量 = 清单工程量 = 870.19(m^2)$$

10-30　SBS 改性沥青防水卷材(冷粘法,单层)　522.31 元/10 m²
因此屋面卷材防水清单合价为 522.31×87.019=45 450.89(元)。
清单综合单价为 45 450.89÷870.19=52.23(元/m²)。

（3）1∶3 水泥砂浆屋面找平层 20 mm 厚

$$定额工程量 = 清单工程量 = 1\ 654.19(m^2)$$

10-72　20 mm 厚屋面 1∶3 水泥砂浆找平层(有分格缝)　166.19 元/10 m²
清单合价为 1 654.19×16.619=27 490.98(元)。
清单综合单价为 16.62 元/m²。
分部分项工程量清单综合单价分析见表 8-8。

表 8-8　分部分项工程量清单综合单价分析表

项目编码		项目名称	计量单位	工程数量	综合单价	合价
011001001001		保温隔热屋面	m²	784.00	60.40	47 355.02
清单综合单价组成	定额号	子目名称	单位	数量	单价	合价
	10-104	平面刷石油沥青一遍(含冷底子油)	10 m²	78.40	175.99	13 797.62
	11-6	1∶8 水泥珍珠岩屋面保温层	m³	94.08	356.69	33 557.40
项目编码		项目名称	计量单位	工程数量	综合单价	合价
010902001001		屋面卷材防水	m²	870.19	52.23	45 450.89
清单综合单价组成	定额号	子目名称	单位	数量	单价	合价
	10-30	SBS 改性沥青防水卷材(冷粘法,单层)	10 m²	87.019	522.31	45 450.89
项目编码		项目名称	计量单位	工程数量	综合单价	合价
011101006001		平面砂浆找平层	m²	1 654.19	16.62	27 490.98
清单综合单价组成	定额号	子目名称	单位	数量	单价	合价
	10-72	20 mm 厚屋面 1∶3 水泥砂浆找平层(有分格缝)	10 m²	165.419	166.19	27 490.98

8.3 屋面及防水、保温隔热工程计量与计价综合案例分析

【例8-5】 某工程的平屋面及檐沟做法见图8-10,室内外地面高差为—0.30 m,屋面排水管采用 ϕ110PVC 增强塑料管、ϕ100 铸铁(带罩)雨水口和 ϕ110PVC 雨水斗。图示轴线尺寸为墙体中心线,请:

1. 根据《房屋建筑与装饰工程工程量计算规范》(GB 50854—2013)编制图8-10 中屋面及檐沟的相关工程量清单。

2. 结合相应的工程量清单,根据《江苏省建筑与装饰工程计价定额》(2014年),套用计价定额相应定额子目进行工程量清单计价。

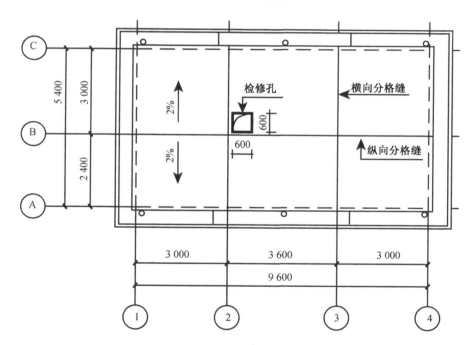

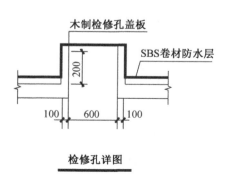

检修孔详图

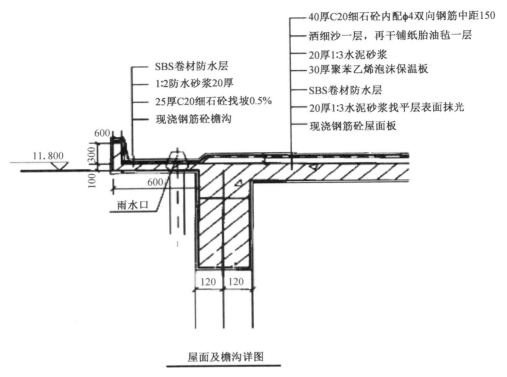

40厚C20细石砼内配φ4双向钢筋中距150

洒细沙一层,再干铺纸胎油毡一层

20厚1:3水泥砂浆

30厚聚苯乙烯泡沫保温板

SBS卷材防水层

20厚1:3水泥砂浆找平层表面抹光

现浇钢筋砼屋面板

SBS卷材防水层

1:2防水砂浆20厚

25厚C20细石砼找坡0.5%

现浇钢筋砼檐沟

11.800

600
300
100

600

雨水口

120 120

屋面及檐沟详图

图 8-10 某工程的屋面及檐沟做法

【解析】

从图 8-10 中可以看出大屋面的做法自下而上依次为①20 mm 厚 1:3 水泥砂浆找平层表面抹光;②SBS 防水卷材;③30 mm 厚聚苯乙烯泡沫保温板;④20 mm厚1:3 水泥砂浆;⑤洒细沙一层,再干铺纸胎油毡一层;⑥40 mm 厚 C20 细石混凝土内配 φ4 双向钢筋中距 150 mm。

檐沟的做法自下而上依次为:①25 mm 厚 C20 细石混凝土找坡 0.5%;②1:2防水砂浆 20 mm 厚;③SBS 卷材防水层。

1. 根据《房屋建筑与装饰工程工程量计算规范》(GB 50854—2013)编制工程量清单。

(1) 大屋面

① 20 mm 厚 1:3 水泥砂浆找平层(2 遍)

$$(9.6+0.12\times2)\times(5.4+0.12\times2)-0.8\times0.8(检修孔) = 54.86(\text{m}^2)$$
$$54.86\times2(遍) = 109.72(\text{m}^2)$$

由此编制大屋面的找平层工程量清单(见表 8-9)。

表 8-9 分部分项工程量清单

序号	项目编码	项目名称	项目特征描述	计量单位	工程量
1	011101006001	平面砂浆找平层	找平层厚、砂浆配合比:20 mm厚1:3水泥砂浆	m²	109.72

② SBS 防水卷材

平屋面部分:54.86 m²。

检修孔弯起部分:(0.8×4)×0.2(弯起高度)=0.64(m²)。

$$S = 54.86 + 0.64 = 55.50(\text{m}^2)$$

由此编制大屋面的 SBS 防水卷材的工程量清单(见表 8-10)。

表 8-10 分部分项工程量清单

序号	项目编码	项目名称	项目特征描述	计量单位	工程量
2	010902001001	屋面卷材防水	1. 卷材品种:SBS 改性沥青防水卷材 2. 防水层做法:冷粘	m²	55.50

③ 30 mm 厚聚苯乙烯泡沫保温板:54.86 m²

由此编制大屋面保温隔热的工程量清单(见表 8-11)。

表 8-11 分部分项工程量清单

序号	项目编码	项目名称	项目特征描述	计量单位	工程量
3	011001001001	保温隔热屋面	1. 保温隔热部位:平屋面 2. 保温隔热方式:外保温 3. 保温隔热材料品种、厚度:30 mm 厚聚苯乙烯泡沫板	m²	54.86

④ 40 mm 厚 C20 细石混凝土内配 $\phi4$ 双向钢筋中距 150 mm,属于屋面刚性防水,洒细沙一层,再干铺纸胎油毡一层是屋面刚性防水的一部分,在其项目特征中加以描述。

a. 屋面刚性防水层:54.86 m²。

b. 屋面刚性防水层中的钢筋工程量计算。

①~④轴方向钢筋长度:9.6+0.12×2-0.025(保护层厚度)×2=9.79(m)。

钢筋根数:(5.4+0.12×2-0.025×2)÷0.15=37.3,逢小数向上取整后加1,为 39 根。

A~C轴方向钢筋长度:5.4+0.12×2-0.025(保护层厚度)×2=5.59(m)。

钢筋根数:$(9.6+0.12×2-0.025×2)÷0.15=65.3$,逢小数向上取整后加 1,为 67 根。

钢筋工程量:$(9.79×39+5.59×67)×0.099$(钢筋的单位理论质量)$=74.88(kg)$。

需要指出的是,钢筋保护层厚度的确定见表 7-2 所示。刚性防水层钢筋的设置为距板边一个保护层厚度设置第一根钢筋。

由此编制大屋面刚性防水层和钢筋工程的工程量清单(见表 8-12)。

表 8-12　分部分项工程量清单

序号	项目编码	项目名称	项目特征描述	计量单位	工程量
4	010902003001	屋面刚性防水层	1. 防水层厚度:40 mm 2. 嵌缝材料:高强 APP 3. 混凝土强度等级:C20 细石混凝土 4. 干铺纸胎油毡一层	m²	54.86
5	010515001001	现浇构件钢筋	钢筋种类、规格:直径 12 mm 以内	t	0.075

(2)檐沟

① 25 mm 厚 C20 细石混凝土找坡 0.5%

檐沟宽度:$0.6-0.06=0.54(m)$

檐沟中心线长:$(9.6+0.12×2+0.54)×2+(5.4+0.12×2+0.54)×2=33.12(m)$。

檐沟找坡:$0.54×33.12=17.88(m^2)$。

檐沟细石混凝土找坡套用楼地面装饰工程中的"细石混凝土楼地面"清单项目,由此编制工程量清单(见表 8-13)。

表 8-13　分部分项工程量清单

序号	项目编码	项目名称	项目特征描述	计量单位	工程量
6	011101003001	细石混凝土找坡	25 mm 厚 C20 细石混凝土找坡	m²	17.88

② 1:2 防水砂浆 20 mm 厚

檐沟刚性防水:$17.88+(9.84+5.64)×2×0.1$(大屋面与檐沟之间的高差)$=20.98(m^2)$。

檐沟刚性防水工程量清单见表 8-14。

表 8-14 分部分项工程量清单

序号	项目编码	项目名称	项目特征描述	计量单位	工程量
7	010902003002	檐沟刚性防水	1. 防水层厚度:20 mm 2. 嵌缝材料:高强 APP 3. 防水材料:1:2 防水砂浆	m²	20.98

③ SBS 卷材防水层

檐沟外侧边弯起:高度 0.3 m,长度(9.84+0.54×2+5.64+0.54×2)×2=35.28(m)。

檐沟板顶面的宽度:0.06 m。

檐沟板顶面的中心线长度:[9.84+(0.6-0.03)×2+5.64+(0.6-0.03)×2]×2=35.52(m)。

因此檐沟卷材防水:20.98+0.3×35.28+0.06×35.52=33.70(m²)。

屋面檐沟工程量清单见表 8-15。

表 8-15 分部分项工程量清单

序号	项目编码	项目名称	项目特征描述	计量单位	工程量
8	010902007001	屋面檐沟	卷材品种:SBS 改性沥青防水卷材	m²	33.70

(3)屋面排水管

屋面排水管清单工程量:(11.8+0.1+0.3)×6(根)=73.20(m)。

屋面排水管工程量清单见表 8-16。

表 8-16 分部分项工程量清单

序号	项目编码	项目名称	项目特征描述	计量单位	工程量
9	010902004001	屋面排水管	1. 排水管品种、规格、颜色:白色 φ110PVC 增强塑料管 2. 雨水口:φ100 铸铁(带罩) 3. 雨水斗:白色 φ110PVC	m	73.20

2. 结合上述工程量清单,根据《江苏省建筑与装饰工程计价定额》(2014 年)进行工程量清单计价。

(1)大屋面

① 20 mm 厚 1:3 水泥砂浆找平层(2 遍)

10-72 20 mm 厚 1:3 水泥砂浆屋面找平层 166.19 元/10 m²

工程量:10.972。

合价:166.19×10.972=1 823.44(元),由此编制大屋面找平层的综合单价分析表(见表 8-17)。

表 8-17　分部分项工程量清单综合单价分析表

项目编码		项目名称	计量单位	工程数量	综合单价	合价
011101006001		平面砂浆找平层	m²	109.72	16.62	1 823.44
清单综合单价组成	定额号	子目名称	单位	数量	单价	合价
	10-72	20 mm 厚 1∶3 水泥砂浆屋面找平层	10 m²	10.972	166.19	1 823.44

② SBS 防水卷材

10-30　SBS 改性沥青防水卷材(冷粘法,单层)　522.31 元/10 m²

工程量:5.55。

合价:522.31×5.55=2 898.82(元),由此编制大屋面卷材防水的综合单价分析表(见表 8-18)。

表 8-18　分部分项工程量清单综合单价分析表

项目编码		项目名称	计量单位	工程数量	综合单价	合价
010902001001		屋面卷材防水	m²	55.50	52.23	2 898.82
清单综合单价组成	定额号	子目名称	单位	数量	单价	合价
	10-30	SBS 改性沥青防水卷材(冷粘法,单层)	10 m²	5.55	522.31	2 898.82

③ 30 mm 厚聚苯乙烯泡沫保温板

11-15　屋面保温隔热聚苯乙烯泡沫板　292.67 元/10 m²

工程量:5.486。

合价:292.67×5.486=1 605.59(元),由此编制大屋面保温隔热的综合单价分析表(见表 8-19)。

表 8-19　分部分项工程量清单综合单价分析表

项目编码		项目名称	计量单位	工程数量	综合单价	合价
011001001001		保温隔热屋面	m²	54.86	29.27	1 605.59
清单综合单价组成	定额号	子目名称	单位	数量	单价	合价
	11-15	屋面保温隔热聚苯乙烯泡沫板	10 m²	5.486	292.67	1 605.59

④ 大屋面刚性防水层和钢筋工程

a. 40 mm 厚 C20 细石混凝土

10-77 C20 细石混凝土防水层(分格) 417.07 元/10 m²

工程量:5.486。

合价:417.07×5.486=2 288.05(元)。

b. 屋面刚性防水层中的钢筋工程

5-1 现浇混凝土构件钢筋 φ12 以内 5 470.72 元/t

工程量:0.075 t。

合价:5 470.72×0.075=410.30(元)。

由此编制大屋面刚性防水层和钢筋工程的综合单价分析表(见表 8-20、表 8-21)。

表 8-20 分部分项工程量清单综合单价分析表

项目编码		项目名称	计量单位	工程数量	综合单价	合价
010902003001		屋面刚性防水	m²	54.86	41.71	2 288.05
清单综合单价组成	定额号	子目名称	单位	数量	单价	合价
	10-77	C20 细石混凝土防水层(分格)	10 m²	5.486	417.07	2 288.05

表 8-21 分部分项工程量清单综合单价分析表

项目编码		项目名称	计量单位	工程数量	综合单价	合价
010515001001		现浇构件钢筋	t	0.075	5 470.72	410.30
清单综合单价组成	定额号	子目名称	单位	数量	单价	合价
	5-1	现浇混凝土构件钢筋 φ12 以内	t	0.075	5 470.72	410.30

(2)檐沟

① 25 mm 厚 C20 细石混凝土找坡 0.5%

13-18 细石混凝土找平层厚 40 mm 206.97 元/10 m²

13-19 细石混凝土找平层厚度每减 5 mm —23.06 元/10 m²

工程量:1.788。

合价:(206.97—23.06)×1.788=328.83(元)。

由此编制檐沟找坡层的综合单价分析表(见表 8-22)。

表 8-22　分部分项工程量清单综合单价分析表

项目编码		项目名称	计量单位	工程数量	综合单价	合价
011101003001		细石混凝土找坡	m²	17.88	18.39	328.83
清单综合单价组成	定额号	子目名称	单位	数量	单价	合价
	13-18	细石混凝土找平层 40 mm 厚	10 m²	1.788	206.97	370.06
	13-19	细石混凝土找平层每减 5 mm	10 m²	1.788	−23.06	−41.23

② 1∶2 防水砂浆 20 mm 厚

10-75　屋面防水砂浆 25 mm 厚不分格　247.24 元/10 m²

10-76　屋面防水砂浆每减 5 mm　−37.54 元/10 m²

工程量:2.098。

合价:(247.24−37.45)×2.098=440.14(元)。

檐沟刚性防水综合单价分析见表 8-23。

表 8-23　分部分项工程量清单综合单价分析表

项目编码		项目名称	计量单位	工程数量	综合单价	合价
010902003002		檐沟刚性防水	m²	20.98	20.98	440.14
清单综合单价组成	定额号	子目名称	单位	数量	单价	合价
	10-75	屋面防水砂浆 25 mm 厚不分格	10 m²	2.098	247.24	518.71
	10-76	屋面防水砂浆每减 5 mm	10 m²	2.098	−37.45	−78.57

③ SBS 卷材防水层

10-30　SBS 改性沥青防水卷材(冷粘法,单层)　522.31 元/10 m²

工程量:3.37。

合价:522.31×3.37=1 760.18(元),由此编制檐沟卷材防水的综合单价分析表
(见表 8-24)。

表 8-24　分部分项工程量清单综合单价分析表

项目编码		项目名称	计量单位	工程数量	综合单价	合价
010902007001		屋面檐沟	m²	33.70	52.23	1 760.18
清单综合单价组成	定额号	子目名称	单位	数量	单价	合价
	10-30	SBS 改性沥青防水卷材(冷粘法,单层)	10 m²	3.37	522.31	1 760.18

（3）屋面排水管

① 排水管：10-202　PVC 塑料水管　364.58 元/10 m,工程量 7.32。

② 雨水口：10-206　PVC 雨水斗　422.04 元/10 只,工程量:0.6。

③ 雨水斗：10-214　铸铁雨水口(带罩)　458.09 元/10 只,工程量:0.6。

屋面排水管合价：364.58×7.32＋422.04×0.6＋458.09×0.6＝3 196.80(元)。

屋面排水管清单综合单价为 3 196.80÷73.20＝43.67(元/m)。

据此编制屋面排水管的分部分项工程量清单综合单价分析表(见表 8-25)。

表 8-25　分部分项工程量清单综合单价分析表

项目编码		项目名称	计量单位	工程数量	综合单价	合价
010902004001		屋面排水管	m	73.20	43.67	3 196.80
清单综合单价组成	定额号	子目名称	单位	数量	单价	合价
	10-202	PVC 塑料水管	10 m	7.32	364.58	2 668.73
	10-206	PVC 雨水斗	10 只	0.6	422.04	253.22
	10-214	铸铁雨水口(带罩)	10 只	0.6	458.09	275.85

本 章 习 题

【综合习题】　某保温平屋面尺寸如图 8-11 所示,计算工程量,确定定额项目作法如下：

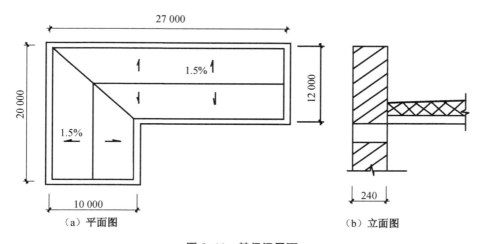

（a）平面图　　　　　　　　（b）立面图

图 8-11　某保温屋面

（1）空心板上 1∶3 水泥砂浆找平 20 mm 厚；

（2）刷冷底子油两遍、沥青隔气层一遍；

（3）8 mm 厚水泥蛭石块保温层；

（4）1∶10 现浇水泥蛭石找坡；

（5）1∶3 水泥砂浆找平 20 mm 厚；

（6）SBS 改性沥青卷材满铺一层。

请：

1. 根据《房屋建筑与装饰工程工程量计算规范》（GB 50854—2013）编制该保温屋面的工程量清单。

2. 结合相应的工程量清单，根据《江苏省建筑与装饰工程计价定额》（2014年），套用计价定额相应定额子目进行工程量清单计价。

9 措施项目清单与计价

措施项目费是指为完成建设工程施工，发生于该工程施工前和施工过程中的技术、生活、安全、环境保护等方面的费用，属于非实体性消耗。措施项目分为单价措施项目（应予计量的措施项目）和总价措施项目（不宜计量的措施项目）两类。单价措施项目是指在现行工程量清单计价规范中有对应工程量计算规则，按人工费、材料费、施工机具使用费、管理费和利润形式组成综合单价的措施项目。总价措施项目是指在现行工程量清单计价规范中无工程量计算规则，以总价（或计算基础乘以费率）计算的措施项目。

9.1 单价措施项目清单与计价

建筑工程中常用的单价措施项目有脚手架工程、模板工程、垂直运输、超高施工增加费、大型机械设备进出场及安拆、施工排降水。对于二次搬运费，这里需要特别说明的是，根据《房屋建筑与装饰工程工程量计算规范》（GB 50854—2013），二次搬运费属于总价措施项目；而根据江苏省 2014 年计价定额，二次搬运费属于单价措施项目，因此结合江苏省的实际情况，本章将二次搬运费归入单价措施项目费中。

9.1.1 脚手架工程

《房屋建筑与装饰工程工程量计算规范》（GB 50854—2013）将脚手架工程分为综合脚手架、外脚手架、里脚手架、悬空脚手架、挑脚手架、满堂脚手架、整体提升架和外装饰吊篮 8 个清单。在项目特征描述时脚手架材质可以不描述，但应注明由投标人根据工程实际情况按照《建筑施工扣件式钢管脚手架安全技术规范》（JGJ 130—2011）、《建筑施工附着升降脚手架管理暂行规定》等规范自行确定。

脚手架分为综合脚手架和单项脚手架两部分。综合脚手架综合了外墙砌筑脚手架（含外墙面的一面抹灰脚手架）、内墙砌筑和柱、梁、墙、天棚抹灰在内。单项脚手架适用于单独地下室、装配式和多（单）层工业厂房、仓库、独立的展览馆、体育馆、影剧院、礼堂、饭堂（包括附属厨房）、锅炉房、檐高未超过 3.60 m 的单层建筑及超过 3.60 m 高的屋顶构架、构筑物和单独装饰工程等。这类建筑物、构筑物或单独装饰工程由于单位建筑面积脚手架含量个体差异大，不适宜用综合脚手架的形式表现，因此采用单项脚手架，除此之外的单位工程均执行综合脚手架项目。

1）脚手架工程量清单编制

（1）综合脚手架（011701001）

① 使用综合脚手架时，不再使用外脚手架、里脚手架等单项脚手架；综合脚手架适用于能够按"建筑面积计算规则"计算建筑面积的建筑工程脚手架，不适用于房屋加层、构筑物及附属工程脚手架。

② 项目特征描述：a. 建筑结构形式；b. 檐口高度。同一建筑物有不同檐高时，按建筑物竖向切面分别按不同檐高编列清单项目。单位工程中不同层高的建筑面积应分别计算工程量并编列清单项目。

③ 工作内容包括：a. 场内、场外材料搬运；b. 搭、拆脚手架、斜道、上料平台；c. 安全网的铺设；d. 选择附墙点与主体连接；e. 测试电动装置、安全锁等；f. 拆除脚手架后材料的堆放。

④ 清单工程量计算（计量单位：m^2）

按建筑面积计算。建筑面积计算按《建筑工程建筑面积计算规范》（GB/T 50353—2013）执行。

（2）外脚手架（011701002）、里脚手架（011701003）、满堂脚手架（011701006）

① 不执行综合脚手架的措施项目，执行单项脚手架。根据 2014 年计价定额，砌体高度在 3.60 m 以内，套用里脚手架；高度超过 3.60 m，套用外脚手架。因此砌筑高度以 3.60 m 为界，分别套用里脚手架和外脚手架清单项目。

② 项目特征描述：a. 搭设方式；b. 搭设高度；c. 脚手架材质。

③ 工作内容包括：a. 场内、场外材料搬运；b. 搭、拆脚手架、斜道、上料平台；c. 安全网的铺设；d. 拆除脚手架后材料的堆放。

④ 清单工程量计算（计量单位：m^2）

外脚手架和里脚手架按所服务对象的垂直投影面积计算。满堂脚手架按搭设的水平投影面积计算。

2）脚手架定额工程量计算规则和定额说明

江苏省 2014 年计价定额中脚手架工程包括脚手架（按建筑物檐高在 20 m 以内编制的）和建筑物檐高超过 20 m 脚手架材料增加费两部分。檐高超过 20 m 的脚手架材料增加费内容包括脚手架使用周期延长摊销费、脚手架加固。脚手架材料增加费包干使用，无论实际发生多少，均按本节执行，不调整。

（1）综合脚手架及其建筑物檐高超过 20 m 脚手架材料增加费

① 综合脚手架

综合脚手架按建筑面积计算。单位工程中不同层高的建筑面积应分别计算。在套用综合脚手架定额时，应注意以下几个方面：

A. 檐高在 3.60 m 内的单层建筑不执行综合脚手架定额。

B. 综合脚手架项目仅包括脚手架本身的搭拆，不包括建筑物洞口临边、电器防护设施等费用,以上费用已在安全文明施工措施费中列支。

C. 单位工程在执行综合脚手架时,遇有下列情况应另列项目计算,不再计算超过 20 m 脚手架材料增加费。

a. 各种基础自设计室外地面起深度超过 1.50 m(砖基础至大放脚砖基底面、钢筋混凝土基础至垫层上表面),同时混凝土带形基础底宽超过 3 m、满堂基础或独立柱基(包括设备基础)混凝土底面积超过 16 m² 应计算砌墙、混凝土浇捣脚手架。砖基础以垂直面积按单项脚手架中里架子、混凝土浇捣按相应满堂脚手架定额执行。

b. 层高超过 3.60 m 的钢筋混凝土框架柱、梁、墙混凝土浇捣脚手架按单项定额规定计算。

c. 独立柱、单梁、墙高度超过 3.60 m 混凝土浇捣脚手架按单项定额规定计算。

d. 层高在 2.20 m 以内的技术层外墙脚手架按相应单项定额规定执行。

e. 施工现场需搭设高压线防护架、金属过道防护棚脚手架按单项定额规定执行。

f. 屋面坡度大于 45°时,屋面基层、盖瓦的脚手架费用应另行计算。

g. 未计算到建筑面积的室外柱、梁等,其高度超过 3.60 m 时,应另按单项脚手架相应定额计算。

h. 地下室的综合脚手架按檐高在 12 m 以内的综合脚手架相应定额乘以系数 0.5 执行。

i. 檐高 20 m 以下采用悬挑脚手架的可计取悬挑脚手架增加费用,20 m 以上悬挑脚手架增加费已包括在脚手架超高材料增加费中。

② 建筑物檐高超过 20 m 可计算脚手架材料增加费。综合脚手架材料增加费计算方法如下:

a. 檐高超过 20 m 部分的建筑物,应按其超过部分的建筑面积计算。

b. 层高超过 3.6 m,每增高 0.1 m 按增高 1 m 的比例换算(不足 0.1 m 按 0.1 m 计算),按相应项目执行。

c. 建筑物檐高高度超过 20 m,但其最高一层或其中一层楼面未超过 20 m 时,则该楼层在 20 m 以上部分仅能计算每增高 1 m 的增加费。

d. 同一建筑物中有 2 个或 2 个以上的不同檐口高度时,应分别按不同高度竖向切面的建筑面积套用相应子目。

e. 单层建筑物(无楼隔层者)高度超过 20 m,其超过部分除构件安装按 2014 年计价定额第八章的规定执行外,另再按本节相应项目计算脚手架材料增加费。

【例 9-1】 某砖混结构多层住宅如图 9-1,三类工程,其变形缝宽度为 0.20 m,高低跨内部连通,阳台水平投影尺寸为 1.80 m×3.60 m(共 18 个),雨篷水平投影尺寸为 2.60 m×4.00 m,坡屋面阁楼室内净高最高点为 3.65 m,坡屋面坡度为 1:2;平屋面女儿墙顶面标高为 11.60 m。

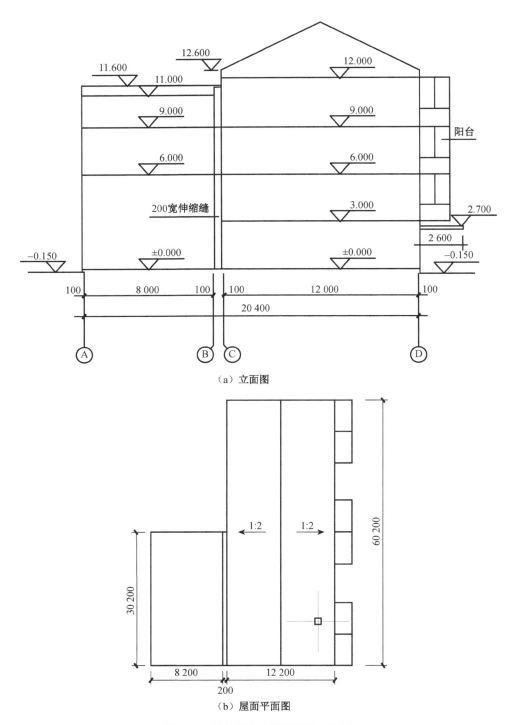

（a）立面图

（b）屋面平面图

图 9-1　某多层住宅楼平面和立面图

问题：

（1）请根据《房屋建筑与装饰工程工程量计算规范》（GB 50854—2013）编制本工程脚手架的工程量清单。

（2）请根据《江苏省建筑与装饰工程计价定额》（2014 年），套用计价定额相应定额子目进行脚手架工程量清单计价。

【解析】

（1）根据《房屋建筑与装饰工程工程量计算规范》（GB 50854—2013）编制本工程脚手架的工程量清单。

本工程属于住宅楼，根据江苏省 2014 年计价定额的规定，应按综合脚手架计算，因此，计价规范中应套用综合脚手架清单项目，其清单工程量按建筑面积计算。建筑面积计算规则为《建筑工程建筑面积计算规范》（GB/T 50353—2013）。同一建筑物有不同檐高时，按建筑物竖向切面分别按不同檐高编列清单项目。

① 低跨檐高 11.15 m，其综合脚手架清单工程量计算如下：

A-B 轴　30.20×(8.40×2+8.40×1/2)=634.20(m²)

注意：高低联跨的建筑物，应以高跨结构外边线为界分别计算建筑面积；其高低跨内部联通时，其变形缝应计算在低跨面积中。

② 高跨檐高 12.75 m，其综合脚手架清单工程量计算如下：

C-D 轴：60.20×12.20×4=2937.76(m²)。

坡屋面：60.20×(6.20+1.80×2×1/2)=481.60(m²)。

雨篷：2.60×4.00×1/2=5.20(m²)。

阳台：18×(1.80×3.60×1/2)=58.32(m²)。

小计：3 482.88 m²。

脚手架工程量清单见表 9-1。

表 9-1　单价措施项目工程量清单

序号	项目编码	项目名称	项目特征描述	计量单位	工程量
1	011701001001	综合脚手架	1. 建筑结构形式：砖混 2. 檐口高度：11.15 m	m²	634.20
2	011701001002	综合脚手架	1. 建筑结构形式：砖混 2. 檐口高度：12.75 m	m²	3 482.88

（2）根据《江苏省建筑与装饰工程计价定额》（2014 年），套用计价定额相应定额子目进行脚手架工程量清单计价。

① 低跨檐高在 12 m 以内，一层层高 6 m

20-3　檐高在 12 m 以内，层高在 8 m 内　77.35 元/m² 建筑面积

A-B 轴一层：30.20×8.40=253.68(m²)。

② 低跨檐高在 12 m 以内,二层层高 3 m,三层层高 2 m

20-1　檐高在 12 m 以内,层高在 3.6 m 内　17.99 元/m² 建筑面积

A-B 轴二、三层:30.20×(8.40+8.40×1/2)=380.52(m²)。

③ 高跨檐高在 12 m 以上,每层层高均在 3.6 m 内

20-5　檐高在 12 m 以上,层高在 3.6 m 内　21.41 元/m² 建筑面积

C-D 轴:3 482.88 m²。

脚手架综合单价分析见表 9-2。

表 9-2　单价措施项目工程量清单综合单价分析表

项目编码		项目名称	计量单位	工程数量	综合单价	合价
011701001001		综合脚手架	m²	634.20	41.73	2 6467.70
清单综合单价组成	定额号	子目名称	单位	数量	单价	合价
	20-3	檐高在 12 m 以内,层高在 8 m 内	m²	253.68	77.35	19 622.15
	20-1	檐高在 12 m 以内,层高在 3.6 m 内	m²	380.52	17.99	6 845.55
项目编码		项目名称	计量单位	工程数量	综合单价	合价
011701001002		综合脚手架	m²	3 482.88	21.41	74 568.46
清单综合单价组成	定额号	子目名称	单位	数量	单价	合价
	20-5	檐高在 12 m 以上,层高在 3.6 m 内	m²	3 482.88	21.41	74 568.46

【例 9-2】　某框架结构工程如图 9-2 所示,二类工程,主楼为 19 层,每层建筑面积为 1 200 m²;附楼为 6 层,每层建筑面积 1 600 m²。主、附楼底层层高为 5.0 m,19 层层高为 4.0 m;其余各层层高均为 3.0 m。

问题:

(1) 请根据《房屋建筑与装饰工程工程量计算规范》(GB 50854—2013)编制本工程脚手架的工程量清单。

(2) 请根据《江苏省建筑与装饰工程计价定额》(2014 年),套用计价定额相应定额子目进行脚手架工程量清单计价。

【解析】

(1) 根据《房屋建筑与装饰工程工程量计算规范》(GB 50854—2013)编制本工程脚手架的工程量清单。

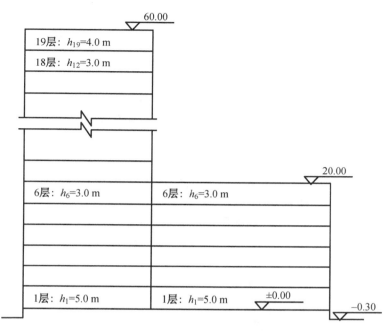

图 9-2 某框架结构工程

根据江苏省 2014 年计价定额的规定,本工程应按综合脚手架计算,因此,计价规范中应套用综合脚手架清单项目,其清单工程量按建筑面积计算。

① 附楼综合脚手架清单工程量:$1\,600 \times 6 = 9\,600(\text{m}^2)$。

② 主楼综合脚手架清单工程量:$1\,200 \times 19 = 22\,800(\text{m}^2)$。

脚手架工程量清单见表 9-3。

表 9-3 单价措施项目工程量清单

序号	项目编码	项目名称	项目特征描述	计量单位	工程量
1	011701001001	综合脚手架	1. 建筑结构形式:框架 2. 檐口高度:20.30 m	m²	9 600
2	011701001002	综合脚手架	1. 建筑结构形式:框架 2. 檐口高度:60.30 m	m²	22 800

(2) 根据《江苏省建筑与装饰工程计价定额》(2014 年),并套用计价定额相应定额子目进行脚手架工程量清单计价。

本工程为二类工程,而 2014 年计价定额是按三类工程计取的,因此在套定额子目时需要换算管理费率和利润率。二类工程管理费率为 28%,利润率为 12%。

① 附楼脚手架费计算

a. 附楼檐高在 12 m 以上,1 层层高 5 m

20-6 换　檐高在 12 m 以上,层高在 5 m 内

(26.24+3.63)×(1+28%+12%)+23.10=64.92(元/m² 建筑面积)

附楼 1 层:1 600 m²。

b. 附楼檐高在 12 m 以上,2 到 6 层每层层高 3 m

20-5 换　檐高在 12 m 以上,层高在 3.6 m 内

(7.38+1.36)×(1+28%+12%)+9.43=21.67(元/m² 建筑面积)

附楼 2 到 6 层:1 600×5=8 000(m²)。

c. 附楼 6 层檐高为 20.3 m,檐高超过 20 m,需要计取脚手架超高材料增加费,该楼层在 20 m 以上部分的脚手架超高材料增加费,每超过 1 m 按相应定额的 20%计算,不足 0.1 m 的,按 0.1 m 计算。

20-49 换　檐高 20~30 m 脚手架材料增加费

9.05×20%×(20.3-20)=0.54(元/m² 建筑面积)

附楼第 6 层:1 600 m²。

附楼脚手架综合单价分析见表 9-4。

表 9-4　单价措施项目工程量清单综合单价分析表

项目编码	项目名称	计量单位	工程数量	综合单价	合价
011701001001	综合脚手架	m²	9 600	28.97	278 096
清单综合单价组成	定额号	子目名称	单位	数量	单价	合价
	20-6 换	檐高在 12 m 以上,层高在 5 m 内	m²	1 600	64.92	103 872
	20-5 换	檐高在 12 m 以上,层高在 3.6 m 内	m²	8 000	21.67	173 360
	20-49 换	檐高 20~30 m 脚手架材料增加费	m²	1 600	0.54	864

② 主楼脚手架费计算

a. 主楼檐高在 12 m 以上,1 层层高 5 m,19 层层高 4 m

20-6 换　檐高在 12 m 以上,层高在 5 m 内　64.92 元/m² 建筑面积

主楼 1 层和 19 层:1 200×2=2 400(m²)。

b. 主楼檐高在 12 m 以上,2 到 18 层每层层高 3 m

20-5 换　檐高在 12 m 以上,层高在 3.6 m 内　21.67 元/m² 建筑面积

主楼 2 到 18 层:1 200×17=20 400(m²)。

c. 主楼第 6 层檐高为 20.3 m,檐高超过 20 m,需要计取脚手架超高材料增加费,该楼层在 20 m 以上部分的脚手架超高材料增加费,每超过 1 m 按相应定额的

20%计算,不足 0.1 m 的,按 0.1 m 计算。

20-53 换　檐高 20～70 m 脚手架材料增加费

$13.51 \times 20\% \times (20.3 - 20) = 0.81$(元/m² 建筑面积)

主楼第 6 层:1 200 m²。

d. 主楼第 7 到 19 层,檐高 60.30 m

20-53　檐高 20～70 m 脚手架材料增加费　13.51 元/m² 建筑面积

主楼第 7 到 19 层:1 200×13=15 600(m²)。

e. 主楼第 19 层层高 4 m　层高超高脚手架材料增加费

2014 年计价定额 P$_{架866}$注:层高超过 3.6 m 时,每增高 1 m 按定额的 20%计算,不足 0.1 m 的,按 0.1 m 计算。

20-53 换　檐高 20～70 m 脚手架材料增加费$13.51 \times 20\% \times (4 - 3.6) = 1.08$(元/m² 建筑面积)

主楼第 19 层:1 200 m²。

主楼脚手架综合单价分析见表 9-5。

表 9-5　单价措施项目工程量清单综合单价分析表

项目编码		项目名称	计量单位	工程数量	综合单价	合价
011701001002		综合脚手架	m²	22 800	35.57	810 900
清单综合单价组成	定额号	子目名称	单位	数量	单价	合价
	20-6 换	檐高在 12 m 以上,层高在 5 m 内	m²	2 400	64.92	155 808
	20-5 换	檐高在 12 m 以上,层高在 3.6 m 内	m²	20 400	21.67	442 068
	20-53 换	檐高 20～70 m 脚手架材料增加费	m²	1 200	0.81	972
	20-53	檐高 20～70 m 脚手架材料增加费	m²	15 600	13.51	210 756
	20-53 换	檐高 20～70 m 脚手架材料增加费	m²	1 200	1.08	1 296

(2)单项脚手架及其建筑物檐高超过 20 m 脚手架材料增加费

① 单项脚手架

A. 脚手架工程量计算一般规则:

a. 凡砌筑高度超过 1.5 m 的砌体均需计算脚手架。

b. 砌墙脚手架均按墙面(单面)垂直投影面积以平方米计算。

c. 计算脚手架时,不扣除门、窗洞口、空圈、车辆通道、变形缝等所占面积。

d. 同一建筑物高度不同时,按建筑物的竖向不同高度分别计算。

B. 砌筑脚手架工程量计算规则:

a. 砌体高度在 3.60 m 以内,套用里脚手架;高度超过 3.60 m,套用外脚手架。

b. 外墙脚手架按外墙外边线长度(如外墙有挑阳台,则每只阳台计算一个侧面宽度,计入外墙面长度内,两户阳台连在一起的也只算一个侧面)乘以外墙高度以平方米计算。外墙高度指室外设计地坪至檐口(或女儿墙上表面)高度,坡屋面至屋面板下(或椽子顶面)墙中心高度,墙算至山尖 1/2 处的高度。

c. 内墙脚手架以内墙净长乘以内墙净高计算。有山尖时,高度算至山尖 1/2 处;有地下室时,高度自地下室室内地坪算至墙顶面。

d. 山墙自设计室外地坪至山尖 1/2 处的高度超过 3.60 m 时,该整个外山墙按相应外脚手架计算,内山墙按单排外架子计算。

e. 独立砖(石)柱高度在 3.60 m 以内,脚手架以柱的结构外围周长乘以柱高计算,执行砌墙脚手架里架子;柱高超过 3.60 m,以柱的结构外围周长加 3.6 m 乘以柱高计算,执行砌墙脚手架外架子(单排)。

f. 砌石墙到顶的脚手架,工程量按砌墙相应脚手架乘以系数 1.50。

g. 外墙脚手架包括一面抹灰脚手架在内,另一面墙可计算抹灰脚手架。

h. 砖基础自设计室外地坪至垫层(或混凝土基础)上表面的深度超过 1.50 m 时,按相应砌墙脚手架执行。

i. 突出屋面部分的烟囱,高度超过 1.50 m 时,其脚手架按外围周长加 3.60 m 乘以实砌高度按 12 m 内单排外脚手架计算。

C. 外墙镶(挂)贴脚手架工程量计算规则:

a. 外墙镶(挂)贴脚手架工程量计算规则同砌筑脚手架中的外墙脚手架。

b. 吊篮脚手架按装修墙面垂直投影面积以平方米计算(计算高度从室外地坪至设计高度)。安拆费按施工组织设计或实际数量确定。

D. 现浇钢筋混凝土脚手架工程量计算规则:

a. 钢筋混凝土基础自设计室外地坪至垫层上表面的深度超过 1.50 m,同时带形基础底宽超过 3.0 m、独立基础或满堂基础及大型设备基础的底面积超过 16 m² 的混凝土浇捣脚手架,应按槽、坑土方规定放工作面后的底面积计算,按满堂脚手架相应定额乘以系数 0.3 计算脚手架费用。(使用泵送混凝土者,混凝土浇捣脚手架不得计算)

b. 现浇钢筋混凝土独立柱、单梁、墙高度超过 3.6 m 应计算浇捣脚手架。柱的浇捣脚手架以柱的结构周长加 3.6 m 乘以柱高计算;梁的浇捣脚手架按梁的净长乘以地面(或楼面)至梁顶面的高度计算;墙的浇捣脚手架以墙的净长乘以墙高计算。套柱、梁、墙混凝土浇捣脚手架子目。

　　c. 层高超过 3.60 m 的钢筋混凝土框架柱、墙(楼板、屋面板为现浇板)所增加的混凝土浇捣脚手架费用,以框架轴线水平投影面积,按满堂脚手架相应子目乘以系数 0.3 执行;层高超过 3.60 m 的钢筋混凝土框架柱、梁、墙(楼板、屋面板为预制空心板)所增加的混凝土浇捣脚手架费用,以框架轴线水平投影面积,按满堂脚手架相应子目乘以系数 0.4 执行。

　　E. 贮仓脚手架,不分单筒或贮仓组,高度超过 3.60 m,均按外边线周长乘以设计室外地坪至贮仓上口之间高度以平方米计算。高度在 12 m 内,套双排外脚手架,乘以系数 0.7 执行;高度超过 12 m 套 20 m 内双排外脚手架乘以系数 0.7 执行(均包括外表面抹灰脚手架在内)。贮仓内表面抹灰按抹灰脚手架工程量计算规则执行。

　　F. 抹灰脚手架、满堂脚手架工程量计算规则:

　　a. 抹灰脚手架:

　　* 钢筋混凝土单梁、柱、墙,按以下规定计算脚手架:

　　单梁:以梁净长乘以地坪(或楼面)至梁顶面高度计算;

　　柱:以柱结构外围周长加 3.6 m 乘以柱高计算;

　　墙:以墙净长乘以地坪(或楼面)至板底高度计算。

　　* 墙面抹灰:以墙净长乘以净高计算。

　　* 如有满堂脚手架可以利用时,不再计算墙、柱、梁面抹灰脚手架。

　　* 天棚抹灰高度在 3.60 m 以内,按天棚抹灰面(不扣除柱、梁所占的面积)以平方米计算。

　　b. 满堂脚手架:天棚抹灰高度超过 3.60 m,按室内净面积计算满堂脚手架,不扣除柱、垛、附墙烟囱所占面积。

　　* 基本层:高度在 8 m 以内计算基本层;

　　* 增加层:高度超过 8 m,每增加 2 m,计算一层增加层,计算式如下:

$$增加层数 = \frac{室内净高(m) - 8\ m}{2\ m}$$

增加层数计算结果保留整数,小数在 0.6 以内舍去,在 0.6 以上进位。

　　* 满堂脚手架高度以室内地坪面(或楼面)至天棚面或屋面板的底面为准(斜的天棚或屋面板按平均高度计算)。室内挑台栏板外侧共享空间的装饰如无满堂脚手架利用时,按地面(或楼面)至顶层栏板顶面高度乘以栏板长度以平方米计算,套相应抹灰脚手架定额。

　　G. 其他脚手架工程量计算规则:

　　a. 外架子悬挑脚手架增加费按悬挑脚手架部分的垂直投影面积计算。

　　b. 单层轻钢厂房脚手架柱梁、屋面瓦等水平结构安装按厂房水平投影面积计算,墙板、门窗、雨篷等竖向结构安装按厂房垂直投影面积计算。

c. 高压线防护架按搭设长度以延长米计算。

d. 金属过道防护棚按搭设水平投影面积以平方米计算。

e. 斜道、烟囱、水塔、电梯井脚手架区别不同高度以座计算。滑升模板施工的烟囱、水塔,其脚手架费用已包括在滑模计价表内,不另计算脚手架。烟囱内壁抹灰是否搭设脚手架,按施工组织设计规定办理,费用按相应满堂脚手架执行,人工增加 20%,其余不变。

f. 高度超过 3.60 m 的贮水(油)池,其混凝土浇捣脚手架按外壁周长乘以池的壁高以平方米计算,按池壁混凝土浇捣脚手架项目执行,抹灰者按抹灰脚手架另计。

g. 满堂支撑架搭拆按脚手钢管质量计算;使用费(包括搭设、使用和拆除时间,不计算现场囤积和转运时间)按脚手钢管质量和使用天数计算。

② 建筑物檐高超过 20 m 可计算脚手架材料增加费。单项脚手架材料增加费计算方法如下:

a. 檐高超过 20 m 的建筑物,应根据脚手架计算规则按全部外墙脚手架面积计算,从设计室外地面起算。

b. 同一建筑物中有 2 个或 2 个以上的不同檐口高度时,应分别按不同高度竖向切面的外脚手架面积套用相应子目。

【例 9-3】 某单层建筑物平面如图 9-3 所示,三类工程,室内外高差 0.3 m,平屋顶,预应力空心板厚 0.12 m,天棚抹灰。檐高 3.52 m。

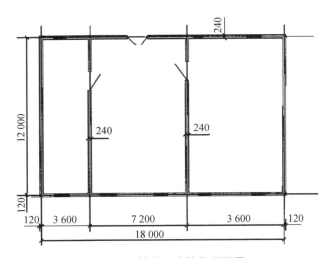

图 9-3 某单层建筑物平面图

刘钟莹,茅剑,卜宏马,等. 建筑工程工程量清单计价[M]. 3 版. 南京:东南大学出版社,2015:225.

问题：

（1）请根据《房屋建筑与装饰工程工程量计算规范》（GB 50854—2013）编制本工程脚手架的工程量清单。

（2）请根据《江苏省建筑与装饰工程计价定额》（2014 年），套用计价定额相应定额子目进行脚手架工程量清单计价。

【解析】

本工程为单层建筑物，其檐高 3.52 m＜3.60 m，根据江苏省 2014 年计价定额，檐高在 3.60 m 内的单层建筑不执行综合脚手架定额，因此本工程套用单项脚手架相关清单项目。砌体高度在 3.60 m 以内，套用里脚手架；高度超过 3.60 m，套用外脚手架。因此本工程套用里脚手架清单项目。里脚手架是搭设于建筑物内部，每砌完一层墙后，即将其转移到上一层楼面，进行新的一层墙体砌筑的脚手架。里脚手架也用于外墙砌筑和室内装饰施工。里脚手架用料少，装拆较频繁，要求轻便灵活，装拆方便。

（1）根据《房屋建筑与装饰工程工程量计算规范》（GB 50854—2013）编制本工程脚手架的工程量清单。

① 砌筑里脚手架

a. 外墙砌筑脚手架：$(18.24+12.24)\times 2\times 3.52=214.58$（m²）。

b. 内墙砌筑脚手架：$(12-0.24)\times 2\times(3.52-0.12-0.3)=72.91$（m²）。

里脚手架清单工程量：$214.58+72.91=287.49$（m²）。

② 抹灰里脚手架

需要说明的是，江苏省 2014 年计价定额 P墙567：墙柱面工程均不包括抹灰脚手架费用，脚手架费用应当按照脚手架相关子目执行。因此高度 3.60 m 以内的墙面，天棚需要套用 3.6 m 以内的抹灰脚手架。

a. 墙面抹灰（外墙面按砌筑脚手架可以考虑利用，内墙不考虑利用）

$[(12-0.24)\times 6+(18-0.24-0.24\times 2)\times 2]\times(3.52-0.12-0.3)=325.87$（m²）

b. 天棚抹灰

$[(3.6-0.24)+(7.2-0.24)\times 2]\times(12-0.24)=203.21$（m²）

抹灰脚手架合计：$325.87+203.21=529.08$（m²）。

由此编制脚手架的工程量清单（见表 9-6）。

表 9-6　单价措施项目工程量清单

序号	项目编码	项目名称	项目特征描述	计量单位	工程量
1	011701003001	里脚手架	1. 建筑结构形式：砖混 2. 檐口高度：3.52 m	m²	287.49

（续表）

序号	项目编码	项目名称	项目特征描述	计量单位	工程量
2	011701003002	里脚手架	1. 建筑结构形式:砖混 2. 檐口高度:3.52 m	m²	529.08

（2）根据《江苏省建筑与装饰工程计价定额》（2014 年），套用计价定额相应定额子目进行脚手架工程量清单计价。

① 20-9　砌墙里脚手架 3.60 m 内　16.33 元/10 m²

工程量:28.749。

合价:16.33×28.749＝469.47(元)。

② 20-23　抹灰脚手架高 3.60 m 内　3.90 元/10 m²

抹灰脚手架:52.908。

由此可编制脚手架工程的综合单价分析表(见表 9-7、表 9-8)。

表 9-7　单价措施项目工程量清单综合单价分析表

项目编码		项目名称	计量单位	工程数量	综合单价	合价
011701003001		里脚手架	m²	287.49	1.63	469.47
清单综合单价组成	定额号	子目名称	单位	数量	单价	合价
	20-9	砌墙里脚手架 高 3.60 m 内	10 m²	28.749	16.33	469.47

表 9-8　单价措施项目工程量清单综合单价分析表

项目编码		项目名称	计量单位	工程数量	综合单价	合价
011701003002		里脚手架	m²	529.08	0.39	206.34
清单综合单价组成	定额号	子目名称	单位	数量	单价	合价
	20-23	抹灰脚手架 高 3.60 m 内	10 m²	52.908	3.90	206.34

【例 9-4】　某住宅楼工程其钢筋混凝土独立基础平面图如图 9-4 所示,三类工程,采用商品混凝土,非泵送,请根据《江苏省建筑与装饰工程计价定额》(2014 年)判别该基础是否可计算浇捣脚手费,如可以计算,请计算出工程量和合价。

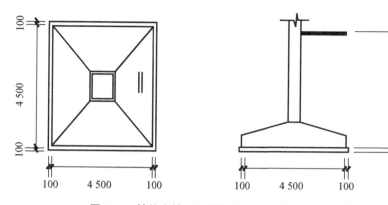

图 9-4 某住宅楼工程其钢筋混凝土独立基础平面图

资料来源:刘钟莹,茅剑,卜宏马,等.建筑工程工程量清单计价[M].3版.南京:东南大学出版社,2015:224.

【解析】

该住宅楼钢筋混凝土独立基础自设计室外地坪至垫层上表面的深度为 2.2－0.3＝1.9 m＞1.5 m,且独立基础的底面积为 4.5×4.5＝20.25(m²)＞16 m²,同时满足两个条件,因此需要计算钢筋混凝土独立基础浇捣脚手架,其定额工程量为:

$$(4.5＋0.3×2)×(4.5＋0.3×2)＝26.01(m²)(0.3 m 为规定的工作面长度)$$

套 20-20 满堂脚手架基本层高 5 m 以内:156.85×0.3＝47.06(元/10 m²),因此浇捣脚手架合价为 26.01÷10×47.06＝122.40(元)。

9.1.2 混凝土模板及支架(撑)

模板工程分为现浇构件模板、现场预制构件模板、加工厂预制构件模板和构筑物工程模板四个部分,使用时应分别套用。模板工作内容包括清理、场内运输、安装、刷隔离剂、浇灌混凝土时模板维护、拆模、集中堆放、场外运输。木模板包括制作(预制构件包括刨光,现浇构件不包括刨光),组合钢模板、复合木模板包括装箱。

在计算模板工程量时,有两种计算方法:一是按设计图纸计算模板接触面积;二是按照计价定额附录中混凝土构件的模板含量表计算模板用量。第二种方法计算简便,但由于模板含量表中的数据为典型工程测算的数据,与具体工程实际模板含量有差异,个别项目如工程结构构件尺寸特殊,会出现模板含量表中数据与实际工程模板含量差异特别大的情况。因此,应根据工程具体情况选择模板计算方法。江苏省规定在同一预算书中仅能使用其中一种,相互不得混用。使用含模量者,竣工结算时模板面积不得调整。

（1）在按照接触面积计算模板用量时，一般可按如下规则计算：

① 有梁板模板面积＝板底面积（含肋梁底面积）＋板侧面积＋梁侧面积
　　　　　　　　－柱头所占面积

其中，板底面积应扣除单孔面积在 0.3 m² 以上的孔洞和楼梯水平投影面积，不扣除后浇板带面积。

板侧面积 ＝ 板周长×板厚 ＋ 单孔面积在 0.3 m² 以上的孔洞侧壁面积

梁侧面积 ＝ 梁长度（主梁算至柱边，次梁算至主梁边）×梁底面至板底高度
　　　　　－次梁梁头所占面积

次梁梁头所占面积 ＝ 次梁宽×次梁底到板底高度

② 柱模板面积＝柱周长×柱高（算至板底）－梁头所占面积

梁头所占面积 ＝ 梁宽×梁底至板底高度

单面附墙柱突出墙面部分并入墙面模板工程量内计算。

双面附墙柱按柱计算，计算柱周长时应扣除墙厚所占尺寸。

柱高度，有板时算至板底，无板时算至楼面。

③ 墙模板工程量＝墙长度×墙高

墙长度算至柱边；无柱或暗柱时，外墙按中心线长度，内墙按净线长，暗柱并入墙内工程量计算。

墙高度算至梁底；无梁或暗梁时，算至板底，暗梁并入墙内工程量计算；无板无梁时，算至楼面。

计算墙模板时不扣除后浇墙带。

④ 构造柱模板

构造柱外露均应按图示外露部分计算面积（锯齿形，则按锯齿形最宽面计算模板宽度），构造柱与墙接触面不计算模板面积。

构造柱模板面积 ＝ 构造柱外露面数量×锯齿形最宽面宽度×构造柱高度

构造柱高度计算同柱模板高度计算规则。

⑤ 现浇混凝土雨篷、阳台、水平挑板，按图示挑出墙面以外板底尺寸的水平投影面积计算（附在阳台梁上的混凝土线条不计算水平投影面积）。挑出墙外的牛腿及板边模板已包括在内。复式雨篷挑口内侧净高超过 250 mm 时，其超过部分按挑檐定额计算（超过部分的含模量按天沟含模量计算）。

⑥ 整体直形楼梯包括楼梯段、中间休息平台、平台梁、斜梁及楼梯与楼板连接的梁，按水平投影面积计算，不扣除宽度小于 500 mm 的楼梯井，伸入墙内部分不另增加。

⑦ 栏杆按扶手长度计算，栏板竖向挑板按模板接触面积计算。扶手、栏板的

斜长按水平投影长度乘系数 1.18 计算。

⑧ 砖侧模分不同厚度,按砌筑面积计算。

(2)现浇钢筋混凝土柱、梁、板、墙的支模高度净高

① 柱:无地下室底层是指设计室外地面至上层板底面、楼层板顶面至上层板底面;

② 梁:无地下室底层是指设计室外地面至上层板底面、楼层板顶面至上层板底面;

③ 板:无地下室底层是指设计室外地面至上层板底面、楼层板顶面至上层板底面;

④ 墙:整板基础板顶面(或反梁顶面)至上层板底面、楼层板顶面至上层板底面。

(3)现浇钢筋混凝土柱、梁、墙、板的支模高度以净高(底层无地下室者高需另加室内外高差)在 3.6 m 以内为准,净高超过 3.6 m 的构件其钢支撑、零星卡具及模板人工分别乘以表 9-9 中的增加系数。根据施工规范要求属于高大支模的,其费用另行计算。

表 9-9　构件净高超过 3.6 m 增加系数表

增加内容	净高在	
	5 m 以内	8 m 以内
独立柱、梁、板钢支撑及零星卡具	1.10	1.30
框架柱(墙)、梁、板钢支撑及零星卡具	1.07	1.15
模板人工(不分框架和独立柱梁板)	1.30	1.60

注:轴线未形成封闭框架的柱、梁、板称独立柱、梁、板。

(4)设计 T、L、十形柱,其单面每边宽在 1 000 mm 内按 T、L、十形柱相应子目执行,其余按直形墙相应定额执行。

(5)模板项目中,仅列出周转木材而无钢支撑的定额,其支撑量已含在周转木材中,模板与支撑按 7:3 拆分。

(6)模板材料已包含砂浆垫块与钢筋绑扎用的 22♯ 镀锌铁丝在内,现浇构件和现场预制构件不用砂浆垫块而改用塑料卡,每 10 m² 模板另加塑料卡费用每只 0.2 元,计 30 只。

(7)混凝土满堂基础底板面积在 1 000 m² 内,若使用含模量计算模板面积,基础有砖侧模时,砖侧模的费用应另外增加,同时扣除相应的模板面积(总量不得超过总含模量);超过 1 000 m² 时,按混凝土接触面积计算。

(8)现浇有梁板、无梁板、平板、楼梯、雨篷及阳台,设计底面不抹灰者,增加模

板缝贴胶带纸人工 0.27 工日/10 m²。

（9）飘窗上下挑板、空调板按板式雨篷模板执行。

（10）混凝土线条按小型构件定额执行。

【例 9-5】 已知条件同例 6-10,问题:

1. 请根据《房屋建筑与装饰工程工程量计算规范》(GB 50854—2013)计算规则,按接触面积计算 KZ1、KZ2 和有梁板的模板工程量,并编制该模板工程的工程量清单。(柱模板工程量从基础顶面标高起算,模板施工采用复合木模板)

2. 请按江苏省 2014 年计价定额计算规则计算该模板工程相关子目的定额工程量。

3. 请按江苏省 2014 年计价定额组价,计算该模板工程相关清单项目的清单综合单价和合价。(小数点后保留两位小数)

【解析】

1. 该题涉及两条措施项目清单:矩形柱模板和有梁板模板。根据《房屋建筑与装饰工程工程量计算规范》(GB 50854—2013):

① 011702002001   矩形柱模板,计量单位:m²。

② 011702014001   有梁板模板,计量单位:m²。

其清单工程量计算规则为按模板与现浇混凝土构件的接触面积计算。

① 现浇钢筋砼墙、板单孔面积≤0.3 m² 的孔洞不予扣除,洞侧壁模板亦不增加;单孔面积>0.3 m² 时应予扣除,洞侧壁模板面积并入墙、板工程量内计算。

② 现浇框架分别按梁、板、柱有关规定计算。

③ 柱、梁、墙、板相互连接的重叠部分,均不计算模板面积。

（1）矩形柱模板

KZ1:$(0.65+0.6)\times2\times(2.5+3.27-0.12)\times4-0.3\times(0.7-0.12)\times10$(个)(扣梁头)$=54.76$(m²)。

KZ2:$(0.65+0.7)\times2\times(2.5+3.27-0.12)\times4-(0.3\times0.58\times8+0.25\times0.48\times6)$(扣梁头)$=58.91$(m²)。

矩形柱模板清单工程量:$54.76+58.91=113.67$(m²)。

（2）有梁板模板

① 板模板:$(15.6+0.3)\times(8+7.2+0.3)+(6.9+1.8+1.5+0.3)\times3.6=284.25$(m²)(梁底模在板中算)。

扣柱顶:$-(0.65\times0.6\times4+0.65\times0.7\times4)=-3.38$(m²)。

扣剪力墙顶:$-[0.6\times4+(0.15+6.9+1.8+0.15+1.5)+(3.6-0.15\times2)\times3]\times0.3=-6.84$(m²)。

② 梁模板(梁侧模):

KL1:$0.58 \times 2 \times (8+7.2-0.5-0.65-0.15) \times 4 = 64.5 (m^2)$。

KL2:$0.58 \times 2 \times (6.9 \times 2+1.8-0.45 \times 2-0.6 \times 2) = 15.66 (m^2)$。

KL3:$0.48 \times 2 \times (6.9 \times 2+1.8-0.55 \times 2-0.7 \times 2) = 12.58 (m^2)$。

KL4:$0.48 \times 2 \times (6.9 \times 2+1.8-0.45 \times 2-0.6 \times 2) = 12.96 (m^2)$。

L1:$0.43 \times 2 \times (7.2-0.15-0.125) = 5.96 (m^2)$。

L2:$0.33 \times 2 \times (6.9-1.8-0.15 \times 2) = 3.17 (m^2)$。

扣次梁梁头:$-(0.3 \times 0.43 \times 2+0.25 \times 0.33 \times 2+0.25 \times 0.28) = -0.49 (m^2)$。

板侧:$(15.9+19.1+10.5+4.85+15.5) \times 0.12 = 7.90 (m^2)$。

有梁板模板小计:396.27 m^2。

由此可编制矩形柱和有梁板模板的工程量清单(见表9-10)。

表9-10　单价措施工程量清单

序号	项目编码	项目名称	项目特征描述	计量单位	工程量
1	011702002001	矩形柱模板	复合木模板	m^2	113.67
2	011702014001	有梁板模板	复合木模板	m^2	396.27

2. 按江苏省2014年计价定额计算规则计算矩形柱模板和有梁板模板的定额工程量。

江苏省2014年计价定额中矩形柱模板和有梁板模板的工程量计算规则与《房屋建筑与装饰工程工程量计算规范》(GB 50854—2013)中的工程量计算规则相同,故定额工程量=清单工程量。需要注意的是,矩形柱模板和有梁板模板的定额计量单位均为10 m^2。

3. 按2014年计价定额组价,计算矩形柱模板和有梁板模板的清单综合单价和合价,并将相关数据列于下列综合单价分析表中(见表9-11、表9-12)。(计算结果保留小数点后两位)

表9-11　措施项目清单综合单价分析表

项目编码		项目名称	计量单位	工程数量	综合单价	合价
011702002001		矩形柱模板	m^2	113.67	61.65	7 007.67
清单综合单价组成	定额号	子目名称	单位	数量	单价	合价
	21-27	矩形柱复合木模板	10 m^2	11.37	616.33	7 007.67

表 9-12　措施项目清单综合单价分析表

项目编码	项目名称	计量单位	工程数量	综合单价	合价
011702014001	有梁板模板	m²	396.27	56.74	22 484.87

清单综合单价组成	定额号	子目名称	单位	数量	单价	合价
	21-59	现浇板厚 20 cm 内复合木模板	10 m²	39.63	567.37	22 484.87

备注：为便于施工企业快速报价，在附录中列出了混凝土构件的模板含量表，供使用单位参考。按设计图纸计算模板接触面积或使用混凝土含模量折算模板面积，两种方法仅能使用其中一种，相互不得混用。使用含模量者，竣工结算时模板面积不得调整。

本题若根据混凝土量采用含模量 $P_{附996}$ 折算模板面积，则矩形柱模板工程量为 $9.00 \times 8.00 + 10.50 \times 5.56 = 130.38 (\text{m}^2)$。

有梁板模板工程量为 $50.52 \times 8.07 = 407.70 (\text{m}^2)$。

9.1.3　垂直运输

建筑物垂直运输工作内容包括国标工期定额内完成单位工程全部工程项目所需的垂直运输机械台班，不包括机械的场外运输、一次安装、拆卸、路基铺垫和轨道铺拆等费用。施工塔吊与电梯基础、施工塔吊和电梯与建筑物连接的费用单独计算。

1）工期定额

建筑物垂直运输费工程量按定额工期计算。定额工期目前执行 2016 年最新定额《建筑安装工程工期定额》（TY01-89—2016）（以下简称"工期定额"）。

江苏省住房和城乡建设厅于 2016 年 12 月 30 日发布苏建价〔2016〕740 号文，结合江苏省实际情况，就执行工期定额的有关事项进行明确，具体如下：

（1）工期定额是国有资金投资工程确定建筑安装工程工期的依据，非国有资金投资工程参照执行。工期定额是签订建筑安装施工合同、合理确定施工工期及工期索赔的基础，也是施工企业编制施工组织设计、安排施工进度计划的参考。

（2）工期定额中的工程分类按照《建设工程分类标准》（GB/T 50841—2013）执行。

（3）装配式剪力墙、装配式框架剪力墙结构按工期定额中的装配式混凝土结构工期执行；装配式框架结构按工期定额中的装配式混凝土结构工期乘以系数 0.9 执行。

（4）当单项工程层数超出工期定额中所列层数时，工期可按定额中对应建筑面积的最高相邻层数的工期差值增加。

（5）钢结构工程建筑面积和用钢量两个指标中，只要满足其中一个指标即可。在确定机械土方工程工期时，同一单项工程内有不同挖深的，按最大挖土深度计算。

(6) 在计算建筑工程垂直运输费时,按单项工程定额工期计算工期天数,但桩基工程、基础施工前的降水、基坑支护工期不另行增加。

(7) 为有效保障工程质量和安全,维护建筑行业劳动者合法权益,建设单位不得任意压缩定额工期。如压缩工期,在招标文件和施工合同中应明确赶工措施费的计取方法和标准。建筑安装工程赶工措施费按《江苏省建设工程费用定额》(2014 年)规定执行,费率为 0.5%～2%。压缩工期超过定额工期 30%以上的建筑安装工程,必须经过专家认证。

(8) 江苏省行政区域内,2017 年 3 月 1 日起发布招标文件的招投标工程以及签订施工合同的非招投标工程,应执行本工期定额。

2) 垂直运输费定额计价要点

建筑物垂直运输定额项目划分是以建筑物"檐高""层数"两个指标界定的,只要其中一个指标达到定额规定,即可套用该定额子目。"檐高"是指设计室外地坪至檐口的高度,突出主体建筑物顶的女儿墙、电梯间、楼梯间、水箱等不计入檐口高度以内;"层数"指地面以上建筑物的层数,地下室、地面以上部分净高小于 2.1 m 的半地下室不计入层数。一个工程出现两个或两个以上檐口高度(层数),使用同一台垂直运输机械时,定额不作调整;使用不同垂直运输机械时,应依照国家工期定额分别计算。在使用垂直运输定额时,需要注意以下几点:

(1) 当建筑物垂直运输机械数量与定额不同时,可按比例调整定额含量。本定额按卷扬机施工配 2 台卷扬机,塔式起重机施工配 1 台塔吊和 1 台卷扬机(施工电梯)考虑。如仅采用塔式起重机施工,不采用卷扬机时,塔式起重机台班含量按卷扬机含量取定,卷扬机扣除。

(2) 垂直运输高度小于 3.6 m 的单层建筑物、单独地下室和围墙,不计算垂直运输机械台班。

(3) 预制混凝土平板、空心板、小型构件的吊装机械费用已包括在计价定额中。

(4) 计价定额中现浇框架系指柱、梁、板全部为现浇的钢筋混凝土框架结构。如部分现浇,部分预制,按现浇框架乘以系数 0.96。

(5) 柱、梁、墙、板构件全部现浇的钢筋混凝土框筒结构、框剪结构按现浇框架执行,筒体结构按剪力墙(滑模施工)执行。

(6) 预制屋架的单层厂房,不论柱为预制或现浇,均按预制排架定额计算。

(7) 单独地下室工程项目定额工期按不含打桩工期自基础挖土开始计算。多幢房屋下有整体连通地下室时,上部房屋分别套用对应单项工程工期定额,整体连通地下室按单独地下室工程执行。

（8）在计算定额工期时，未承包施工的打桩、挖土等的工期不扣除。

（9）混凝土构件，使用泵送混凝土浇筑者，卷扬机施工定额台班乘以系数0.96；塔式起重机施工定额中的塔式起重机台班含量乘以系数0.92。

【例 9-6】 某办公楼工程为三类工程，条形基础，现浇框架结构5层，每层建筑面积 900 m^2，檐口高度 16.95 m，使用泵送商品混凝土，配备 400 kN·m 的自升式塔式起重机和卷扬机带塔一台。请计算该办公楼垂直运输费（人、材、机单价均按定额不调整）。

【解析】

（1）基础的定额工期 1-2　带形基础首层面积 1 000 m^2 以内　36 天

（江苏为Ⅰ类地区）

（2）上部结构的定额工期 1-272　框架结构 6 层以下 3 000 m^2 以内　220 天

该办公楼的定额工期为 36＋220＝256（天）。

（3）定额综合单价（泵送商品混凝土乘以 0.92）

23-8 换　框架结构檐口高度 20 m 内、6 层以内

$578.56 － 267.49 \times (1 － 0.92) \times (1 ＋ 25\% ＋ 12\%) ＝ 549.24$（元／天）

注意：根据江苏省 2014 年计价定额规定，实际使用机型不同不调整。

（4）垂直运输费 549.24×256＝140 605.44（元）

需要特别注意的是，基础的定额工期包括±0.000 以下全部工程内容，但不含桩基工程，结合江苏省的相关规定，桩基工程工期不另行增加；±0.000 以上工程工期包括以上结构、装修、安装等全部工程内容。

9.1.4　超高施工增加

1）超高施工增加工程量清单编制

（1）超高施工增加（011704001）：单层建筑物檐口高度超过 20 m，多层建筑物超过 6 层时，可按超高部分的建筑面积计算超高施工增加。计算层数时，地下室不计入层数。

（2）项目特征描述：①建筑物建筑类型及结构形式；②建筑物檐口高度、层数；③单层建筑物檐口高度超过 20 m，多层建筑物超过 6 层部分的建筑面积。当同一建筑物有不同檐高时，可按不同高度的建筑面积分别计算建筑面积，以不同檐高分别编码列项。

（3）工作内容包括：①建筑物超高引起的人工工效降低以及由于人工工效降低引起的机械降效；②高层施工用水加压水泵的安装、拆除及工作台班；③通信联络设备的使用及摊销。

（4）清单工程量计算（计量单位：m^2）

按建筑物超高部分的建筑面积计算。

2）建筑物超高施工增加费定额工程量计算规则

建筑物超高费以超过 20 m 或 6 层部分的建筑面积计算。

3）建筑物超高施工增加费套定额需要注意的主要问题

（1）建筑物设计室外地面至檐口的高度（不包括女儿墙、屋顶水箱、突出屋面的电梯间、楼梯间等的高度）超过 20 m 或建筑物超过 6 层时，应计算超高费。

（2）超高费内容包括：人工降效、除垂直运输机械外的机械降效费用、高压水泵摊销、上下联络通信等所需费用。超高费包干使用，不论实际发生多少，均按江苏省 2014 年计价定额执行，不调整。

（3）超高费按下列规定计算：

① 建筑物檐高超过 20 m 或层数超过 6 层部分的按其超过部分的建筑面积计算。

② 建筑物檐高超过 20 m，但其最高一层或其中一层楼面未超过 20 m 且在 6 层以内时，则该楼层在 20 m 以上部分的超高费，每超过 1 m（不足 0.1 m 按 0.1 m 计算）按相应定额的 20% 计算。

③ 建筑物 20 m 或 6 层以上楼层，如层高超过 3.6 m 时，层高每增高 1 m（不足 0.1 m 按 0.1 m 计算），层高超高费按相应定额的 20% 计取。

④ 同一建筑物中有 2 个或 2 个以上的不同檐口高度时，应分别按不同高度竖向切面的建筑面积套用定额。

⑤ 单层建筑物（无楼隔层者）高度超过 20 m，其超过部分除构件安装按第八章的规定执行外，另再按本章相应项目计算每增高 1 m 的层高超高费。

【例 9-7】 已知条件见例 9-2，问题：

1. 请根据《房屋建筑与装饰工程工程量计算规范》（GB 50854—2013）编制本工程超高施工增加费的工程量清单。

2. 请结合相应的工程量清单，根据《江苏省建筑与装饰工程计价定额》（2014年），套用计价定额相应定额子目进行超高施工增加的工程量清单计价。

【解析】

1. 编制超高施工增加费的工程量清单

（1）附楼第 6 层超高施工增加费清单工程量：1 600 m²。

（2）主楼第 6 到 19 层超高施工增加费清单工程量：1 200×14＝16 800（m²）。

超高施工增加费工程量清单见表 9-13。

表 9-13 单价措施项目工程量清单

序号	项目编码	项目名称	项目特征描述	计量单位	工程量
1	011704001001	超高施工增加费	1. 建筑结构形式：框架 2. 檐口高度：20.30 m	m²	1 600

序号	项目编码	项目名称	项目特征描述	计量单位	工程量
2	011704001002	超高施工增加费	1. 建筑结构形式：框架 2. 檐口高度：60.30 m	m²	16 800

2. 超高施工增加的工程量清单计价

本工程为二类工程，江苏省 2014 年计价定额是按三类工程计取的，因此在套定额子目时需要换算管理费率和利润率。二类工程管理费率为 28%，利润率为 12%。

（1）附楼第 6 层超高施工增加费定额工程量：1 600 m²。

19-1 换　建筑物檐口高度 20～30 m 超高增加费

$(18.86+2.52)\times(1+28\%+12\%)\times20\%\times(20.3-20)=1.80$（元/m² 建筑面积）

附楼超高施工增加费综合单价分析见表 9-14。

表 9-14　单价措施项目工程量清单综合单价分析表

项目编码		项目名称	计量单位	工程数量	综合单价	合价
011704001001		超高施工增加费	m²	1 600	1.80	2 880
清单综合单价组成	定额号	子目名称	单位	数量	单价	合价
	19-1 换	檐口高度 20～30 m 超高增加费	m²	1 600	1.80	2 880

（2）主楼超高施工增加费

① 主楼第 6 层超高施工增加费定额工程量：1 200 m²

19-5 换　建筑物檐口高度 20～70 m 超高增加费

$(50.02+6.67)\times(1+28\%+12\%)\times20\%\times(20.3-20)=4.76$（元/m² 建筑面积）

② 主楼第 7 到 19 层超高施工增加费定额工程量：1 200×13＝15 600（m²）

19-5 换　建筑物檐口高度 20～70 m 超高增加费

$(50.02+6.67)\times(1+28\%+12\%)=79.37$（元/m² 建筑面积）

③ 主楼第 19 层层高超高施工增加费定额工程量：1 200 m²

19-5 换　建筑物檐口高度 20～70 m 超高增加费

$(50.02+6.67)\times(1+28\%+12\%)\times20\%\times(4-3.6)=6.35$（元/m² 建筑面积）

主楼超高施工增加费综合单价分析见表 9-15。

表 9-15 单价措施项目工程量清单综合单价分析表

项目编码		项目名称	计量单位	工程数量	综合单价	合价
011704001002		超高施工增加费	m²	16 800	74.49	1 251 504
清单综合单价组成	定额号	子目名称	单位	数量	单价	合价
	19-5 换	檐口高度 20~70 m 超高增加费	m²	1 200	4.76	5 712
	19-5 换	檐口高度 20~70 m 超高增加费	m²	15 600	79.37	1 238 172
	19-5 换	檐口高度 20~70 m 超高增加费	m²	1 200	6.35	7 620

9.1.5 大型机械设备进出场及安拆

1）大型机械设备进出场及安拆的清单应用要点

大型机械设备进出场及安拆(项目编码:011705001)需要描述机械设备名称和机械设备规格型号这两个项目特征,其计量单位为台次,工程量计算规则为按使用机械设备的数量计算。

安拆费包括施工机械、设备在现场进行安装拆卸所需人工、材料、机械和试运转费用以及机械辅助设施的折旧、搭设、拆除等费用。进出场费包括施工机械、设备整体或分体自停放地点运至施工现场或由一施工地点运至另一施工地点所发生的运输、装卸、辅助材料等费用。

2）大型机械设备进出场及安拆的定额应用要点

江苏省目前执行的是《江苏省施工机械台班计价表》(2007 年),该定额包括了机械台班表和特、大型机械场外运输及组装、拆卸费用两个部分。

（1）定额计价中未列入场外运费的,一是指不应考虑本项费用的机械,如金属切削机械、水平运输机械等;二是指不适于按台班摊销本项费用的机械,可计算一次性场外运费和安拆费。

（2）大型施工机械在一个工厂地点只计算一次场外运费(进退场费)及安拆费。大型施工机械在施工现场内单位工程或栋号之间的拆卸转移,其安拆费按实际发生次数套安拆费计算。机械转移费按其场外运费的 75% 计算。

（3）不需要拆卸安装、自身又能开行的机械(履带式除外),如自行式铲运机、平地机、轮胎式装载机及水平运输机械等,其场外运输费(含回程费)按 1 个台班费计算。

（4）需要特别注意的是,机械台班计价表仅仅是机械费,需要再计取管理费和利润才是综合单价。

【例 9-8】 某三类工程住宅楼共使用 1 台履带式单斗挖掘机(液压),斗容量 1 m³, 1 台 40 t 塔式起重机,请计算机械进出场及安拆费。

【解析】

计算大型机械进出场及安拆费需要参考《江苏省施工机械台班计价表》(2007 年)。

1. 履带式单斗挖掘机进出场及安拆费

14001 履带式单斗挖掘机(液压),斗容量 1 m³ 以内　3 758.13 元

综合单价为 3 758.13×(1+25％+12％)=5 148.64(元)。

2. 塔式起重机进出场及安拆费

14038 塔式起重机(60 t 以内)场外运输费　9 729.95 元

14039 塔式起重机(60 t 以内)安装拆卸费　8 167.30 元

综合单价为(9 729.95+8 167.30)×(1+25％+12％)=24 519.23(元)。

履带式单斗挖掘机和塔式起重机综合单价分析见表 9-16、表 9-17。

表 9-16　单价措施项目清单综合单价分析表

项目编码		项目名称	计量单位	工程数量	综合单价	合价
011705001001		大型机械进出场及安拆	台次	1	5 148.64	5 148.64
清单综合单价组成	定额号	子目名称	单位	数量	单价	合价
	14001	履带式单斗挖掘机(液压)斗容量 1 m³ 以内	台次	1	5 148.64	5 148.64

表 9-17　单价措施项目清单综合单价分析表

项目编码		项目名称	计量单位	工程数量	综合单价	合价
011705001002		大型机械进出场及安拆	台次	1	24 519.23	24 519.23
清单综合单价组成	定额号	子目名称	单位	数量	单价	合价
	14038 +14039	塔式起重机(60 t 以内)场外运输和安拆费	台次	1	24 519.23	24 519.23

9.1.6　施工排水、降水

1) 施工排水、降水的清单应用要点

施工排水、降水分为两个独立的部分:成井和排水、降水。若相应专项设计不

具备时,可按暂估量计算。

（1）成井（011706001）

① 项目特征需要描述：a. 成井方式；b. 地层情况；c. 成井直径；d. 井（滤）管类型、直径。

② 工作内容：a. 准备钻孔机械、埋设护筒、钻机就位；泥浆制作、固壁；成孔、出渣、清孔等；b. 对接上、下井管（滤管），焊接，安放，下滤料，洗井，连接试抽等。

③ 清单工程量计算（计量单位：m）

按设计图示尺寸以钻孔深度计算。

（2）排水、降水（011706002）

① 项目特征需要描述：a. 机械规格型号；b. 降排水管规格。

② 工作内容：a. 管道安装、拆除，场内搬运等；b. 抽水、值班、降水设备维修等。

③ 清单工程量计算（计量单位：昼夜）

按排降水日历天数计算。

2）施工排降水的定额应用要点

（1）人工土方施工排水是在人工开挖湿土、淤泥、流砂等施工过程中发生的机械排放地下水费用。

（2）基坑排水是指地下常水位以下且基坑底面积超过 150 m²（两个条件同时具备）的土方开挖以后,在基础或地下室施工期间所发生的排水包干费用（不包括±0.00 以上有设计要求待框架、墙体完成以后再回填基坑土方期间的排水）。雨季的排雨水费用在措施项目中的冬雨季施工增加费中考虑。

（3）井点降水项目适用于降水深度在 6 m 以内。井点降水使用时间按施工组织设计确定。井点降水材料使用摊销量中已包括井点拆除时材料损耗量。井点间距根据地质和降水要求由施工组织设计确定,一般轻型井点管间距为 1.2 m。

（4）强夯法加固地基坑内排水是指击点坑内的积水排抽台班费用。

（5）机械土方工作面中的排水费已包含在土方中,但不包括地下水位以下的施工排水费用,如发生,依据施工组织设计规定,排水人工、机械费用另行计算。

3）施工排降水的定额工程量计算规则

（1）人工土方施工排水不分土壤类别、挖土深度,按挖湿土工程量以立方米计算。

（2）人工挖淤泥、流砂施工排水按挖淤泥、流砂工程量以立方米计算。

（3）基坑、地下室排水按土方基坑的底面积以平方米计算。

（4）强夯法加固地基坑内排水,按强夯法加固地基工程量以平方米计算。

（5）井点降水 50 根为一套,累计根数不足一套者按一套计算,井点使用定额单位为套天,一天按 24 小时计算。井管的安装、拆除以"根"计算。

（6）深井管井降水安装、拆除按座计算,使用按座天计算,一天按 24 小时计算。

【例 9-9】 某三类工程项目,整板基础,基础平面尺寸为 120 m×15 m。基础底面埋深在标高-2.8 m 处,垫层厚度为 100 mm,每边伸出基础 100 mm,三类土,地下常水位标高在标高-1.50 m 处,采用人工挖土,从垫层底留工作面宽度为 300 mm,自垫层下表面放坡,放坡系数 1∶0.33,试计算该工程挖湿土排水及基坑排水(采用坑底明沟排水)的工程量和合价。

【解析】

(1) 人工土方施工排水

① 挖湿土深度为 2.8+0.1-1.5=1.4(m)。

下底长 120+0.3×2=120.6(m),下底宽 15+0.3×2=15.6(m)。

上底长 120.6+0.33×1.4×2=121.524(m),上底宽 15.6+0.33×1.4×2=16.524(m)。

因此挖湿土工程量为:

$$
\begin{aligned}
V &= \frac{1}{6} \times 1.4 \times [120.6 \times 15.6 + 121.524 \times 16.524 \\
&\quad + (120.6 + 121.524) \times (15.6 + 16.524)] \\
&= 2\,722.40(\text{m}^3)
\end{aligned}
$$

② 22-1 挖湿土施工排水 12.97 元/m³

(2) 基坑排水面积:120.6×15.6=1 881.36(m²)。

(同时具备:地下常水位以下且基坑底面积超过 150 m² 这两个条件)

22-2 基坑排水 298.07 元/10 m²

因此本工程的施工排水、降水费为:

12.97×2 722.40+298.07×188.136=91 387.23(元),该费用包干使用。

【例 9-10】 假设例 9-9 中工程因地下水位太高而采用井点降水,基础施工工期为 100 天,请计算井点降水的费用(成孔产生的泥水处理不计)。

【解析】

1. 计算井点根数

(120+0.3×2)÷1.2=101(根)(逢小数进 1)

(15+0.3×2)÷1.2=13(根)(逢小数进 1)

因此四周一圈(101+13)×2=228(根),50 根为一套。

228/50=5(套)(逢小数进 1)

2. 套定额

22-11 轻型井点降水(安装) 783.61 元/10 根

22-12 轻型井点降水(拆除) 306.53 元/10 根

22-13 轻型井点降水(使用) 372.81 元/(套·天)

因此本工程井点降水费用为:

$228 \div 10 \times 783.61 + 228 \div 10 \times 306.53 + 5 \times 100 \times 372.81 = 211\ 260.19(元)$

需要说明的是,采用井点降水或深井管井降水的工程,不得再计取人工土方施工排水和基坑排水的费用。

9.1.7 二次搬运费

1) 二次搬运费的相关说明

(1)二次搬运的清单项目编码为011707004,该费用是由于施工场地条件限制而发生的材料、成品、半成品等一次运输不能到达堆放地点,必须进行的二次或多次搬运所产生的费用。

(2)执行二次搬运费的定额时,应以工程所发生的第一次搬运为准。

(3)水平运距的计算,分别以取料中心点为起点,以材料堆放中心为终点。超运距增加运距不足整数者,进位取整计算。

(4)已考虑运输道路15%以内的坡度,超过时另行处理。

(5)松散材料运输不包括做方,但要求堆放整齐。如需做方者,应另行处理。

(6)机动翻斗车最大运距为600 m,单(双)轮车最大运距为120 m,超过时,应另行处理。

2) 二次搬运费的定额工程量计算规则

砂子、石子、毛石、块石、炉渣、矿渣、石灰膏按堆积原方计算;混凝土构件及水泥制品按实体积计算;玻璃按标准箱计算;其他材料按表中计量单位计算。

【例9-10】 某三类工程因施工场地狭窄,有50 t沙子和10万块标准砖发生二次搬运,两种材料均采用人力双轮车运输,沙子运距150 m,标准砖运距100 m,请计算本工程的二次搬运费。

【解析】

24-23 双轮车二次搬运标准砖基本运距60 m内 39.03元/1 000块

24-24 双轮车二次搬运标准砖超运距增加50 m 5.27元/1 000块

24-43 双轮车二次搬运沙子基本运距60 m内 15.83元/t

[24-44]×2 双轮车二次搬运沙子超运距增加50 m $4.22 \times 2 = 8.44$(元/t)

本工程二次搬运费:$(39.03 + 5.27) \times 100 + (15.83 + 8.44) \times 50 = 5\ 643.50$(元)。

9.2 总价措施项目清单与计价

总价措施项目包括安全文明施工费、夜间施工增加费、冬雨季施工费、地上地下设施建筑物的临时保护设施费、临时设施费、已完工程及设备保护费、赶工措施费、工程按质论价费、特殊条件下施工增加费、住宅分户验收和非夜间施工照明费。总价措施项目以总价或计算基础乘以费率计算。其中安全文明施工费属于不可竞争费,必须按照《江苏省建设工程费用定额》(2014 年)以及营改增后《江苏省建设工程费用定额》调整部分中的相关取费标准进行取费。

本 章 习 题

【综合习题 1】 某多层现浇框架结构 6 层楼面中间局部使用复合木模板,C30泵送商品混凝土,L1:250 mm×400 mm, L2:300 mm×700 mm, L3:300 mm×400 mm,梁下面无墙,6 层到 7 层楼面高 4.8 m,有梁板的平面图和剖面图如图 9-5所示。请根据江苏省 2014 年计价定额,计算有梁板模板工程量(接触面积)、天棚抹灰(水泥砂浆抹灰)脚手架工程量,均算至梁外侧边。

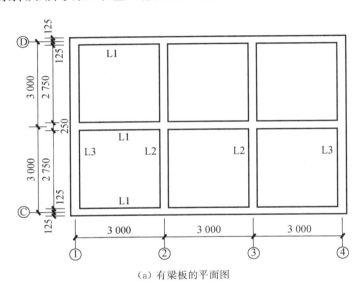

(a) 有梁板的平面图

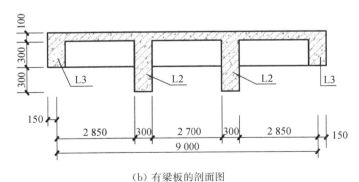

(b) 有梁板的剖面图

图 9-5 某多层现浇框架结构有梁板的平面图和剖面图

【综合习题 2】 某屋面挑檐的平面图及剖面图如图 9-6 所示。试计算挑檐模板接触面工程量。

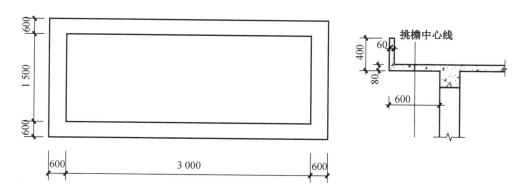

图 9-6 某屋面挑檐的平面图及剖面图

参考文献

［1］住房和城乡建设部. 建设工程工程量清单计价规范:GB 50500—2013[S].北京:中国计划出版社,2013.

［2］住房和城乡建设部. 房屋建筑与装饰工程工程量计算规范:GB 50854—2013[S].北京:中国计划出版社,2013.

［3］中国建筑标准设计研究院. 混凝土结构施工图平面整体表示方法制图规则和构造详图(现浇混凝土框架、剪力墙、梁、板):16G101-1[S].北京:中国计划出版社,2016.

［4］住房和城乡建设部. 建筑安装工程工期定额:TY01-89—2016[S].北京:中国计划出版社,2016.

［5］住房和城乡建设部. 建筑工程建筑面积计算规范:GB/T 50353—2013[S].北京:中国计划出版社,2013.

［6］江苏省住房和城乡建设厅. 江苏省建筑与装饰工程计价定额(上下册)[M].南京:江苏凤凰科学技术出版社,2014.

［7］全国造价工程师执业资格考试培训教材编委会. 建设工程计价[M].北京:中国计划出版社,2017.

［8］全国造价工程师执业资格考试培训教材编委会. 建设工程技术与计量[M].北京:中国计划出版社,2017.

［9］武建华,彭雁英. 建筑工程计量与计价[M].北京:北京理工大学出版社,2014.

［10］江苏省建设工程造价管理总站. 建筑与装饰工程技术与计价[M].南京:江苏凤凰科学技术出版社,2014.

［11］刘钟莹,茅剑,卜宏马,等. 建筑工程工程量清单计价[M].3版.南京:东南大学出版社,2015.

［12］方俊,宋敏. 工程估价[M].2版.武汉:武汉理工大学出版社,2013.

［13］黄伟典,尚文勇. 建筑工程计量与计价[M].2版.大连:大连理工大学出版社,2014.

［14］沈中友. 建筑工程工程量清单编制与实例[M].北京:机械工业出版社,2014.

［15］李文娟,安德锋. 建筑工程计量与计价实务[M].北京:北京理工大学出版社,2015.

［16］刘钦,闫瑾. 建筑工程计量与计价[M].北京:机械工业出版社,2014.

［17］孙咏梅. 建筑工程造价[M].北京:北京大学出版社,2013.

［18］苗艳丽. 建筑工程工程量清单计价细节解析与实例详解[M].武汉:华中科技大学出版社,2014.